燃煤电厂超低排放和节能改造系列书

火电厂氮氧化物超低排放技术及应用

广东电科院能源技术有限责任公司 编著
廖永进 曾庭华 李方勇 赵 宁 钟 俊

中国电力出版社
CHINA ELECTRIC POWER PRESS

内 容 提 要

本书是一部关于火力发电厂大气污染物之一的氮氧化物超低排放方面的专著。在介绍火力发电厂超低排放政策的基础上，对低氮燃烧技术、SNCR脱硝技术和SCR脱硝技术进行了详细分析，并介绍了工程实例。其中重点介绍了适应超低排放的SCR技术的优化，包括SCR系统的设计优化、设备优化、运行优化以及催化剂的管理优化。同时对SCR系统拓宽负荷适应性的问题进行了理论分析和技术介绍。

本书适合从事火力发电厂超低排放脱硝系统的设计、管理和运行的人员阅读，对火力发电厂从事环保工作的各类人员有很好的参考价值，也可作为高等院校有关专业的教学参考用书。

图书在版编目（CIP）数据

火电厂氮氧化物超低排放技术及应用 / 廖永进等编著 .—北京：中国电力出版社，2018.6
（燃煤电厂超低排放和节能改造系列书）
ISBN 978-7-5198-1702-2

Ⅰ . ①火…　Ⅱ . ①廖…　Ⅲ . ①火电厂－氮化物－污染控制②火电厂－氧化物－污染控制
Ⅳ . ① X773

中国版本图书馆CIP数据核字（2018）第013910号

出版发行：中国电力出版社
地　　址：北京市东城区北京站西街19号（邮政编码100005）
网　　址：http://www.cepp.sgcc.com.cn
责任编辑：赵鸣志（010-63412385）　董艳荣
责任校对：闫秀英
装帧设计：王红柳　赵姗姗
责任印制：蔺义舟

印　　刷：三河市万龙印装有限公司
版　　次：2018年6月第一版
印　　次：2018年6月北京第一次印刷
开　　本：787毫米×1092毫米　16开本
印　　张：12
字　　数：300千字
印　　数：0001—2000册
定　　价：65.00元

前 言

2011 年 7 月，我国环境保护部发布了 GB 13223—2011《火电厂大气污染物排放标准》，对火力发电厂 SO_2、NO_x 及烟尘排放浓度提出了世界上最为严格的要求，现有火力发电锅炉自 2014 年 7 月 1 日起执行。但在 2014 年 9 月 12 日，国家发展和改革委员会、环境保护部、国家能源局印发了《煤电节能减排升级与改造行动计划（2014—2020 年）》的通知，其行动目标是："全国新建燃煤发电机组平均供电煤耗低于 300g/kWh（标准煤）；东部地区新建燃煤发电机组大气污染物排放浓度基本达到燃气轮机组排放限值（烟尘≤10mg/m^3、SO_2≤35mg/m^3、NO_x≤50mg/m^3、…）"；2015 年 12 月 11 日，环境保护部、国家发展和改革委员会、国家能源局又颁布了"关于印发《全面实施燃煤电厂超低排放和节能改造工作方案》的通知"（环发〔2015〕164 号），将超低排放时间大大提前，主要目标是"到 2020 年，全国所有具备改造条件的燃煤电厂力争实现超低排放。全国有条件的新建燃煤发电机组达到超低排放水平。加快现役燃煤发电机组超低排放改造步伐，将东部地区原计划 2020 年前完成的超低排放改造任务提前至 2017 年前总体完成；将对东部地区的要求逐步扩展至全国有条件地区，其中，中部地区力争在 2018 年前基本完成，西部地区在 2020 年前完成……"，全国各电厂开始了轰轰烈烈的脱硫、脱硝和除尘改造。本书在此背景下，及时总结了近年来火力发电厂 NO_x 的超低排放技术及其应用情况。

本书共分七章，第一章简要介绍了火力发电厂超低排放政策及 NO_x 的排放状况和控制技术等。第二章介绍了低氮燃烧技术，包括低氮控制的机理、各类低氮燃烧系统及不同类型机组的应用实例。第三章介绍了 SNCR 脱硝技术，包括技术原理、系统组成及其在流化床锅炉超低排放中的应用。第四章介绍 SCR 脱硝技术，重点介绍了 SCR 脱硝及超低排放面临的各种问题。第五章介绍了适应超低排放的 SCR 技术的优化，包括 SCR 的设计优化、设备优化、运行优化以及催化剂的管理优化。第六章对 SCR 拓宽负荷适应性的问题进行了理论分析和技术介绍。第七章对 NO_x 超低排放的工程实例进行了介绍。全书理论较少，主要介绍了广东电科院能源技术有限责任公司十余年来在脱硝技术服务方面的应用总结，实用性较强，对目前火力发电厂安全、可靠地实施 NO_x 的超低排放具有很好的参考价值。

限于经验和水平，书中不妥之处在所难免，敬请各位专家和读者批评指正。

作者

2018 年 2 月

目 录

前言

第一章 火电厂 NO_x 超低排放概述 …… 1

第二章 低氮燃烧技术 …… 6

第一节 煤粉在炉内燃烧时 NO_x 的生产机理 …… 6
第二节 低 NO_x 燃烧技术 …… 7
第三节 工程实例 …… 12

第三章 SNCR 脱硝技术 …… 23

第一节 SNCR 脱硝技术原理 …… 23
第二节 SNCR 系统流程和组成 …… 23
第三节 影响 SNCR 脱硝效率的因素 …… 26
第四节 SNCR 脱硝技术在循环流化床锅炉超低排放中的应用 …… 28

第四章 SCR 脱硝技术 …… 33

第一节 SCR 烟气脱硝原理 …… 33
第二节 SCR 烟气脱硝系统组成 …… 34
第三节 SCR 脱硝及超低排放问题 …… 41

第五章 SCR 超低排放优化 …… 48

第一节 催化剂的增加 …… 48
第二节 SCR 的设计优化 …… 49
第三节 SCR 设备的优化 …… 61
第四节 SCR 运行的优化 …… 79
第五节 催化剂管理优化 …… 97

第六章 SCR 拓宽负荷适应性 …… 133

第一节 硫酸氢铵生成机理的研究 …… 133

第二节　机组运行对 SCR 烟气温度的影响 ………………………………………… 137
第三节　提高 SCR 烟气温度的设备改造 ………………………………………… 144
第四节　中低温催化剂的研发 ………………………………………………………… 151

第七章　NO_x 超低排放的实践 ………………………………………………………… 158

第一节　某 600MW 超临界机组超低排放实例 ……………………………………… 158
第二节　某 660MW 亚临界机组超低排放实例 ……………………………………… 176
参考文献 ………………………………………………………………………………………… 185

第一章

火电厂NO_x超低排放概述

一、NO_x 超低排放政策

2011 年 7 月，我国环境保护部发布了 GB 13223—2011《火电厂大气污染物排放标准》（代替 GB 13223—2003），对火力发电厂 SO_2、NO_x 及烟尘排放浓度提出了世界上最为严格的要求，其中重点地区燃煤锅炉 NO_x（以 NO_2 计）浓度为 100mg/m³，发达国家如美国、日本、德国等的标准均低于我国，图 1-1 所示为世界主要燃煤国家煤电大气污染物排放标准中 NO_x 最严标准限值的比较。

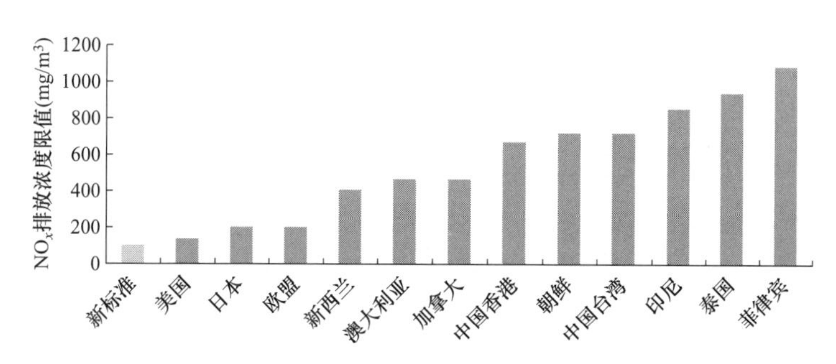

图 1-1　煤电 NO_x 最严标准限值的比较

2014 年 7 月 1 日，GB 13223—2011 正式实施，因此，各电厂纷纷进行现有机组的脱硫、脱硝和除尘改造。但近年来，一些地方又对火力发电厂烟气污染物排放限值进一步趋严，要求特殊地区电厂烟气污染物排放达到“现行燃气轮机发电机组排放水平”，特别是 2014 年 9 月 12 日，国家发展和改革委、环境保护部、国家能源局印发了《煤电节能减排升级与改造行动计划（2014—2020 年）》的通知（发改能源〔2014〕2093 号），其行动目标是：“全国新建燃煤发电机组平均供电标准煤耗低于 300/kWh；东部地区新建燃煤发电机组大气污染物排放浓度基本达到燃气轮机组排放限值（烟尘≤10mg/m³、SO_2≤35mg/m³、NO_x≤50mg/m³、…），中部地区新建机组原则上接近或达到燃气轮机组排放限值，鼓励西部地区新建机组接近或达到燃气轮机组排放限值。到 2020 年，现役燃煤发电机组改造后平均供电煤耗低于 310g/kWh，其中现役 60 万 kW 及以上机组（除空冷机组外）改造后平均供电煤耗低于 300g/kWh。东部地区现役 30 万 kW 及以上公用燃煤发电机组、10 万 kW 及以上自备燃煤发电机组以及其他有条件的燃煤发电机组，改造后大气污染物排放浓度基本达到燃气轮机组排放限值。”

2015 年 12 月 11 日，环境保护部、国家发展和改革委、国家能源局颁布了“关于印发《全面实施燃煤电厂超低排放和节能改造工作方案》的通知（环发〔2015〕164 号）”，明确和统一了“超低排放”的概念，将超低排放定义为在基准氧含量6%条件下，烟尘、二氧化硫、氮氧化物排放浓度分别不高于10、35、50mg/m^3。主要目标是“到2020年，全国所有具备改造条件的燃煤电厂力争实现超低排放。全国有条件的新建燃煤发电机组达到超低排放水平。加快现役燃煤发电机组超低排放改造步伐，将东部地区原计划2020年前完成的超低排放改造任务提前至2017年前总体完成；将对东部地区的要求逐步扩展至全国有条件地区，其中，中部地区力争在2018年前基本完成，西部地区在2020年前完成。……”这里将超低排放时间大大提前，为此全国各电厂纷纷进行脱硫、脱硝和除尘超低排放的改造。

二、NO_x 控制技术概述

有关 NO_x 的治理方法很多，大体上可以分为两大类：一级污染预防（primary pollution prevention）措施和二级污染预防（secondary pollution prevention）措施，如图1-2所示。

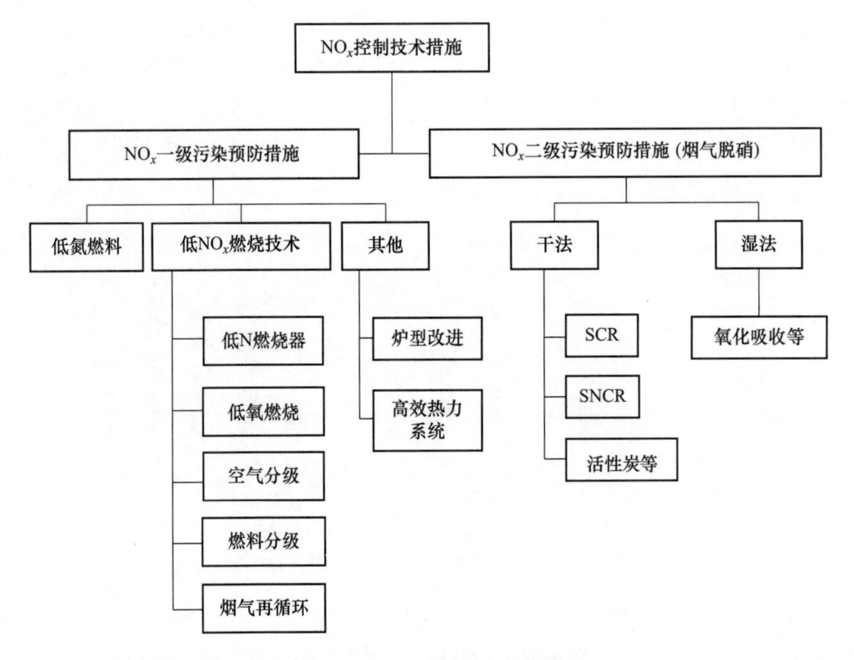

图1-2　NO_x 控制技术措施

1. 一级污染预防措施

一级污染预防措施是指在 NO_x 生成前的所有控制措施，主要是通过改进燃烧方式减少 NO_x 的生成量，即采用低 NO_x 燃烧技术。基于 NO_x 的形成受温度的影响极大这一规律，可以通过改进燃烧方式避开使 NO_x 大量生成的温度区间，从而实现 NO_x 的减排。主要有：

（1）低氮燃烧器。

（2）低氧燃烧或低过量空气系数。

（3）空气分级。

（4）燃料分级。

（5）烟气再循环等。

燃烧方式的改进通常是一种相对简便易行的减少 NO_x 排放的措施，但这种措施可能会带来燃烧效率的降低，不完全燃烧损失增加，而且 NO_x 的脱除率也不够高，因此，随着环保要求的不断提高，燃烧的后处理越来越成为必然。

2. 二级污染预防措施

二级污染预防措施是指在 NO_x 生成后的控制措施，即对燃烧后产生的含 NO_x 的烟气（尾气）进行脱氮处理，又称为烟气脱硝（flue gas deNO_x）或废气脱硝（waste gas deNO_x，简称为 deNO_x）。

deNO_x 工艺可以分为两大类——湿法和干法，湿法是指反应剂为液态的工艺方法，干法是指反应剂为气态的工艺方法。无论是干法还是湿法，依据脱硝反应的化学机理，又可以分为还原（reduction）法、分解（decomposition）法、吸附（absorption）法、等离子体活化（plasma activation）法和生化（biochemical）法等。

湿法有气相氧化液相吸收法和液相氧化吸收法等；干法有选择性催化还原法（SCR）、选择性非催化还原法（SNCR）等，是目前世界上使用最广泛的方法。

三、我国火力发电厂 NO_x 排放与控制现状

据中国电力企业联合会（中电联）统计，2014 年全国氮氧化物排放 2078.0 万 t，比 2013 年下降 6.7%；电力氮氧化物排放 620 万 t，比 2013 年下降 25.7%；电力氮氧化物排放量约占全国氮氧化物排放量的 29.8%。2014 年，每千瓦时火电发电量氮氧化物排放量为 1.47g，比 2013 年下降 0.51g，下降 25.8%。2005—2014 年全国及电力氮氧化物排放情况如图 1-3 所示。

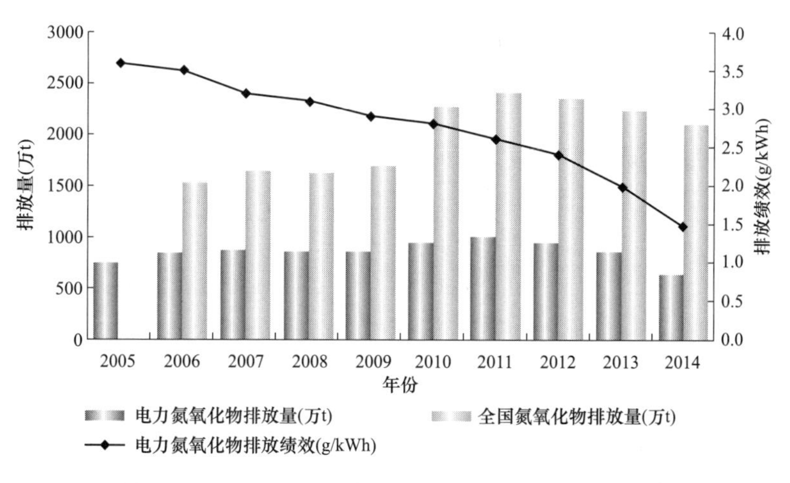

图 1-3 2005—2014 年全国及电力氮氧化物排放情况[❶]

2014 年投运火力发电厂烟气脱硝机组容量约为 2.57 亿 kW；截至 2014 年底，已投运火力发电厂烟气脱硝机组容量约为 6.87 亿 kW，占全国火电机组容量的 74.4%，占全国煤电机组容量的 82.7%，2005—2014 年全国火力发电厂烟气脱硝机组投运情况如图 1-4 所示。2015 年投运火力发电厂烟气脱硝机组容量约为 1.6 亿 kW；截至 2015 年底，已投运火力发电厂烟气脱硝机组容量约为 8.5 亿 kW，占全国火电机组容量的 85.9%，占全国煤电机组容量的 95.0%。截至 2015 年底，累计投运的火力发电厂烟气脱硝机组容量情况见表 1-1。

截至 2015 年底，已签订火力发电厂烟气脱硝特许经营合同的机组容量为 0.66 亿 kW，

❶ 全国氮氧化物排放量来源于全国环境状况公报；电力氮氧化物排放量来源于电力行业统计分析，统计范围为全国装机容量 6000kW 及以上火力发电厂。

其中，0.44 亿 kW 机组已按特许经营模式运营。

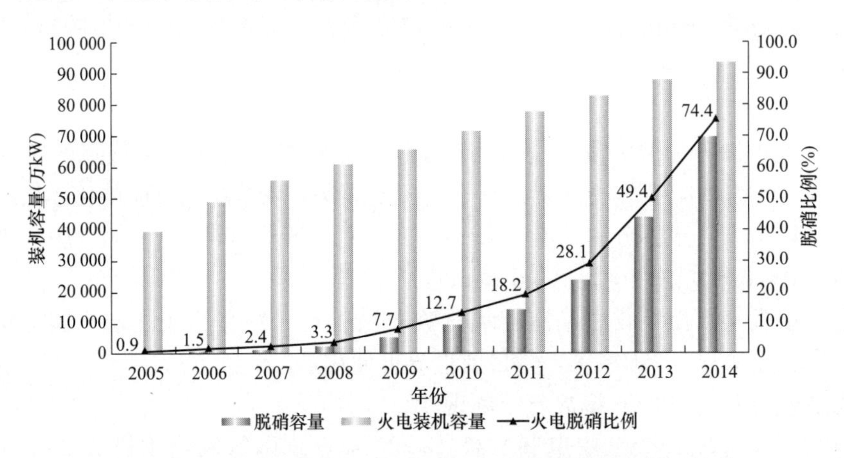

图 1-4　2005—2014 年全国火力发电厂烟气脱硝机组投运情况

表 1-1　　2015 年底累计投运的火力发电厂烟气脱硝机组容量情况

（按 2015 年底累计投运的烟气脱硝机组容量大小排序）

序号	脱硝公司名称	投运容量（MW）	采用的脱硝方法及所占比例（%）
1	北京国电龙源环保工程有限公司	97697	SCR：95.36 SNCR：4.33 SNCR+SCR：0.31
2	中国华电科工集团有限公司	64077	SCR：95.53 SNCR：3.21 SNCR+SCR：1.26
3	大唐环境产业集团股份有限公司	53770	SCR：95.26 SNCR：4.74
4	中电投远达环保（集团）股份有限公司	43050	SCR：97.51 SNCR：2.49
5	浙江天地环保工程有限公司	40315	SCR：100
6	东方电气集团东方锅炉股份有限公司	30198	SCR：98.01 SNCR：1.99
7	江苏科行环保科技有限公司	22135	SCR：86.17 SNCR：3.05 SNCR+SCR：10.78
8	福建龙净环保股份有限公司	25015	SCR：100
9	同方环境股份有限公司	19756	SCR：95.60 SNCR：4.28 SNCR+SCR：0.12
10	西安西热锅炉环保工程有限公司	15800	SCR：90.19 SNCR：2.22 SNCR+SCR：7.59
11	北京博奇电力科技有限公司	12520	SCR：100
12	浙江德创环保科技股份有限公司	10270	SCR：100
13	山东三融环保工程有限公司	9330	SCR：100

续表

序号	脱硝公司名称	投运容量（MW）	采用的脱硝方法及所占比例（%）
14	浙江浙大网新机电工程有限公司	7725	SCR：100
15	浙江蓝天求是环保股份有限公司	6975	SCR：96.42 SNCR：3.58
16	浙江菲达环保科技股份有限公司	3837	SCR：90.83 SNCR：9.17
17	北京国能中电节能环保技术有限责任公司	3655	SCR：98.50 SNCR：0.82 SNCR+SCR：0.68
18	北京清新环境技术股份有限公司	3300	SCR：69.70 SNCR：30.30
19	浙江天蓝环保技术股份有限公司	2674	SCR：98.99 SNCR：0.56 SNCR+SCR：0.45
20	北京龙电宏泰环保科技有限公司	1280	SCR：49.22 SNCR：46.88 SNCR+SCR：3.9
21	江苏峰业科技环保集团股份有限公司	1360	SCR：100
22	广州市天赐三和环保工程有限公司	1105	SCR：90.95 SNCR+SCR：9.05
23	中钢集团天澄环保科技股份有限公司	640	SCR：100
24	武汉凯迪电力环保有限公司	600	SCR：100
25	永清环保股份有限公司	600	SCR：100
26	江苏新世纪江南环保股份有限公司	345	SCR：52.17 SNCR：47.83
27	湖南麓南脱硫脱硝科技有限公司	250	SNCR：100
28	江苏新中环保股份有限公司	200	SNCR：100

第二章

低氮燃烧技术

目前，低 NO_x 燃烧技术作为煤粉炉内燃烧的 NO_x 减排控制技术已经在国内的燃煤锅炉上得到了很好的应用，实现了煤粉在炉内燃烧时大幅降低 NO_x 排放的目的，降低了烟气中 NO_x 减排的成本。本章将结合工程实例，对低 NO_x 燃烧技术进行介绍和分析。

第一节　煤粉在炉内燃烧时 NO_x 的生产机理

燃煤电站锅炉中煤粉燃烧所产生的 NO_x 主要包括 NO 和 NO_2，其中 NO 占 90%～95%，而 NO_2 是由 NO 被 O_2 在低温下氧化而生成的，仅占 5%～10%，N_2O 的含量则更低。通常燃料中的有机氮是以碳氮三键和单键存在，高温受热时氮容易释放。由于各种氮的结合键能不同及与氮进行反应的介质成分的不同，一般将 NO_x 根据其生成方式分为三种类型：热力型 NO_x、燃料型 NO_x 和快速型 NO_x。

一、热力型 NO_x

热力型 NO_x 由燃烧气体中的氮在高温下与氧反应而产生，其生成机理是由苏联科学家捷里道维奇提出的。

在影响空气中的氮气转化为 NO_x 的各种因素中，温度的影响尤为显著，当温度小于 1800K 时，热力型 NO_x 生成量极少。降低烟气温度、缩短烟气在高温区域的停留时间以及降低高温区域局部氧气浓度可有效地降低热力型 NO_x 的生成。

二、燃料型 NO_x

燃料型 NO_x 是由燃料本身固有氮化合物在燃烧时转化而成的，主要在燃料燃烧的初始阶段生成。燃料氮是燃煤过程中 NO_x 的主要来源，原因是在煤粉燃烧的温度水平下，由于燃料中的 N-C 或 N-H 键比氮分子中的 N≡N 键更弱，更易于氧化断裂生成 NO_x，燃料型 NO_x 比热力型 NO_x 更易于形成。研究表明，燃料氮形成的 NO_x 要占锅炉 NO_x 排放总量的 60%～80%。另外，燃料氮分布于挥发分和焦碳中。根据煤种的不同，挥发分氮生成的 NO_x 占燃料氮总 NO_x 的 60%～80%，焦碳氮生成的占 20%～40%。

燃料型 NO_x 生成动力学较复杂，它的反应机理还未被完全掌握。这是因为燃料型 NO_x 的生成和破坏过程不仅与煤种特性，煤的结构，燃料中的氮受热分解后在挥发分和焦氮中的比例、成分和分布有关，而且大量的反应过程还与燃烧条件如温度和氧及各种成分的浓度等有密切关系。燃料型 NO_x 的生成机理大致如下：在一般的燃烧条件下，燃料中的杂环氮化物受热分解，并在脱挥发分过程中大量的气相燃料氮随挥发分释放出来，而被氧化成 NO。研究表明，气相燃料氮的一系列反应是从燃料中的氮化物迅速而大量地转化为 HCN 和 NH_3 开始的。

三、快速型 NO_x

快速型 NO_x 是燃烧时燃料中碳氢化合物分解生成的 CH 和 C 等原子团，与空气中 N_2 进行反应生成氰化物，氰化物与火焰中大量的 O 与 OH 等原子团反应生成的 NO_x。

瞬时反应型 NO_x 的生成量与三个因素有关，分别是：

（1）CH 原子团的浓度大小。

（2）N_2 分子生成氮化物的速率。

（3）氮化物之间的相互转换率。

第二节　低 NO_x 燃烧技术

一、低 NO_x 燃烧器

燃烧器是燃煤锅炉的关键设备，风、粉通过燃烧器送入炉膛发生燃烧。一方面，煤粉的着火、燃烧及燃尽等方面的好坏很大程度上取决于燃烧器的性能；另一方面，从 NO_x 的生成机理看，绝大部分的燃料型 NO_x 是在煤粉着火阶段生成的。因此，通过特殊设计的燃烧器结构，在不影响煤粉着火、燃烧及燃尽的前提下，改变燃烧器内的风煤比，在燃烧器着火区形成空气分级、燃料分级或烟气再循环的环境，尽可能降低着火区的温度和氧浓度，以最大限度地抑制 NO_x 的生成。

根据风粉在燃烧器内的流动状态，低 NO_x 燃烧器可分为直流低 NO_x 燃烧器和旋流低 NO_x 燃烧器。

（一）直流低 NO_x 燃烧器

PM（pollutant minimum）型燃烧器是一种典型的直流低 NO_x 燃烧器，是三菱重工 20 世纪 80 年代初研制的。PM 型燃烧器通常将分级燃烧法和浓淡燃烧法相结合以实现 NO_x 的炉内减排。典型的 PM 型低 NO_x 燃烧器布置如图 2-1 所示。PM 型燃烧器的关键部件是煤粉分配器，是由一次风管弯头、浓煤粉喷口和淡煤粉喷口组成，一次风粉气流流经弯头时在离心力的作用下进行惯性分离，浓粉气流进入上喷口，淡粉气流进入下喷口，从而实现浓淡偏差燃烧。PM 型低 NO_x 燃烧器还包括了再循环烟气和燃尽风喷口，是集烟气再循环、分级燃烧和浓淡燃烧为一体的燃烧装置。

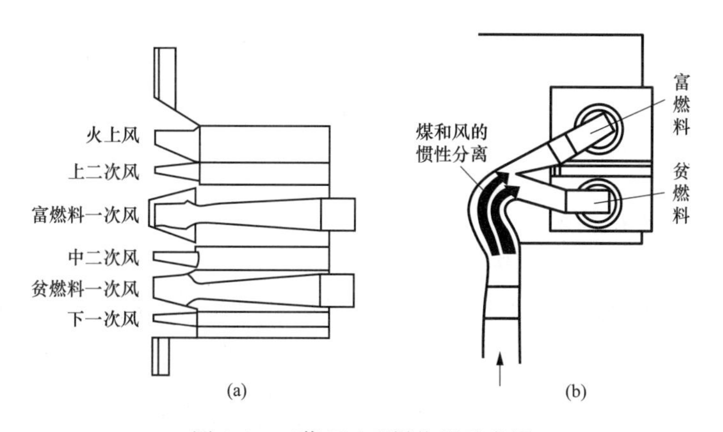

图 2-1　三菱 PM 型燃烧器示意图

（a）燃烧器横截面；（b）燃烧器正视图

PM燃烧器的技术特点包括：

(1) 燃烧器将煤粉气流分为浓、淡两侧，浓、淡侧的煤粉偏差比可达 9∶1，NO_x 生成量比常规燃烧器减少了 60%，NO_x 减排效果良好。

(2) 具有明显的低负荷稳燃性能，能在 40%负荷不投油稳定燃烧。

(3) 常与中速磨煤直吹式制粉系统联用，适于燃用可燃基挥发分 $V_r>24\%$的烟煤。

通过采用取消烟气再循环、改进分配器结构等技术措施后，PM 型低 NO_x 燃烧器也可较好地燃用劣质烟煤、贫煤等。

针对 PM 型低 NO_x 燃烧器，西安交通大学进行了改进研究，提出了浓煤粉气流布置在向火侧、淡煤粉气流布置在背火侧的燃烧器改进方案，取得了明显的煤粉稳燃效果。

哈尔滨工业大学研制了水平浓缩燃烧器（如图 2-2 所示），通过安装在送粉管道上的煤粉浓缩器将一次风粉分为浓、淡两股，两股风粉气流以一定的夹角喷入炉膛，浓煤粉在向火侧喷入，形成假想内切圆；淡煤粉在背火侧喷入，形成假想外切圆。PM 型低 NO_x 燃烧器具有稳燃、防结渣、低 NO_x 的技术特点。

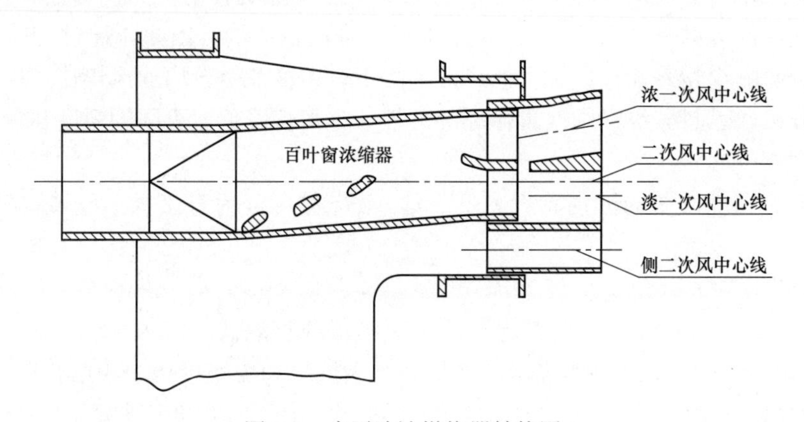

图 2-2　水平浓淡燃烧器结构图

（二）旋流低 NO_x 燃烧器

旋流低 NO_x 燃烧器是在分级旋流燃烧器的基础上，在一次风管道中加装气固分离装置，实现煤粉的浓淡分离。典型的旋流低 NO_x 燃烧器主要分为日本、美国、英国、德国以及我国自主研发的产品。

(1) HT-NR 旋流低 NO_x 燃烧器。其是由日本 Babcock Hitachi 公司研制的，其后又研制了 HT-NR2、HT-NR3 型旋流低 NO_x 燃烧器。东方锅炉厂将其引进并应用在粤电靖海电厂、粤电红海湾电厂以及华润海丰电厂等工程中。其中，HT-NR3 型旋流低 NO_x 燃烧器的特点为直流一次风顺序经一次风弯头组件、锥形煤粉浓缩器进入炉膛，油枪布置在中心，点火油枪布置在外二次风道，内二次风为直流风，外二次风为切向旋流风。该燃烧器运行中技术性能可靠，NO_x 排放量低，燃烧效率及低负荷稳燃都很好。

(2) IHI-WR（IHI-wide range）型旋流低 NO_x 燃烧器。其是由日本石川岛播磨重工株式会社（IHI）研制的，燃烧器最初使用 DF 双调风燃烧器，其后升级为 IHI-FW-WR 卧式分离燃烧器，并最终发展成了 IHI 内部分离 WR 燃烧器。

IHI 内部分离 WR 燃烧器特点：一次风切向旋转经燃烧器喷嘴内部的浓缩调节结构分成浓、淡两股气流分别喷入炉膛，浓煤粉气流从三重喷嘴外圈喷出，淡煤粉气流从中层喷出，燃烧火焰在燃烧器出口形成“内部分级燃烧”。

（3）DRB 型旋流低 NO_x 燃烧器。其是由美国巴威公司研制的，后由北京巴威公司引进，一次风为直流，风粉混合物经颗粒导向器和圆锥形扩散体被惯性分离分成了外浓内淡两股气流，DRB 系列旋流低 NO_x 燃烧器的内二次风道为轴向旋转结构，外二次风为轴向或切向旋转结构。通过调节内、外二次风的比例和叶片角度来改变气流的旋转强度，从而调节一、二次风的最终混合效果。在我国实际应用中出现侧墙水冷壁极易发生严重高温腐蚀的现象。

DRB 型旋流低 NO_x 燃烧器经历了几次改进，具有代表性的为 EI-DRB 强化着火旋流燃烧器和 DRB-XCL 轴向控制低 NO_x 燃烧器。后来，美国巴威公司又研发了第三代旋流低 NO_x 燃烧器，即 DRB-4Z 旋流燃烧器，该燃烧器的特点是在一次风和内二次风之间增加一层直流二次风将火焰区外侧的可燃气体引向火焰中心，这样就可以减少火焰外侧富氧区域 NO_x 的生成，从而降低 NO_x 的排放。

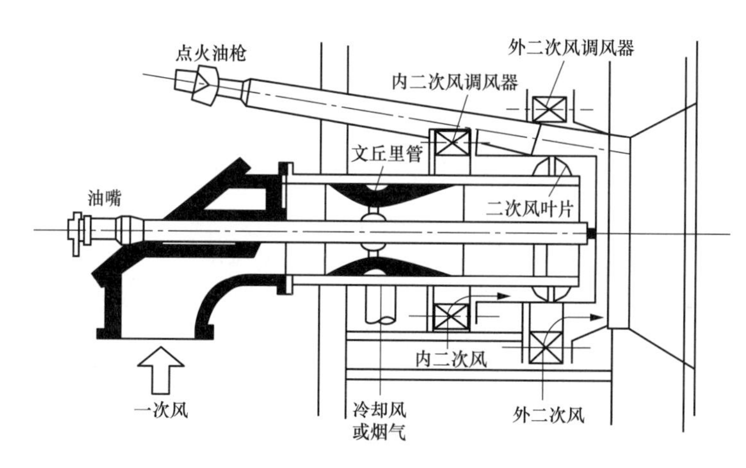

图 2-3　DRB 型旋流低 NO_x 燃烧器示意图

（4）FW 型旋流低 NO_x 燃烧器。其是由美国福斯特惠勒公司研发的，通过采用旋风分离式旋流燃烧器来实现煤粉浓淡燃烧。FW 型旋流低 NO_x 燃烧器主要用于 W 形火焰煤粉锅炉。FW 型旋流低 NO_x 燃烧器采用 CF/SF 喷嘴，一次风锅壳旋流，并设有中心大油枪，内、外二次风为可调切向旋流。一次风粉气流经过分配器后分为两股进入两个并列的旋风分离器，因离心力的分离作用而形成高浓度的气粉流和低浓度的气粉流。高浓度气粉流经过旋流叶片后形成旋流，低速向下喷入炉膛；低浓度气粉流从旋风分离器上部引出，由乏气喷口喷入炉膛。低浓度气粉流靠高浓度火焰点燃并维持燃烧，下部火焰有助于 W 形火焰的形成，防止高浓度火焰熄灭。FW 型旋流低 NO_x 燃烧器示意图如图 2-4 所示。

（5）OPTI-FLOW 型旋流低 NO_x 燃烧器（梅花形燃烧器）。其是由美国 ABT 公司生产的，包括燃料喷嘴和 OPTI-FLOW 双调风器。该燃烧器的燃料喷嘴为梅花状，采用燃料内分级设计，中心煤粉管道横截面从进口的圆形逐渐连续变化到出口的梅花状。煤粉通过喷嘴后形成浓缩的煤粉气流，有利于煤粉着火和稳定燃烧。

OPTI-FLOW 双调风器的组成如下：

1）套筒挡板。用以控制二次风量。

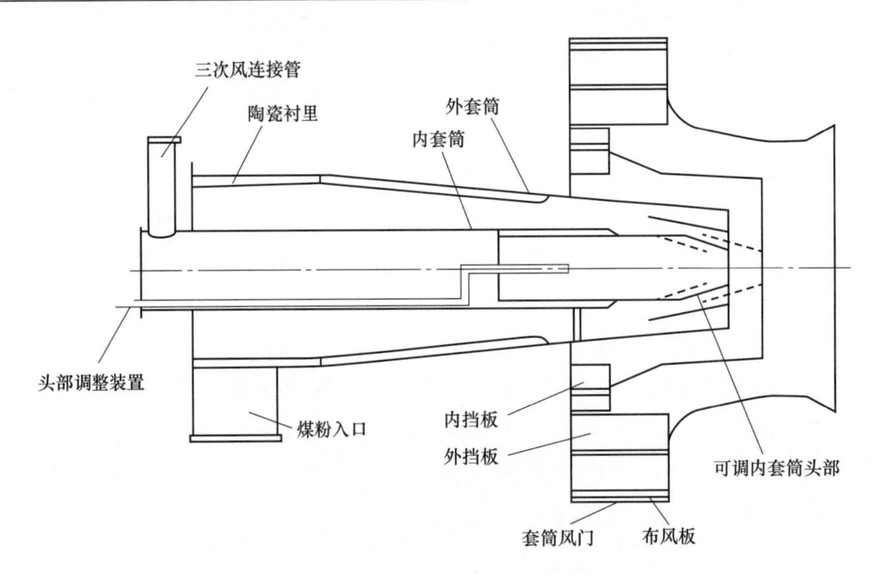

图 2 4　FW 型旋流低 NO_x 燃烧器示意图

2）内二次风量分流器。可调节内二次风和外二次风的比例。

3）外部通道旋流叶片。可从燃烧器前端手动调节，优化外二次风的旋流数。

4）内部二次风通道旋流叶片。角度固定。

5）侧面点火装置。安装在煤粉喷嘴的外部，外二次风调风器内。OPTI-FLOW 型旋流低 NO_x 燃烧器的特点是采用低 NO_x 燃烧器降低 NO_x 生成而不影响锅炉性能。

ABT 公司的梅花形旋流低 NO_x 燃烧器如图 2-5 所示。

图 2-5　ABT 公司的梅花形旋流低 NO_x 燃烧器

（6）LNASB 型旋流低 NO_x 燃烧器。其是由英国三井巴布科克公司开发的，哈尔滨锅炉厂引进国内，在泉州电厂、崇信电厂等进行应用。特点是一次风通过锅壳切向进入一次风管并产生旋转，旋转产生的离心力将煤粉浓缩至一次风管内表面的四个煤粉收集器附近，实现煤粉周向浓淡分布，一次风出口的稳焰环对煤粉浓度分布作合理的调整，将煤粉挡至一次风出口段的内圆周侧，实现径向浓淡，二次风和三次风通道内布置有各自独立的旋流装置，可实现双调风。

（7）中心给粉低 NO_x 旋流燃烧器。哈尔滨工业大学基于径向浓淡煤粉燃烧器设计出中心给粉低 NO_x 旋流燃烧器，该燃烧器用锥形分离器代替径向浓淡旋流燃烧器的煤粉浓缩器，同时在各个风管出口安装扩口，外二次风通道内加装径向旋流叶片，燃烧时煤粉集中在燃烧器中心区域，可以迅速着火和稳燃，同时延长了煤粉在还原区停留时间，有效抑制 NO_x 的生成。另外，内、外二次风旋转强度可调节能增强燃料的适应性。中心给粉旋流燃烧器已应用于多个机组燃烧器的改造中并取得了良好的效果。西柏坡电厂、邯郸热电厂、宁夏大坝发电厂将原来的 EI-DRB 双调风旋流燃烧器改为中心给粉的旋流燃烧器，NO_x 减排率可提高15%以上。

（8）OPCC 型低 NO_x 旋流燃烧器。东方锅炉厂结合英国三井巴布科克和日立的双调风旋流燃烧器的特点，研发了 OPCC 型低 NO_x 旋流燃烧器，燃烧器设有中心风管，布置油枪、高能点火器，运行时通过调节中心风量可以调整火焰的位置，一次风管道中装有高效煤粉浓缩器，利用惯性分离煤粉，煤粉浓缩效果明显且阻力很低，出口处装有稳燃齿环，一、二次风设置导向锥和夹心筒，二次风采用轴向可调叶片机构，三次风采用切向可调旋流叶片，可灵活调整气流的湍流强度和二、三次风量的配比，增强煤种适应性。

OPCC 型低 NO_x 旋流燃烧器的主要技术特点是燃烧器出口处形成的环形回流区可以延迟一、二次风的混合，同时煤粉浓缩器将煤粉形成外浓内淡的分布形式，在出口回流区形成高煤粉浓度、高湍流度、低氧区，可以最大程度地降低 NO_x 的生成，同时有利于煤粉的稳燃。

OPCC 型旋流低 NO_x 燃烧器应用在华润贺州电厂 1000MW 机组、河南天翼超临界 600MW 机组，NO_x 生成均低于 300mg/m^3，最低稳燃负荷低于 30%BMCR。

二、空气分级燃烧技术

空气分级燃烧是燃料在主燃烧器区域缺氧条件下燃烧时燃烧速度和燃烧温度较低，热力 NO_x 减少，同时降低燃料中释放的含氮中间产物 HCN 和 NH_3 等向 NO_x 的转化，抑制燃料 NO_x 的生成。到了燃尽区，燃料在富氧条件下燃尽，不可避免地有一部分残留的氮会氧化成 NO_x。但由于火焰温度较低，NO_x 生成有限，总的生成量降低。空气分级燃烧既可以在燃烧器内实现（燃烧器分级），也可以在炉膛内实现（炉内分级）。随着国家超低排放改造政策的出台，NO_x 的减排压力也随之加大。由于烟气脱硝技术成本较高，应该优先采用低氮燃烧技术，最大程度地减少进入烟气脱硝装置烟气中的 NO_x 含量，以降低投资和运行成本。空气分级燃烧技术已成为最有效和应用最广泛的低氮燃烧技术。

（一）轴向空气分级燃烧

在燃烧器上方一定位置处开设一层或多层燃尽风喷口，将助燃空气沿炉膛轴向（即烟气流动方向）分级送入炉内，使燃料的燃烧过程沿炉膛轴向分级分阶段进行。在第一阶段，将从燃烧器供入炉膛的空气量减少到总燃烧空气量的 70%～75%，相当于理论空气量的 80%左右，燃料先在贫氧条件下燃烧。此时，第一燃烧区内过量空气系数 $a<1$，降低了燃烧区内的燃烧速度和温度水平，这不但延迟了燃烧过程，使燃料中的 N 在还原性气氛中转化成 NO_x 的量减少，而且将已生成的 NO_x 部分还原，使 NO_x 排放量减少。在燃尽风喷口附近的第二燃烧区内，喷入的空气与第一燃烧区内生成的烟气混合，剩余燃料在 $a>1$ 的富氧条件下完成燃烧过程。

轴向空气分级燃烧技术示意图如图 2-6 所示。

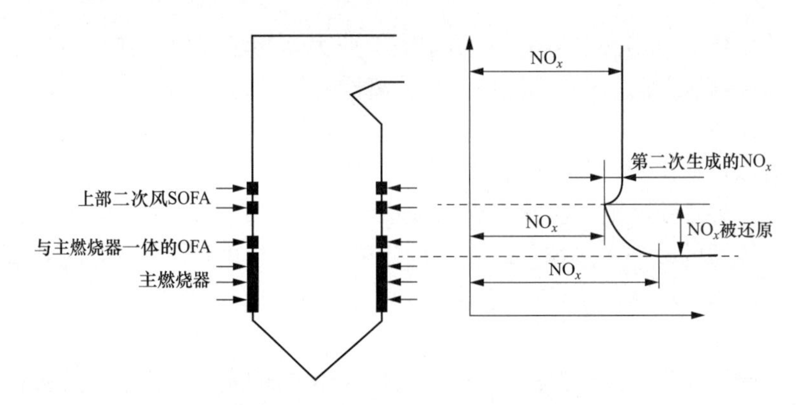

图 2-6　轴向空气分级燃烧技术示意图

（二）径向空气分级燃烧技术

径向空气分级燃烧技术将二次风射流轴线向水冷壁偏转一定角度，形成一次风煤粉气流在内、二次风在外的径向分级燃烧，在一次风和炉膛水冷壁之间形成一层风膜，达到风包粉的效果，实现炉内防结渣的目的。此时，沿炉膛水平径向把煤粉的燃烧区域分成位于炉膛中心的贫氧区和水冷壁附近的富氧区。由于二次风射流向水冷壁偏转，推迟了二次风与一次风的混合，降低了燃烧中心氧气浓度，使燃烧中心 $a<1$，煤粉在缺氧条件下燃烧，抑制了 NO_x 的生成，NO_x 的排放浓度降低。由于在水冷壁附近形成氧化性气氛，可防止或减轻水冷壁的高温腐蚀和结焦。径向空气分级燃烧技术示意图如图 2-7 所示。

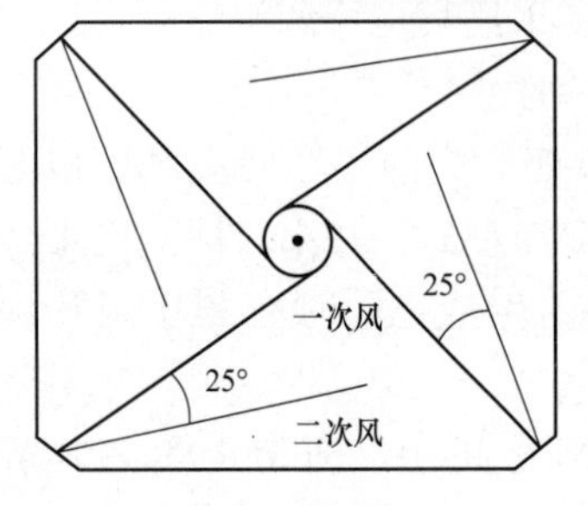

图 2-7　径向空气分级燃烧技术示意图

三、燃料分级技术

燃料分级技术是指在炉膛内设置二次燃料贫氧燃烧的 NO_x 还原区段，以控制 NO_x 的生成量的一种炉内燃烧技术，也称再燃烧技术。它是由德国在 20 世纪 80 年代末提出，称为 IFNR（in fumace NO_x reduction）技术。后被引入欧洲、北美和日本。燃料再燃实际上是把煤粉在炉内燃烧沿炉膛高度分为三个区域。

（1）主燃区。大部分燃料在该区燃烧，其化学当量比大于 1。由于该区氧气充足，火焰温度较高，所以将形成较多的 NO_x。此外，会有一定量的未完全燃烧产物和 NO_x，一起进入再燃区。

（2）再燃区。再燃燃料在空气不足的条件下喷射到主燃区的下游，形成还原性气氛（$a<1$），有利于主燃烧区生成的 NO_x 进行还原反应，最终生成 N_2。

（3）燃尽区。在该区加入其余空气，形成富氧燃烧区（$a>1$），使未完全燃烧产物燃尽。

燃料分级技术中关键参数包括再燃比例、再燃区停留时间、再燃区的化学当量比等。应用燃料分级技术的锅炉 NO_x 脱除率在 30%～70%之间，能降低烟气脱硝系统的运行成本。

第三节　工　程　实　例

近年来，随着国家对环保越来越重视，对燃煤电厂污染物排放的要求也越来越高，燃煤电厂要将 NO_x 的排放浓度控制在超低排放要求的限值（50mg/m^3，标准状态）内，除了要进行增强SCR烟气脱硝装置的脱硝能力改造外，还需结合锅炉实际情况，进行燃烧系统的低氮改造，以降低炉膛出口NO_x的排放浓度，共同实现燃煤锅炉NO_x的超低排放控制目标。不同类型的锅炉，其改造方案也不同，下文介绍几种不同类型的低氮燃烧系统改造案例。

一、四角切圆锅炉低NO_x燃烧系统改造案例

（一）改造工程概况

某电厂2号锅炉为三菱MB-FRR型亚临界、中间再热、强制循环、平衡通风、四角切圆燃烧、单炉膛悬吊式燃煤汽包锅炉。其主要设计参数见表2-1，设计煤种为神华煤，煤质数据见表2-2。

表2-1　　锅炉主要设计参数

项目	单位	BMCR
过热器出口压力	MPa	18.2
过热器出口温度	℃	541
过热器出口蒸汽流量	t/h	2290
再热器出口压力	MPa	4.5
再热器入口压力	MPa	4.7
再热器出口温度	℃	568
再热器入口温度	℃	342.8
再热器出口蒸汽流量	t/h	1837.1
给水温度	℃	287.8
过热、再热蒸汽温度可控范围	—	25%～100%BMCR

表2-2　　锅炉设计适用煤种参数

项目	单位	国产煤	进口煤
低位发热量（应用基）	kJ/kg	20460～25060	22537～27537
全水分	%	8～16	5.23～13.23
挥发分（可燃基）	%	30.44～40.44	27～44
硫	%	0.31～0.82	—
灰分	%	11～18	8.46～18.46

为了满足机组的超净排放要求，电厂对2号锅炉的燃烧器进行了改造，将原有传统燃烧系统改为低氮燃烧系统。改造主要包含两个方面，分别为燃烧器改造和深度分级配风的改造，与已有的中速直吹式制粉系统组成A-PM燃烧器＋A-MACT＋MRS磨煤机的NO_x减排系统。

1. 燃烧器改造

将2号锅炉现有传统燃烧器改成A-PM低氮燃烧器（最底层燃烧器除外），改造后的A-PM燃烧器具有较低NO_x排放特性及良好的着火特性，并且该燃烧器在原有传统燃烧器上改造实施比较方便。

2. 深度分级配风改造

除了燃烧器改造外，厂家还对2号锅炉配风系统进行了改造，改成了A-MACT系统，主要是基于将炉膛通过分级配风分成3个区域的原则进行。分级配风改造后炉膛被分成的3

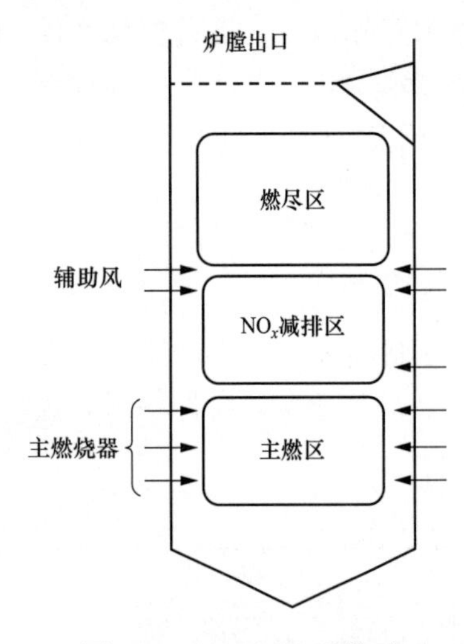

图 2-8　A-MACT 系统对炉膛燃烧区域的分级

个区域分别为主燃区、NO_x 减排区及燃尽区，如图 2-8 所示。

在原有燃烧器的燃尽风上部，每个角各增加了两层 AA 风门，即 lower AA 与 upper AA，从而将助燃空气进行深度分级后送入炉膛，使燃料的燃烧过程沿炉膛轴向分级分阶段进行。在第一阶段，即主燃区内，将从燃烧器送入炉膛的助燃空气量减少到总燃烧空气量的 70%～75%，相当于理论空气量的 80%左右，燃料在贫氧的条件下燃烧，主燃区内过量空气系数小于 1，降低了燃烧区内的燃烧速度和温度水平，不但延迟了燃烧过程，使燃料中的 N 在还原性气氛中转为 NO_x 的量减少，而且可以将已生成的 NO_x 部分还原，使 NO_x 排放量减少。在进入 AA 风喷口附近的燃尽区，喷入的助燃空气使剩余燃料在过量空气系数大于 1 的富氧条件下完成燃尽过程。

（二）改造后性能保证值

2 号锅炉改造后的性能保证值见表 2-3。

表 2-3　　性能保证值（神华煤）

项目	单位	BMCR	100%ECR	75%ECR	50%ECR
NO_x 排放	mg/m^3（标准状态，6%O_2）	≤180	≤180	≤250	≤250
主蒸汽温度	℃	541	541	541	541
再热蒸汽温度	℃	568	568	568	568
省煤器出口烟气温度	℃	≤366	≤359	—	—
锅炉效率	%	≥94.71	≥94.71	≥94.41	≥94.73
未燃尽碳	%	≤2.5	≤2.5	—	—
燃烧器摆角	—	≤15	≤15	≤25	≤25
结焦特性	—	结焦不影响运行		—	—
过热器、再热器壁温	—	低于报警值			

从表 2-3 的数据可以看出，经过改造，2 号锅炉除了 NO_x 达到保证排放值外，锅炉的主蒸汽温度、再热蒸汽温度、效率都须达到设计值。

（三）改造效果分析

图 2-9 所示为厂家提供的燃烧器改造后燃烧测试报告中关于 NO_x 排放的测试结果（注：测试时煤种为神华煤）。

可以发现，燃烧器改造后，通过合适的燃烧器的摆角及配风设置，可以将锅炉省煤器出口的 NO_x 浓度降低到性能保证值以下，尤其是在 100%ECR 时，省煤器出口的 NO_x 排放浓度仅为 $113mg/m^3$（标准状态），远远低于性能保证值（$180mg/m^3$，标准状态），与低氮燃烧器改造前的 $346mg/m^3$（标准状态）相比，降低了 67%。由此可见，这种以 A-PM 燃烧器＋A-MACT 系统结合的 NO_x 减排技术对于降低 NO_x 排放效果明显。

图 2-10～图 2-12 所示为改造后锅炉效率、主蒸汽温度及再热蒸汽温度的测试结果（注：测试时煤种为神华煤）。

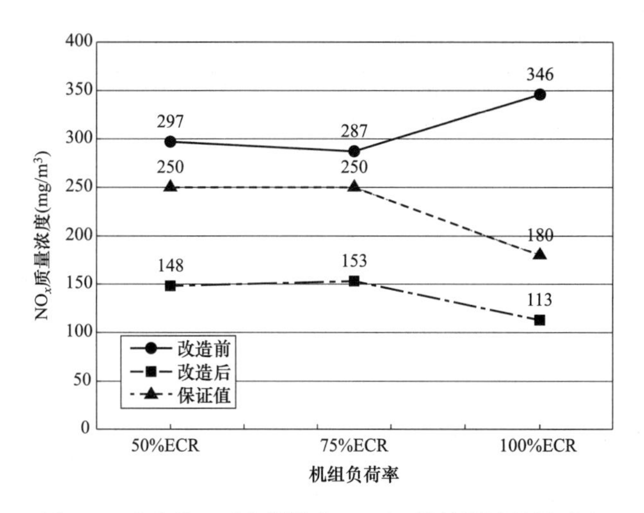

图 2-9　改造前、后省煤器出口 NO_x 排放测试结果对比

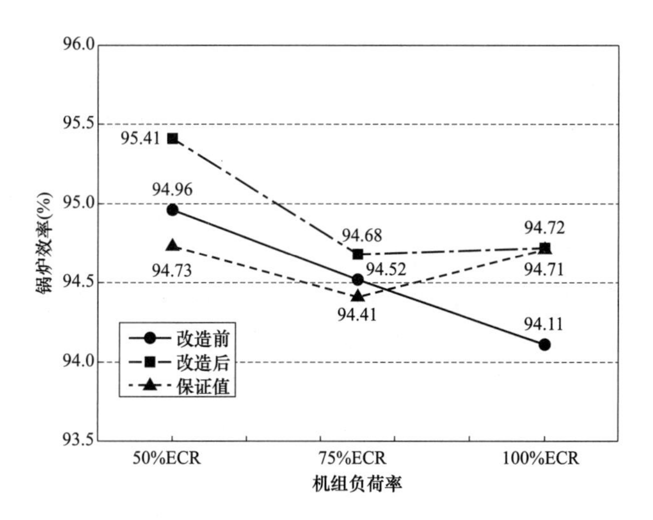

图 2-10　改造前、后锅炉效率测试结果对比

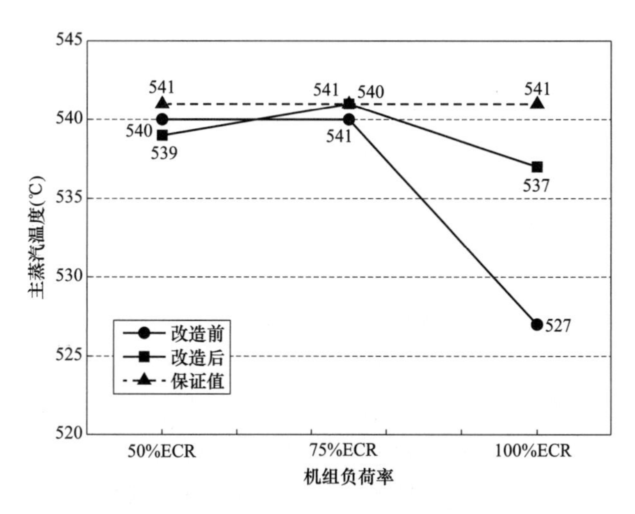

图 2-11　改造前、后锅炉主蒸汽温度的变化

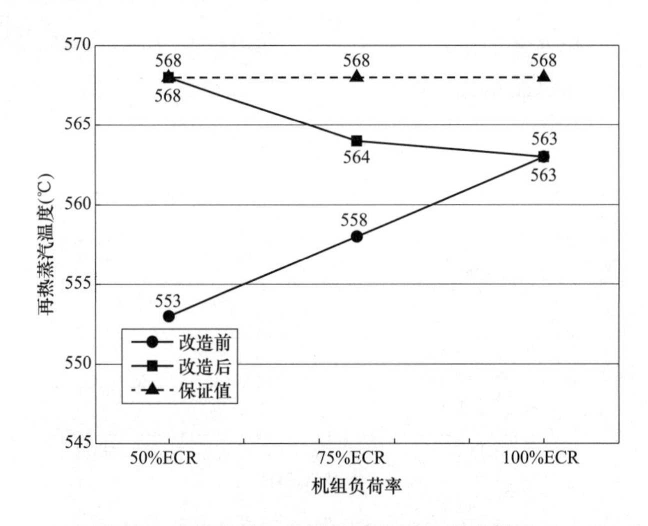

图 2-12　改造前、后锅炉再热蒸汽温度的变化

在保证锅炉 NO_x 排放浓度达标的情况下，与改造前相比，锅炉效率有所提高，达到性能保证值，主蒸汽温度与再热蒸汽温度都有所上升，接近性能保证值。可见，锅炉的燃烧系统改造后，在保证锅炉效率的情况下，NO_x 减排效果达到，但在机组满负荷下，主蒸汽温度、再热蒸汽温度略低于设计值。

在完成低氮燃烧系统改造，机组运行一段时间后，出现过两次三级过热器管屏超温爆管的情况，通过金相分析得出，三级过热器管屏爆裂的原因为短时大幅度超温导致金属材料老化加速，最终导致爆管。另外，在机组升负荷速率较快时（尤其是 400MW 以上），会出现三级过热器及高温再热器部分管屏管壁超温的情况。

采用空气分级低 NO_x 燃烧技术改造之后，炉膛的温度场分布将会发生较大变化，主要表现为主燃区温度降低，火焰中心上移。炉膛内温度场分布的变化将影响炉膛出口烟气温度及各受热面热负荷，进而改变锅炉的过热蒸汽温度、再热蒸汽温度特性。有学者研究了空气分级低 NO_x 燃烧技术中 SOFA 风门开关对炉膛烟气温度的影响，结果表明：SOFA 开工况相对于 SOFA 关工况，屏底温升大于 80℃，过热器减温水增加 80t/h 左右。

低氮燃烧器及配风系统引起的炉内温度场变化对炉膛出口烟气温度及蒸汽温度特性的影响可能会带来两方面的结果：一方面，分级配风改造后，煤粉燃烧推迟，炉膛火焰中心上移，引起炉膛出口烟气温度上升，导致过热、再热蒸汽温度上升；另一方面，分级配风改造造成主燃区缺氧，对应区域温度有所下降，水冷壁的结渣情况得到改善，吸热增强，引起炉膛出口烟气温度下降，锅炉的主、再热蒸汽温度下降。

哪个因素的影响占主导地位取决于锅炉的设计情况。而根据该锅炉实际运行情况观察，锅炉进行低氮燃烧器及配风改造前、后水冷壁的结焦情况良好，因此，影响锅炉蒸汽温度的因素主要是第一方面。图 2-11、图 2-12 分别给出了改造前、后锅炉主蒸汽、再热蒸汽温度的变化。

进行深度分级配风低 NO_x 燃烧系统改造后，在达到 NO_x 的减排效果的情况下，锅炉主蒸汽、再热蒸汽温度都比改造前有所提高。另外，在 300～600MW 负荷段，在保证设计的主蒸汽温度、再热蒸汽温度时，改造后锅炉的主蒸汽、再热蒸汽的减温水投用量明显增多。如负荷在 350MW（50％ECR）和 525MW（75％ECR）时，其中 350MW 时过热器减温水投用量最高达 94.5t/h（一级减温水）和 134.8t/h（二级减温水），而 525MW 时过热器减温水投用量最高达 87.8t/h（一级减温水）和 114.6t/h（二级减温水），可见减温水投用量相对较大。由此可见，低氮燃烧系统的改造，可能会引起锅炉蒸汽温度增加，减温水投用量加大。

正常情况下，当锅炉受热面的辐射或对流热负荷能通过金属管壁被管内工质吸收带走时，金属管壁就会处于正常的运行状态，其壁温在正常范围内。当受热面热负荷过高或工质不足以吸收、带走受热面辐射或对流热量时，就会出现金属管壁超温的情况。锅炉受热面并未进行改造，在锅炉负荷一定的情况下，各受热面管内工质的水动力情况基本不变。改造前、后锅炉的炉膛结焦情况良好，因锅炉结焦而引起炉膛吸热量变化，导致炉膛出口烟气温度变化的影响因素较小。因此，锅炉炉膛出口及以后烟气侧增加的热负荷必然会导致蒸汽温度的上升，金属管壁温度也会随之上升。金属管壁温度变化是有一定的限度的，如果受热面烟气侧热负荷过高，其热量不足以被管内工质吸收带走时，就会引起金属管壁的超温。该锅炉进行低氮燃烧系统改造后，在 300～600MW 负荷段，过热器及再热器金属壁温较改造之前同负荷段偏高，且部分金属壁温出现超温报警的情况。可见，深度分级配风低 NO_x 燃烧系统改造可能会引起锅炉受热面的超温，甚至爆管。

二、对冲锅炉低 NO_x 燃烧系统改造案例

（一）改造工程概况

某电厂 2 号锅炉为加拿大生产的亚临界、自然循环、一次再热煤粉炉，设计燃料为晋北烟煤，配中速磨煤机（MPS-89G）直吹式制粉系统，燃烧器为前、后墙对冲燃烧布置方式，前、后墙各布置 3 层煤粉燃烧器，每层 6 只煤粉燃烧器，共 36 只旋流燃烧器。

为降低 NO_x 的排放，电厂对其燃烧器进行了改造，改造内容为：在不改变燃烧器布置形式和燃烧方式的前提下，将原有巴威公司生产的 DRB 旋流双调风燃烧器改造为 OPCC 低 NO_x 旋流燃烧器，并在原燃烧器的上部加装一层燃尽风喷口。即在距离原来最上层燃烧器中心线上方 4.3m 的位置，前、后墙各增加 6 个燃尽风喷口，使炉膛配风形成分级配风，达到将燃烧区段分为燃烧区域和燃尽区域的目的，实现分级燃烧的效果，最终实现 NO_x 减排的目的，如图 2-13～图 2-15 所示。

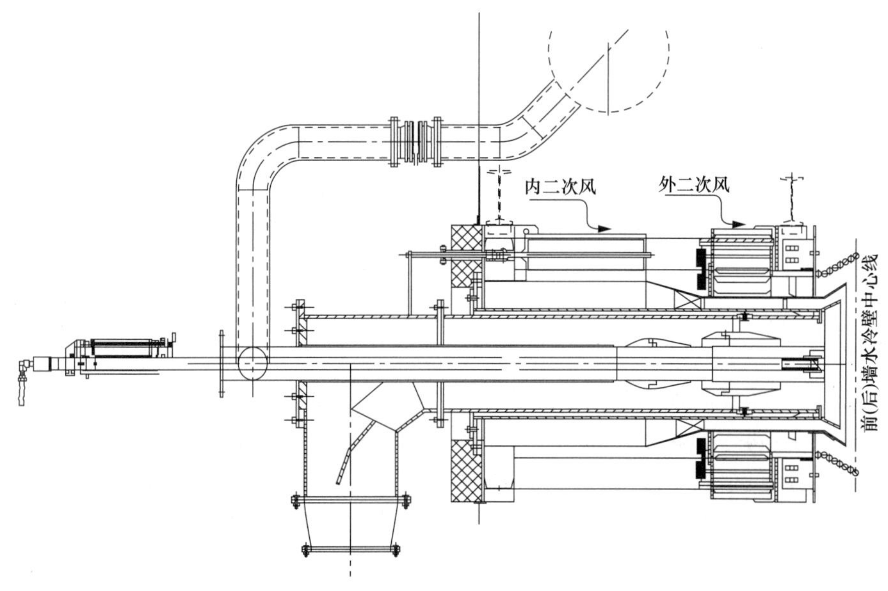

图 2-13　改造后的 OPCC 低 NO_x 燃烧器

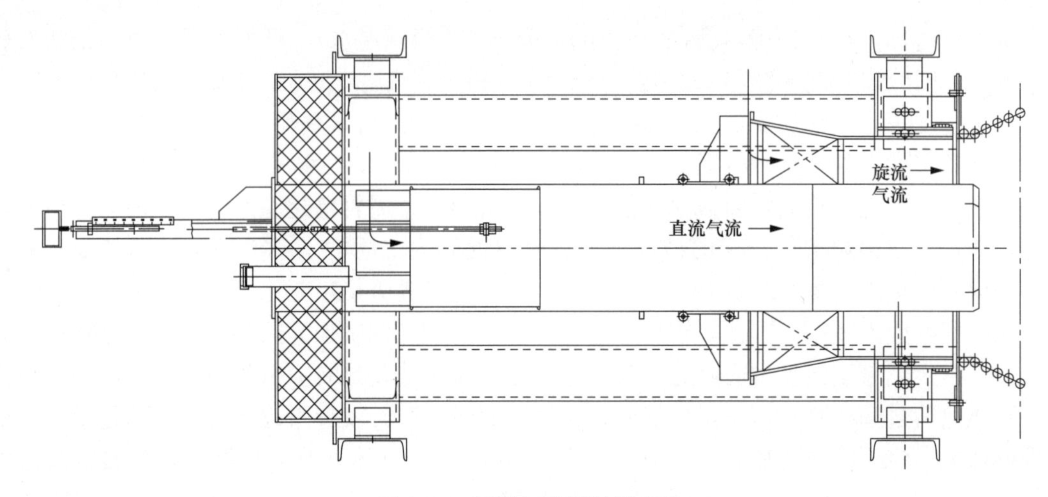

图 2-14　新增加的燃尽风喷嘴

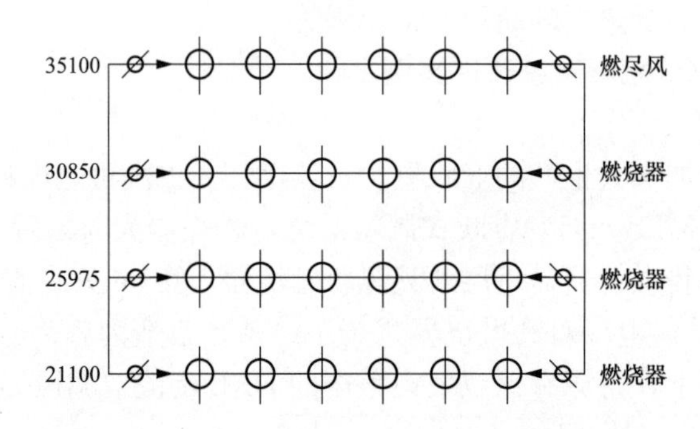

图 2-15　新增燃尽风喷口示意图

改造后的 OPCC 旋流低 NO_x 燃烧器是外浓内淡型旋流燃烧器，它将空气分成一次风、内二次风、外二次风和中心风 4 个部分，在保证煤粉燃尽率的同时尽量降低 NO_x 排放量。

一次风粉混合物首先进入燃烧器的一次风入口弯头，然后经过燃烧器一次风管和布置在一次风管中的煤粉浓缩器，浓缩器使煤粉气流产生径向分离，浓煤粉气流从一次风管圆周外侧经过一次风管出口处的稳燃齿环进入环形回流区着火燃烧；淡煤粉气流从一次风管中心区域喷入炉内，并进入内回流区着火燃烧。一次风管出口处的较大厚度和扩锥使一、二次风分离并形成一个夹角，通过高速的一、二次风的吸卷在该夹角范围内形成一个稳定的环状回流区。内二次风和外二次风通过燃烧器内同心的内二次风、外二次风环形通道在燃烧的不同阶段喷入炉内（外侧为外二次风），实现分级供风，降低 NO_x 的生成量。燃烧器内设有中心风管，其中布置油枪、高能点火器等设备。一股小流量的中心风通过中心风管送入炉膛，在油枪运行时用作部分燃油配风（必要时应投运相应的一次风系统，防止燃油冒黑烟）；在油枪停运时（指同一磨煤机层的一排油枪全部停运）用作调节燃烧器中心回流区的位置，控制着火点，获得最佳燃烧工况；同时，还起到冷却、防止烟气倒灌及灰渣积聚的作用。每个燃烧器的中心风由该层中心风母管提供，中心风母管入口处设有风门挡板用以调节风量。

在首次改造时只做了燃烧器的改造，未进行受热面的改造，由于炉内热负荷的变化，火焰中心上移，造成过热器、再热器严重超温，减温水全投扔无法控制蒸汽温度。为了解决过热器、再热器超温的问题，降低过热器减温水流量，之后进行了受热面的改造，即将下组低温过热器置换为省煤器。

（二）改造效果分析

锅炉进行燃烧器及受热面改造后，运行状况稳定，减温水量接近改造前的指标。锅炉 NO_x 排放质量浓度从改造前 680mg/m^3 下降到 300mg/m^3 左右，比改造前降低约 50%。

改造后的燃烧器二次风喷口面积设计也大大小于原锅炉制造商提供的燃烧器二次风喷口面积。燃烧器二次风面积的减少，使得二次风流动阻力增加，造成二次风与一次风的混合延迟，虽然对降低 NO_x 有利，但不利于煤粉气流的着火和燃烧。

另外，对冲型燃烧器普遍存在的侧墙水冷壁高温腐蚀的问题在该厂 2 号锅炉中仍然存在，该问题通过常规的配风燃烧调整无法得到解决，只能通过喷涂来缓解高温腐蚀的速率，目前，较好的解决方案为通过增加侧墙燃尽风喷嘴改变侧墙水冷壁还原性气氛来降低水冷壁的高温腐蚀，在广东的靖海电厂已经有应用，且效果良好。

三、塔式直流锅炉低 NO_x 燃烧系统改造案例

（一）改造工程概况

某电厂 6 号锅炉为上海锅炉厂生产的 3091t/h 超超临界参数变压运行螺旋管圈直流炉，单炉膛塔式布置、四角切向燃烧、摆动喷嘴调温、平衡通风、全钢架悬吊结构、露天布置，采用机械刮板捞渣机固态排渣。炉膛宽度为 21480mm，炉膛深度为 21480mm，水冷壁下集箱标高为 4200mm，炉顶管中心标高为 119950mm。

燃烧方式采用低 NO_x 同轴燃烧系统（LNTFS）。通过分析煤粉燃烧时 NO_x 的生成机理，低 NO_x 煤粉燃烧系统设计的主要任务是减少挥发分氮转化成 NO_x，其主要方法是建立早期着火和使用控制氧量的燃料/空气分段燃烧技术。LNTFS 的主要组件如下：

（1）紧凑燃尽风（CCOFA）。

（2）可水平摆动的分离燃尽风（SOFA）。

（3）预置水平偏角的辅助风喷嘴（CFS）。

（4）强化着火（EI）煤粉喷嘴。

煤粉燃烧器采用典型的 LNTFS 燃烧器布置，一共设有 12 层煤粉喷嘴，在煤粉喷嘴四周布置有燃料风（周界风）。燃烧器风箱分成独立的 4 组，下面 3 组风箱各有 4 层煤粉喷嘴，对应 2 台磨煤机，在每相邻 2 层煤粉喷嘴之间布置有 1 层燃油辅助风喷嘴。每相邻 2 层煤粉喷嘴的上方布置了 1 个组合喷嘴，其中预置水平偏角的辅助风喷嘴（CFS）和直吹风喷嘴各占约 50%出口流通面积。在主风箱上部布置 6 层可水平摆动的分离燃尽风（SOFA）喷嘴。连同煤粉喷嘴的周界风，每角主燃烧器和 SOFA 燃烧器各有二次风挡板 31 组，均由电动执行器单独操作。为满足锅炉蒸汽温度调节的需要，主燃烧器喷嘴采用摆动结构，每组燃烧器由连杆组成一个摆动系统，由一台气动执行器集中带动作上下摆动。SOFA 燃烧器同样由一台气动执行器集中带动作上下摆动。

LNCFS 通过在炉膛的不同高度布置 CCOFA 和 SOFA，将炉膛分成 3 个相对独立的部分：初始燃烧区、NO_x 还原区和燃料燃尽区。每个区域的过量空气系数由 3 个因素控制：总的 OFA 风量、CCOFA 和 SOFA 风量的分配以及总的过量空气系数。这种改进的空气分级方法通过优化每个区域的过量空气系数，在有效降低 NO_x 排放的同时能最大限度地提高燃烧效率。

（二）改造方案

1. 改造目标

由于超低排放环保的要求，要将原机组烟囱出口 NO_x 控制值由 100mg/m³（标准状态）降低至 50mg/m³（标准状态）以下，烟囱出口 NO_x 控制难度较大，且经济安全性较差，所以决定对原燃烧器进行改造。在煤种不变情况下，锅炉负荷在 50%～100%BMCR 区间时，NO_x 排放值控制在 150～200mg/m³（标准状态）。另外，改造后，不影响锅炉的经济性和安全性，包括锅炉不完全燃烧损失、排烟损失无明显变化，锅炉结焦性、高温腐蚀性、蒸汽温度特性、蒸汽压力特性等基本不变。

2. 改造方案

在改造之前，改造方提出了两种改造方案，分别是：

（1）方案一：在原 6 层 SOFA 燃尽风上方新增加 3 层 SOFA 燃尽风，其他燃烧器不改动，总的 SOFA 燃尽风风量占总风量的比率将由原先的 23%提高至 40%左右。

（2）方案二：在方案一基础上对主燃烧器进行了一些改造，包括更换主燃烧器区域全部二次风喷口、缩小二次风通流面积和更换主燃烧器区域一次风煤粉喷嘴、喷管及弯头。

由于原锅炉主燃区二次风率为 56%，二次风设计速度为 60m/s。如按照方案一新增一段燃尽风，风率为 17%，而主燃区二次风通流面积不减小，则二次风通流面积增加 21.5%，改造后二次风速降为 50m/s。对于 1000MW 机组塔式锅炉来说，炉膛横截面较大，需要较高的二次风速，才能保证火炬的穿透深度，到达相邻燃烧器的喷口附近，点燃相邻的燃烧器，促进煤粉的燃烧。二次风速降低，将对炉内流场产生不利影响，一方面不利于煤粉的燃烧；另一方面二次风对一次风的风包粉效果减弱，锅炉结渣和高温腐蚀的风险升高。因此，从锅炉的安全角度及经济角度考虑，尽管方案二改造工程量较大，改造费用较高，还是选择方案二。

（三）改造效果

通过对燃尽风及主燃烧器的改造，在 50%～100%BMCR 负荷区间内，该锅炉 NO_x 基本能控制在 200mg/m³（标准状态）以内。因 NO_x 排放较少，耗氨量约下降 2t/h，按每吨氨 3000 元计算，年度共节约 200 万元。另外，改造前后，锅炉热效率基本不变，锅炉各项燃烧损失基本不变；锅炉主蒸汽、再热蒸汽温度均能保持设计值运行，且锅炉结焦性、高温腐蚀、变负荷稳定性等也无明显变化。

四、W 形火焰锅炉低 NO_x 燃烧系统改造案例

目前的 W 形火焰锅炉主要有 600MW 和 300MW 等级，分别引进了包括法国 ALSTOM STEIN、英国 MBEL 公司、美国 FW 以及美国巴威公司技术。W 形火焰锅炉燃烧稳定性好，可靠性高，煤种适应性强，尤其适用于燃烧无烟煤等挥发分低的煤种，但其 NO_x 排放浓度普遍偏高，有的甚至能够达到 2000mg/m³（标准状态），无法满足国家对锅炉 NO_x 排放的标准要求。同时，这也对 SCR 烟气脱硝装置提出了极高的要求。因此，对 W 形火焰锅炉的燃烧器进行低 NO_x 改造以降低锅炉 NO_x 排放量势在必行。

（一）工程概况

某电厂 600MW 燃煤电站锅炉采用东方锅炉厂生产的 W 形火焰锅炉，亚临界压力、中间一次再热、自然循环汽包炉。双拱型单炉膛，燃烧器布置在下炉膛前后拱上，组织 W 形

火焰燃烧。尾部采用双烟道结构，采用烟气挡板调节再热蒸汽温度。固态排渣、平衡通风。炉膛采用全焊接膜式壁，分为上炉膛、下炉膛两部分。其中上炉膛宽 34.4805m，深 9.906m，布置有全大屏辐射过热器；下炉膛宽 34.4805m，深 16.012m，前、后墙水冷壁拉出，呈双拱形，用于布置下射燃烧器，组织 W 形火焰燃烧。下炉膛敷设有卫燃带。锅炉主要技术参数见表 2-4。煤质参数见表 2-5。

表 2-4　锅炉主要技术参数

项目	单位	BMCR	TRL
过热蒸汽流量	t/h	2028	1930.4
过热蒸汽出口压力	MPa（a）	17.45	17.38
过热蒸汽出口温度	℃	541	541
再热蒸汽流量	t/h	1717.74	1631.68
再热蒸汽进/出口压力	MPa（a）	4.079/3.889	3.879/3.689
再热蒸汽进/出口温度	℃	330/541	324.5/541
给水温度	℃	279.6	277.1

表 2-5　煤质主要参数

项目		符号	单位	设计煤种	校核煤种（1）	校核煤种（2）
元素分析	收到基碳	C_{ar}	%	58.65	62.32	54.30
	收到基氢	H_{ar}	%	3.18	2.45	1.42
	收到基氧	O_{ar}	%	2.25	1.83	0.75
	收到基氮	N_{ar}	%	1.09	0.99	0.61
	收到基全硫	$S_{t,ar}$	%	1.83	1.52	1.98
工业分析	收到基灰分	A_{ar}	%	28.00	20.89	30.94
	收到基水分	M_t	%	5.0	10.0	10.00
	空气干燥基水分	M_{ad}	%	0.36	1.58	2.07
	干燥无灰基挥发分	V_{daf}	%	9.92	14.29	8.24
收到基低位发热量		$Q_{net,ar}$	kJ/kg	22039	23145	19832
可磨系数		HGI	—	67	80	70

锅炉燃烧器采用双旋风煤粉浓缩型燃烧器，图 2-16 所示为燃烧器示意图。其设计的着眼点是采用旋风筒进行煤粉浓缩，并提供多种调节手段，以适应无烟煤着火、稳燃的要求。双旋风煤粉燃烧器由煤粉进口管、煤粉均分器、双旋风筒壳体、煤粉喷口、乏气管、乏气调节蝶阀等组成。

锅炉共 36 个燃烧器，分别布置在前后炉拱上，向下喷射，组织 W 形火焰燃烧。燃烧的二次风分为两部分，分别从拱上、拱下送入炉膛。二次风箱被分为 36 个配风单元，每个配风单元为相应的燃烧器单独配风。配风方式为：拱上仅送入少量的二次风以满足喷口冷却和燃烧初期需要，避免在着火区过早送入大量二次风，否则会影响到无烟煤的着火和初期的燃烧稳定。煤粉着火后，大量二次风在拱下前后墙分 3 层逐级送入，以满足燃尽的要求。

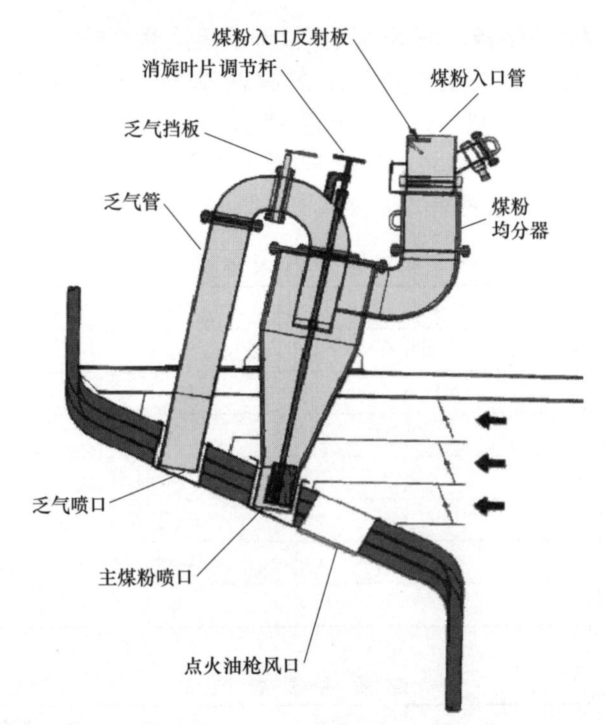

图 2-16　燃烧器示意图

（二）改造概况

该锅炉在燃烧设计无烟煤时，锅炉出口 NO_x 排放量高达 1000～1500mg/m^3（标准状态），因此，对该锅炉燃烧器进行了一系列低 NO_x 改造。

将炉膛前、后墙拱上错列布置的 36 只双旋风筒煤粉分离式燃烧器改造为 36 只带有乏气分离装置的直流式带中心风新型煤粉燃烧器，主煤粉喷嘴位于前、后墙拱上，乏气喷嘴则从拱上改为拱下前、后墙中部。拱上原 A、B、C 二次风合并为拱上二次风并与主煤粉喷嘴错列布置，拱下原 D、E 二次风取消，保留 F 二次风（减小风口面积和风率）作为拱下二次风。在上炉膛下部增设燃尽风喷口，以降低 NO_x 排放。燃烧器改造前后示意图如图 2-17 所示。

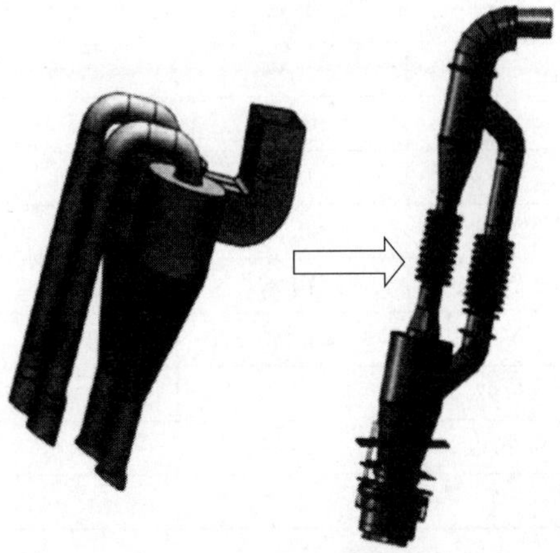

图 2-17　燃烧器改造前后示意图

（三）改造效果分析

改造后进行了锅炉性能测试，结果表明：在燃烧设计煤种情况下，在 50％～100％BMCR 负荷区间内，锅炉飞灰含碳量保持在 5％～9％，锅炉热效率在 90％以上，基本保持改造前的水平。另外，在 50％～100％BMCR 负荷区间内，锅炉省煤器出口 NO_x 排放浓度在 700～900mg/m^3（标准状态）范围内，与改造前相比降低了 300～500mg/m^3（标准状态），改造后 NO_x 排放浓度明显降低。另外，改造后锅炉的主蒸汽、再热蒸汽参数，减温水量，锅炉的结焦、结渣情况，以及锅炉的受热面壁温情况与改造前相比变化不大，满足改造技术协议规定要求。

第三章

SNCR 脱硝技术

第一节 SNCR 脱硝技术原理

SNCR 脱硝技术即选择性非催化还原法，该技术是在没有催化剂的条件下，利用还原剂有选择性地与烟气中的氮氧化物（主要是 NO 和 NO_2）发生化学反应，生成 N_2 和水，脱除烟气中部分氮氧化物的一种脱硝技术。目前，电厂研究和应用最多的还原剂是尿素［$CO(NH_2)_2$］和氨（NH_3）。用氨作还原剂的适宜反应温度（即温度窗口）为 870～1100℃，低于该温度范围反应不完全易造成氨的浪费和逃逸；而当温度在高于 1100℃时，NH_3 本身将氧化成 NO，反而使氮氧化物的排放量增加。用作还原剂的氨可以是气态氨，也可以是液态氨，还可以是稀释了的氨溶液（即氨水）。用尿素作还原剂的温度窗口比用氨的稍微高一些，为 900～1150℃，其主要反应为

$$CO(NH_2)_2 + H_2O \longrightarrow 2NH_3 + CO_2$$

$$4NH_3 + 4NO + O_2 \longrightarrow 4N_2 + 6H_2O$$

$$8NH_3 + 6NO_2 \longrightarrow 7N_2 + 12H_2O$$

同时会发生 NH_3 的氧化反应（特别当温度高于温度窗口时），即

$$4NH_3 + 5O_2 \longrightarrow 4NO + 6H_2O$$

加入添加剂如有机氧化剂可以改变温度窗口。

第二节 SNCR 系统流程和组成

由于氨属于危险品，使用过程中的管理不当会造成事故，而尿素便于储存和分散，不必担心因氨的泄漏造成污染，可以使整个系统变得更加安全可靠和便于操作，所以目前很多 SNCR 系统使用尿素作还原剂。典型的尿素法 SNCR 脱硝工艺主流程如图 3-1 所示，主要由还原剂储存、制备及供应系统，还原剂喷射（加药）系统，控制系统三部分组成。

一、还原剂储存、制备及供应系统

用作还原剂的固体尿素被溶解制备成质量浓度不超过 50％的尿素浓溶度。尿素在送入炉膛之前，与稀释水泵输送过来的水混合成 5％～10％的尿素稀浓液。稀释后的尿素再利用不锈钢离心泵、过滤器、电动加热器加压加热后经炉前计量分配装置的精准计量分配至每个喷枪，经喷枪喷入炉膛进行脱 NO_x 反应。过滤器的作用是防止尿素中的杂质堵塞喷射口，加热是为了防止溶液结冰，加压是为了获得高速射流。

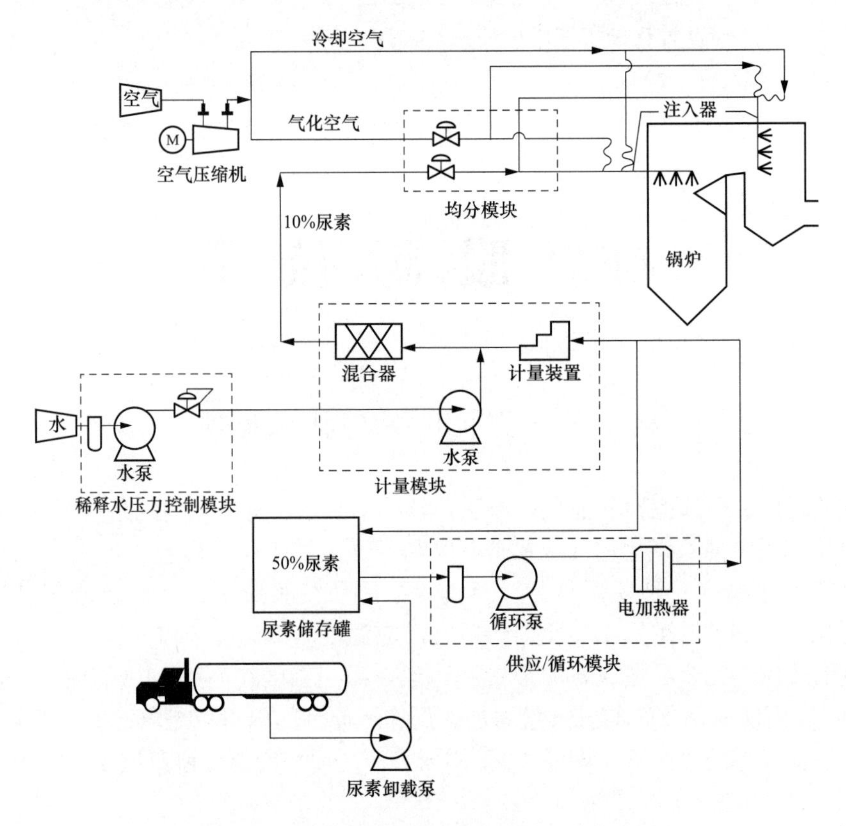

图 3-1 典型的尿素法 SNCR 脱硝工艺主流程

二、还原剂喷射系统

还原剂喷射系统由喷射泵和安装在炉膛壁上的喷射装置组成。有两种类型的喷射装置——墙式喷射器（又称喷嘴）和枪式喷射器（又称喷枪）。

墙式喷射器安置在选定位置的锅炉内壁上，由于这种结构的喷射器不直接暴露在热的烟气中，所以它们的运行寿命比较长。墙式喷射器通常用在小型锅炉上，在这些锅炉中小范围的喷射即可以将反应物和烟气充分混合。枪式喷射器从锅炉墙壁伸进烟气，通常用于大型锅炉。这种锅炉由于炉膛尺寸大使得烟气和还原剂均匀混合的难度加大，为了获得还原剂与烟气的均匀混合，有的设计将喷枪延伸至锅炉通道的整个宽度，并在上面开设多个喷口。SNCR 系统可以采用一种或者同时使用两种类型的喷射器。

喷射器均由内外套管构成，内管用于输送稀释的药品，外管通有冷却介质以减缓因炉膛高温而可能造成的损害。冷却介质通常为蒸气或压缩空气，它们同时作为喷嘴的雾化介质。与利用氨气作还原剂不一样，尿素是以溶液的形式被利用的，介质将尿素溶液雾化成一定尺寸和尺寸分布的液滴。为了保证还原剂溶液和烟气能够充分混合，液滴的粒径要有合理的分布并能够到达反应区域的各个部分。

喷枪可以设计成具有自动进退功能的，当注入还原剂时自动进枪以保证喷射的效果，停止喷射时自动退回以保护喷射杆。

尿素喷射的位置和喷射器的数量应依据炉膛内烟气温度场、烟气流场、还原剂喷射流场、化学反应过程的精确模拟结果而定，在锅炉不同负荷下选择烟气温度处在最佳温度区间以喷射还原剂，还原剂在锅炉最佳烟气温度区间内的停留时间宜大于0.5s，根据不同的锅炉炉内状况对喷嘴的几何特征、喷射的角度和速度、喷射滴进行优化，通过改变还原剂扩散路径，达到最佳的停留时间。大型锅炉一般设计安装3～4层（特殊情况可以有5层）喷射层，每层喷射口可由4～12个喷射器组成。对于在现有锅炉上加装SNCR的系统，喷射口位置选定必须考虑锅炉现有结构的影响，要尽量减少对原有结构的改动，以免增加改造成本和影响热力工况。图3-2所示为喷射点位置开设的一个示意图，在第三层高度上设置了喷射点。

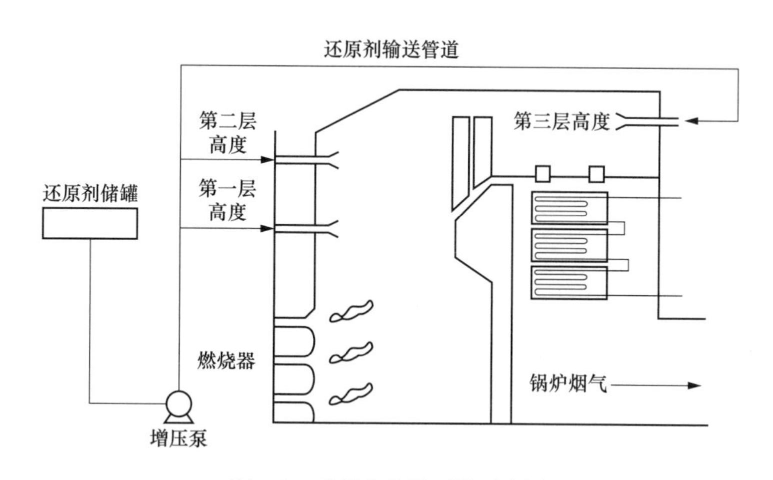

图3-2 喷射点位置开设示意图

喷射器由于处于高温和高烟尘的环境中，工作条件十分恶劣，从而极易因磨损和腐蚀导致损坏。因此，喷射器必须选用耐磨、耐腐蚀的材料制造。另外，通过改进结构设计也可以延长使用寿命，如把喷嘴头部设计成可以方便拆装替换的，以及上面提到的在喷枪外面加装冷却套管和可以伸缩的喷枪。当SNCR系统由于季节性运行、锅炉启停或其他原因停运时，退出炉膛以减少它们在热烟气中的暴露时间等可以在一定程度上保护其少受损伤。

喷入系统的技术关键是要保证还原剂能在最适宜反应的温度区间与烟气充分混合，在小炉膛中，药品的分布和最佳温度的保证比较容易实现。而在炉膛较大的情况下实现起来就要困难得多。另外，锅炉负荷的不稳定或煤种的变化所造成的炉内烟气温度分布的变化也是SNCR系统设计和运行的主要难点。通过加入添加剂改变还原剂适宜反应的温度范围，可以在一定程度上减轻设计和运行的压力。

三、控制系统

控制系统的主要任务是控制还原剂的供应量和喷入位置，特别是对于大型锅炉。由于有多个喷射口分别位于锅炉内不同位置，这些喷口可以单独运行也可以成组运行。根据锅炉运行参数的变化，控制系统对喷嘴投入的数量、位置和每个喷嘴的喷射量进行调整，以保证SNCR系统达到设定的效率和相关的运行指标。

目前，已经运行的SNCR系统大都运用PLC（可编程控制器）及一套PC软件。根据烟囱排放的NO_x监测值与设定值的差异及锅炉运行等信号自动控制还原剂的喷射量，系统处于自动模式运行。控制流程如图3-3所示。

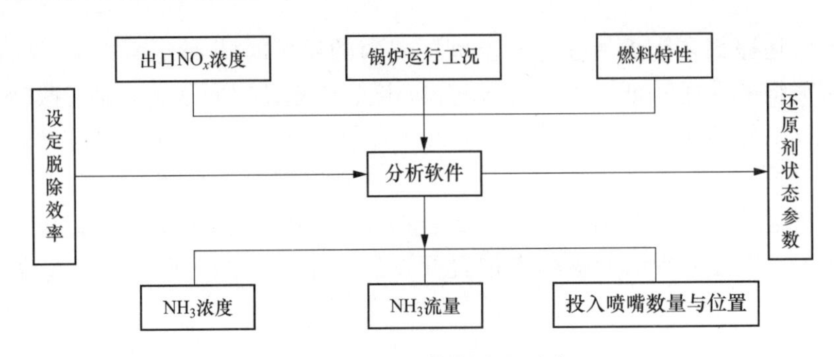

图 3-3　SNCR 控制流程示意

控制系统的分析软件根据 CEMS 监测到的出口烟气 NO_x 的浓度、锅炉运行工况、燃料性质等反馈数据，结合 SNCR 系统的设计脱硝效率进行分析，得到对还原剂的喷射量、喷射压力、喷射位置的分析结论，发出指令控制有关仪表和阀门。与此同时，控制系统还要随时对还原剂的温度、混合浓度、洁净程度以及稀释用水的温度、洁净度等参数进行监控，以保证系统的安全和正常运行。

为了给 PC 软件提供分析信号和实现执行指令，SNCR 系统中必须配备一系列自动压力调节阀、平衡阀和与自动阀系统相连的调节器、过滤器、氨监测器以及流体压力、流量、温度的检测装置。另外，SNCR 系统还必须有手动控制功能，以备在必要时进行手动操作。

第三节　影响 SNCR 脱硝效率的因素

影响 SNCR 脱硝效率的主要因素有烟气温度，混合均匀度，还原剂的停留时间、液滴尺寸，NH_3 与 NO_x 的化学当量比等。

一、烟气温度

在还原剂的作用下使 NO 还原的反应是在特定温度范围内进行的，温度低于该范围会因热量不足而使反应缓慢，造成还原剂不能完全参加反应，其后果是一方面使脱硝效率降低，另一方面使大量未反应的氨随排烟逃逸进入大气；温度高于该范围则会因氧化作用增强，造成还原剂本身被氧化，反而生成更多的 NO_x。合适的反应温度，不但是保证脱除率所必需的，而且是防止出现新的污染所必需的。不同的还原剂有不同的适宜反应温度区间，最理想的情况是药剂喷射到炉膛内刚好满足上述温度范围的区域。对于大多数锅炉而言，在炉膛上部和省煤器间的过热器区域的温度基本符合这一条件，因此，还原剂的喷入点都选择在这一区间，运行中通过 SNCR 的在线监控系统根据锅炉的负荷变动造成的温度分布变化变换还原剂的喷入位置，以保证还原反应能在最佳温度下进行。

二、混合均匀度

对于任何化学反应来说，参加反应物质的均匀混合都是保证反应充分的不可或缺的因素。因此，把含有氨基的药剂充分地混合在炉膛的烟气中是这项技术的另一个关键要求。设计良好的喷嘴位置、合适的喷射速度和喷射方向、理想的雾化状况都是达到这一目的缺一不可的前提条件。除此之外，由于烟气黏度高，为使烟气中的 NO_x 和药品获得良好的混合，还必须改善炉内的空气动力特性，对锅炉内发生滞流的区域或者流速太高的区域都必须进行流动工况的调整。

对于大型电站锅炉而言，由于炉膛尺寸大，喷射的还原剂不容易到达所要求的全部区域，还原剂的扩散和与烟气的混合都比较难调整到理想状态。如果再碰上经常需要变负荷运行等问题，则将导致 NO_x 脱除率很难提高。而对于比较小型的锅炉，如垃圾焚烧炉、燃木材的锅炉，这些锅炉的炉膛尺寸较小，容易使药剂在整个炉内的横断面上形成均匀的分布，而且这些锅炉多处于基本负荷运行状态。还有循环流化床锅炉，因为具有满足氨在高于最低反应温度的环境中足够长的停留时间的特点，所以在以上这些锅炉中容易获得相当理想的反应条件。因此，这些燃烧设备的 SNCR 系统对 NO_x 的脱除率一般都能超过 50%，甚至达到 85%。

总之，不充分的混合会导致氮氧化物还原率的降低和氨逃逸的增加。混合均匀程度主要取决于喷射装置的设计和运行控制。优化和增加喷射层、优化和增加喷射口、优化炉膛内的空气动力场以及适当提高还原剂液滴的能量等措施是经常使用的方法。

三、还原剂的停留时间

还原剂的停留时间是指在适宜反应的温度区间内还原剂停留的总时间。图 3-4 所示为 SNCR 工艺中还原剂停留时间对 NO_x 脱除率影响的一个实验结果。从中可以看出，还原剂在最佳温度窗口的停留时间越长，越有助于 NO_x 脱除效率的提高。

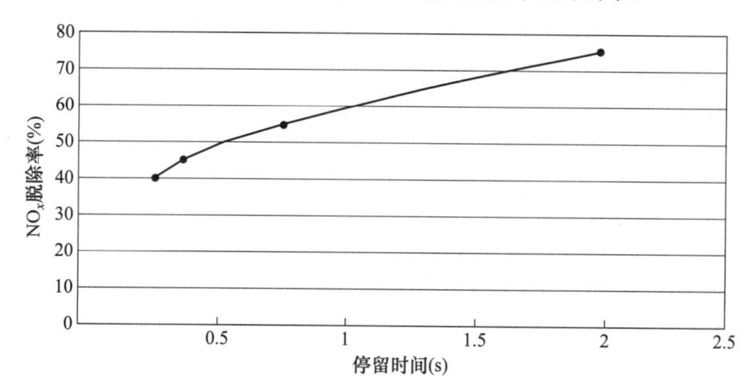

图 3-4 SNCR 工艺中还原剂停留时间对 NO_x 脱除率影响

大量实验结果显示，反应在开始时脱除 NO_x 的速率提高得非常迅速，实验测到的将近 80%的脱除率中，有 40%是在最初的 0.3s 内获得的，之后脱除率的增加速度开始变缓。一般而言，停留时间超过 1s 以后，则可出现最佳的 NO_x 脱除率。最佳停留时间受液滴尺寸的影响，在液滴尺寸大的时候，完成反应所要求的停留时间比液滴尺寸小的时候长。除此之外，最佳停留时间还随温度的改变而改变，当温度比较低的时候，为了获得相同的氮氧化物还原效果必须适当提高停留时间。

停留时间受锅炉烟气体积流量的制约，而锅炉烟气的流量主要取决于锅炉设计，往往对 SNCR 系统并不理想。为了解决这一矛盾，SNCR 系统的设计就需要根据不同的锅炉炉内状况对喷嘴的几何特征、喷射的角度和速度、喷射液滴直径进行优化。通过改变还原剂扩散路径，达到满足最佳停留时间的目的。工程应用中一般要求还原剂的停留时间大于 0.5s。

四、还原剂液滴尺寸

还原剂液滴的大小对反应的影响也是 SNCR 工艺中必须注意的一个问题。液滴太大，蒸发过慢，易导致反应在过低的温度下进行，使脱硝率降低和氨逃逸增加，显然不好。但液滴太小也不好，因为会蒸发过快，无法保持反应所需要的时间，而且可能导致反应在过高的温度下进行，容易生成更多的 NO_x。

液滴大小的选择还要考虑扩散路径的影响，当需要还原剂液滴深入烟气流内部时。则可以选择比较大的液滴。由于大液滴具有相对大的动能，所以容易进入烟气流。当然，此时还要保证液滴有较长的停留时间，以利于挥发和完成反应。专门设计和制造的用于SNCR工艺的喷嘴可以按照要求喷射具有合理粒径分布的液滴。

五、NH_3与NO_x的化学当量比（摩尔比）

理论上转化1mol氮氧化物需要1mol分子氨或者0.5mol尿素，但在工程应用中，由于实际工况条件的限制，为了达到氮氧化物的设计脱除率，所需要的还原剂要比理论值多得多。片面追求高脱除率，不但造成还原剂用量和运行成本的激增，而且还会出现氨逃逸超标、有害气体N_2O的过量生成以及铵盐沉积等一系列问题，所以在运行中应该选择适当的脱除率和摩尔比值，在综合考虑各种因素的情况下，NH_3/NO_x摩尔比最好控制在1.0～1.6。

SNCR技术由于不采用催化剂，整个脱硝过程在锅炉炉膛和高温烟道中进行，在煤粉锅炉中还原剂的穿透深度较长，无法保证还原剂与烟气达到最佳的混合；另外，反应时间也较短，且受锅炉设计、锅炉负荷等因素的影响较大，因此，在煤粉炉中脱硝效率较低，一般为20%～40%，这样单独使用时难以达到NO_x超低排放要求（$NO_x \leqslant 50mg/m^3$），新建大型电厂煤粉锅炉基本不采用该技术而直接采用低氮燃烧技术加SCR技术。目前，早期安装的SNCR系统用来作为SCR及其他低氮燃烧技术的补充，构成SNCR+SCR联合脱硝系统。而对于循环流化床（CFB）锅炉，情况有很大不同。

第四节　SNCR脱硝技术在循环流化床锅炉超低排放中的应用

SNCR脱硝技术非常适合于CFB锅炉的超低排放，主要原因有：

（1）大部分CFB锅炉的运行床温控制在850～950℃，较低的燃烧温度使得热力型NO_x与燃料型NO_x大量减少，因此，CFB锅炉的NO_x初始排放浓度因其低温燃烧和分级燃烧方式而相对较低，在合适的运行参数下，NO_x的排放浓度可控制在$200mg/m^3$以下。

（2）CFB锅炉具有一个非常有效的还原剂喷入点和混合反应器。CFB锅炉SNCR还原喷射点示意如图3-5所示，旋风分离器内温度一般在850℃左右，正处于SNCR反应温度范围之内；分离器内的烟气扰动强烈且流动路径较长，有利于喷入的还原剂和烟气之间迅速而均匀地混合，以及还原剂在反应区获得较长停留时间，从而保证了更高的脱硝效率。

目前，已有大量的SNCR系统在CFB锅炉中应用，如秦热发电有限责任公司2×300MW机组、华能白山煤矸石发电有限责任公司2×330MW机组、国华宁东2×330MW机组、江苏徐矿综合利用发电有限公司2×300MW机组等，SNCR装置的脱硝效率可以保证在70%以上，甚至高达80%以上，这样CFB锅炉尾部不用再加装SCR装置就可以达到超低排放要求了。典型的CFB锅炉SNCR系统如图3-6所示。

国内某热电厂2×300MW CFB锅炉SNCR系统脱硝效率与氨氮摩尔比的关系如图3-7所示，SNCR系统最大脱硝效率可达82.96%，锅炉的NO_x排放值可降低到$37mg/m^3$，达到超低排放要求。

图3-8所示为某300MW CFB锅炉尿素SNCR运行画面，图3-9所示为某300MW CFB锅炉分离器侧尿素分配柜及分离器前喷枪，图3-10所示为某300MW CFB锅炉尿素溶解罐、尿素溶液制备站和溶液储箱。运行表明在60%以上负荷时，烟囱中NO_x排放浓度均可在$50mg/m^3$以下，满足超低排放要求。

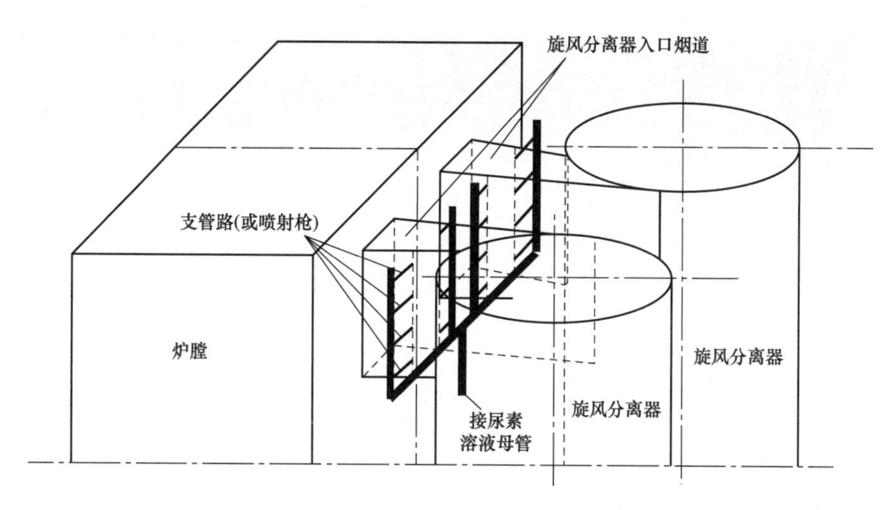

图 3-5 CFB锅炉SNCR还原剂喷射点示意

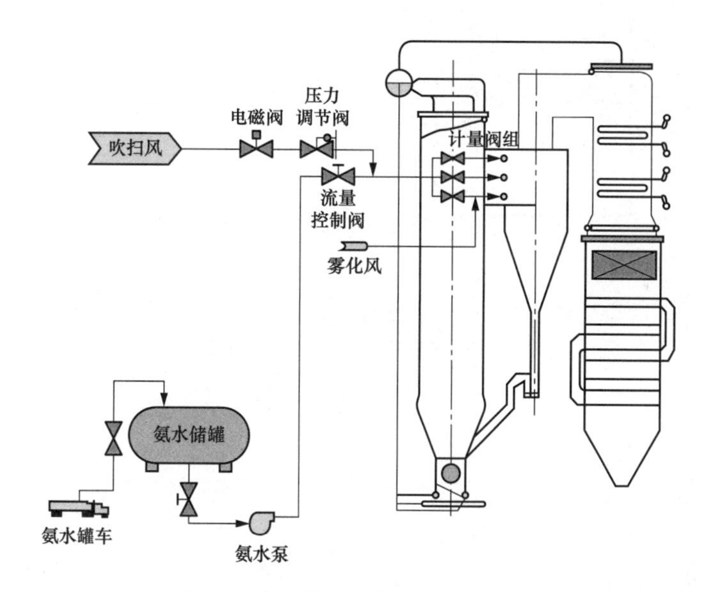

图 3-6 典型的CFB锅炉SNCR系统

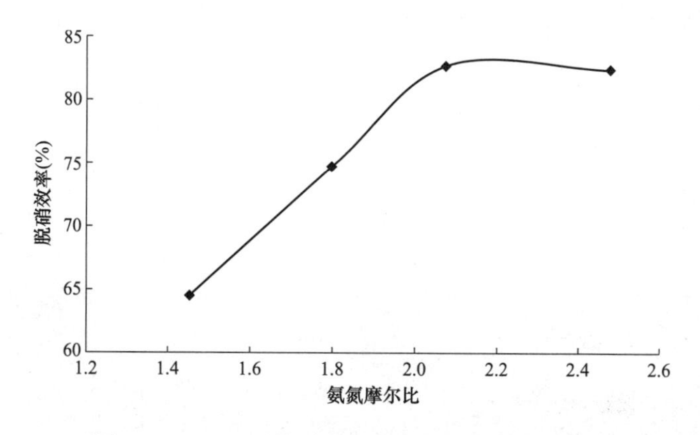

图 3-7 SNCR系统脱硝效率与氨氮摩尔比的关系

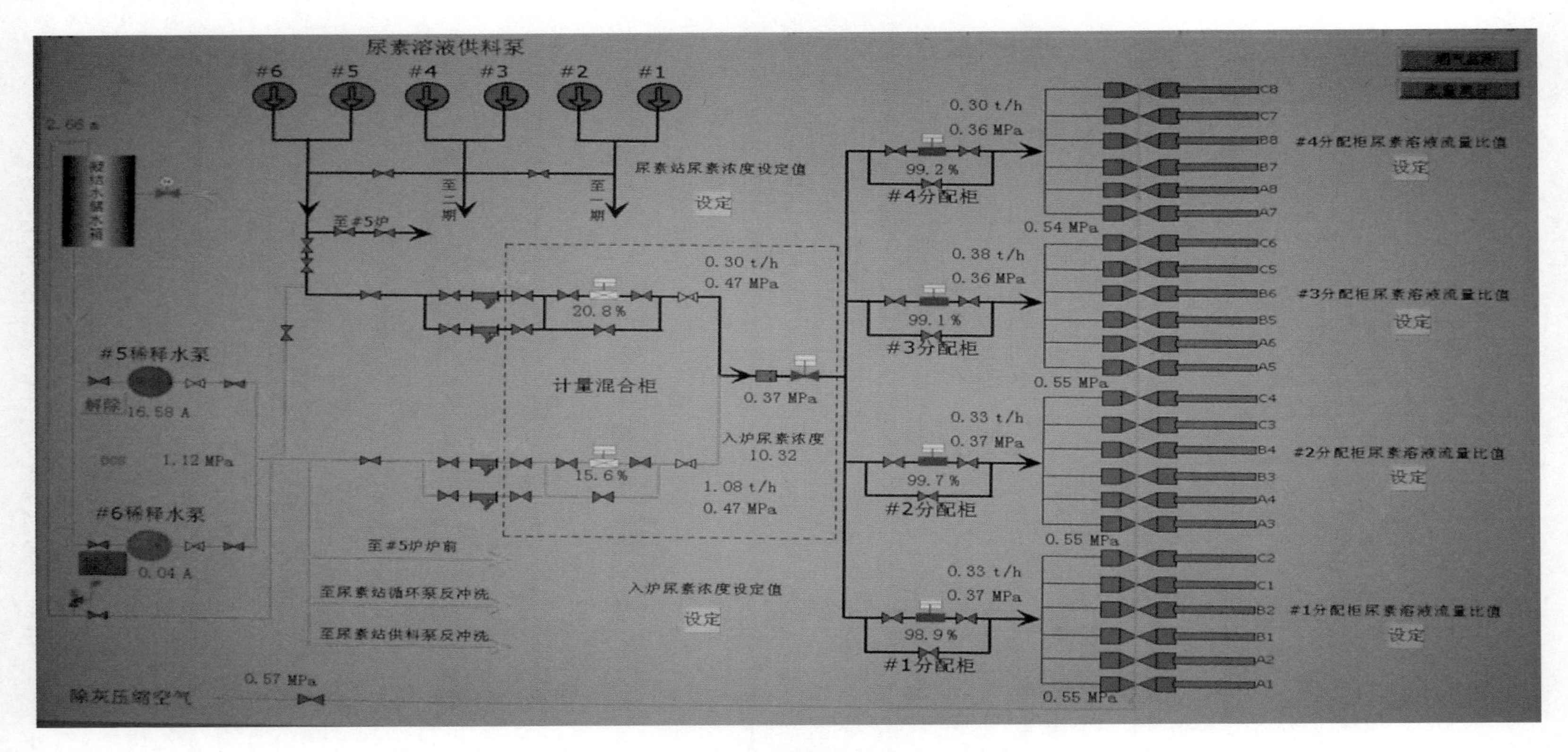

图3-8　某300MW CFB锅炉尿素SNCR运行画面

图 3-9 某 300MW CFB 锅炉分离器侧尿素分配柜及分离器前喷枪

图 3-10 某 300MW CFB 锅炉尿素溶解罐、尿素溶液制备站和溶液储箱

图 3-11、图 3-12 所示为某 330MW CFB 锅炉机组氨水 SNCR 烟气脱硝系统试运行期间典型运行画面，机组平均 NO_x 排放浓度为 65.14mg/m^3，平均脱硝效率为 78.41%，最大脱硝效率可达 96.90%，均高于设计要求（脱硝效率为 50%）的脱硝效率。

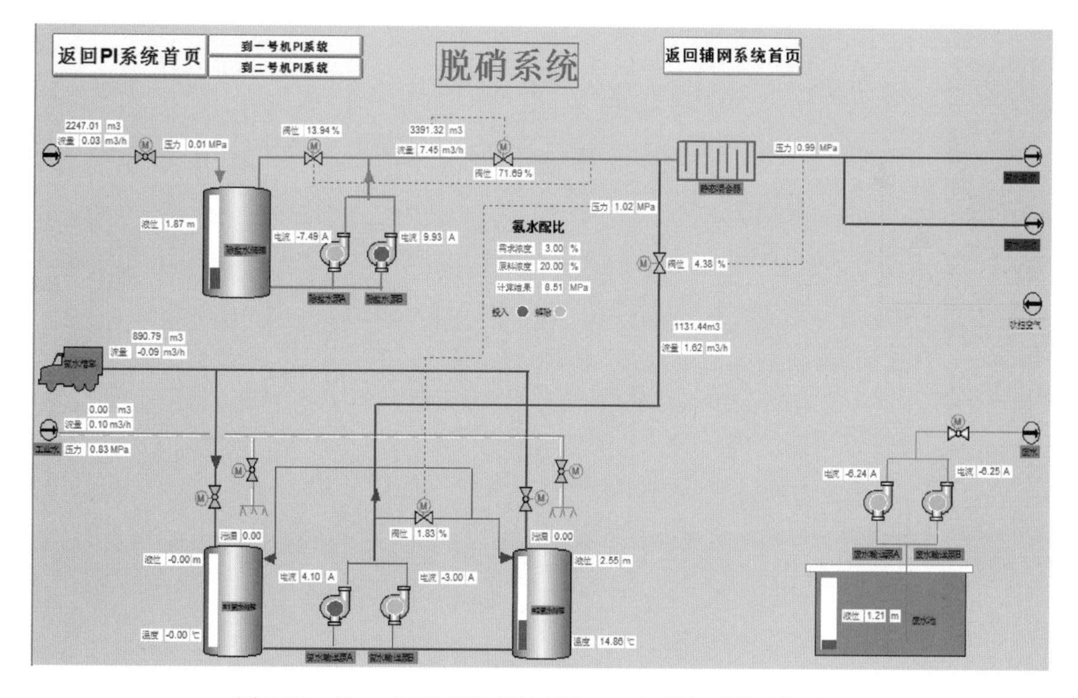

图 3-11 某 300MW CFB 锅炉氨水 SNCR 供氨系统运行画面

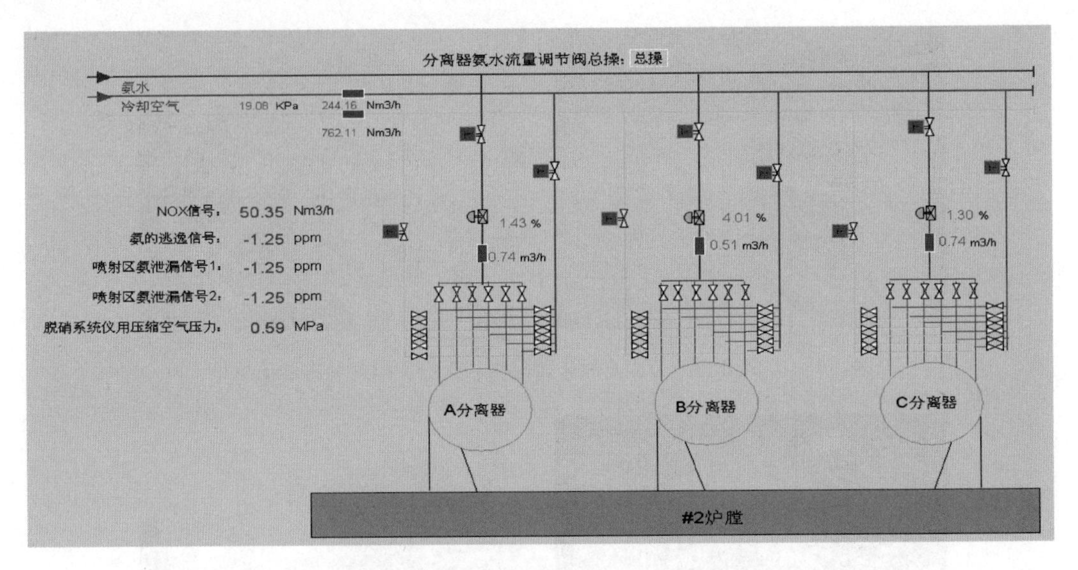

图 3-12　某 300MW CFB 锅炉氨水 SNCR 系统运行画面

SCR 脱 硝 技 术

SCR 脱硝技术是目前应用最广泛、技术最成熟的烟气脱硝技术，最早于 20 世纪 70 年代晚期在日本实现商业化应用。SCR 是选择性催化还原法（selective catalytic reduction）的简称，在催化剂的作用下，烟气中的有害物质 NO_x 与还原剂发生反应，生成对环境友好的 N_2 和 H_2O，从而达到烟气净化的目的。

第一节　SCR 烟 气 脱 硝 原 理

选择性催化还原法是指在催化剂的作用下，在较低温度范围（280～420℃）内，还原剂（如氨气、CO 或碳氢化合物等）有选择地将烟气中的 NO_x 还原生成无毒、无污染的 N_2 和 H_2O，以此减少 NO_x 排放的技术。因为整个反应需要催化剂的存在并且具有选择性，所以称为选择性催化还原。SCR 烟气脱硝原理示意图如图 4-1 所示。

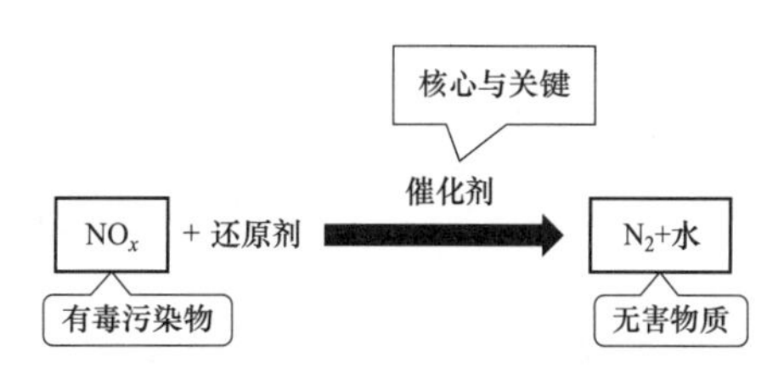

图 4-1　SCR 烟气脱硝原理示意图

SCR 脱硝工艺中使用的还原剂通常为氨，其主要反应式为

$$4NH_3 + 4NO + O_2 \xrightarrow{催化剂} 4N_2 + 6H_2O$$

$$4NH_3 + 2NO + 2O_2 \xrightarrow{催化剂} 3N_2 + 6H_2O$$

$$4NH_3 + 6NO \xrightarrow{催化剂} 5N_2 + 6H_2O$$

$$8NH_3 + 6NO_2 \xrightarrow{催化剂} 7N_2 + 12H_2O$$

在没有催化剂的情况下，上述化学反应需要在较高且很窄的温度范围（850～1100℃）内进行，催化剂的作用使反应的活化能降低，使氮氧化物与还原剂的反应在工程上更易实现。SCR 烟气脱硝反应机理如图 4-2 所示。

此外，在催化剂的作用下，除了脱硝反应，还存在一些副反应，其反应式为

$$2SO_2 + O_2 \xrightarrow{催化剂} 2SO_3$$

$$NH_3 + SO_3 + H_2O \xrightarrow{催化剂} NH_4HSO_4$$

$$2NH_3 + SO_3 + H_2O \xrightarrow{催化剂} (NH_4)_2SO_4$$

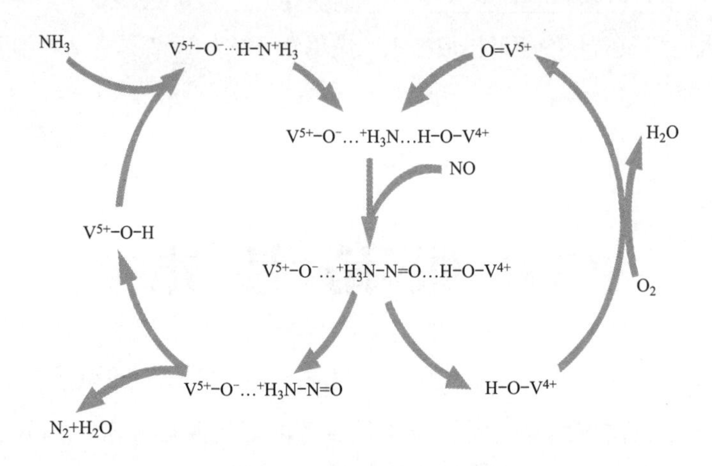

图 4-2　SCR 烟气脱硝反应机理

其中，SO_2 向 SO_3 的转化是一个很重要的副反应，增加了烟气中 SO_3 的含量，并生成硫酸氢铵和硫酸铵，从而导致如下问题：硫酸氢铵的沉积造成空气预热器堵塞，增大了系统阻力，缩短了空气预热器冲洗间隔；硫酸氢铵的沉积会引起空气预热器的腐蚀；硫酸氢铵的冷凝造成气-气加热的腐蚀；造成蓝色或者褐色硫酸气溶胶的形成和排放。烟气中 SO_2 的转化主要受催化剂材料的化学组成成分、烟气中各成分浓度、烟气温度、空间流速等的影响。因此，在脱硝装置的性能考核中，通常要求脱硝出口的 SO_2/SO_3 转化率低于1%，氨逃逸小于 3uL/L。

第二节　SCR 烟气脱硝系统组成

火力发电厂 SCR 烟气脱硝系统通常由锅炉脱硝本体和供氨系统组成，供氨系统为脱硝制备并提供氨气，脱硝本体则是实际进行烟气脱硝的场所，常见 SCR 烟气脱硝的工艺流程如图 4-3 所示。

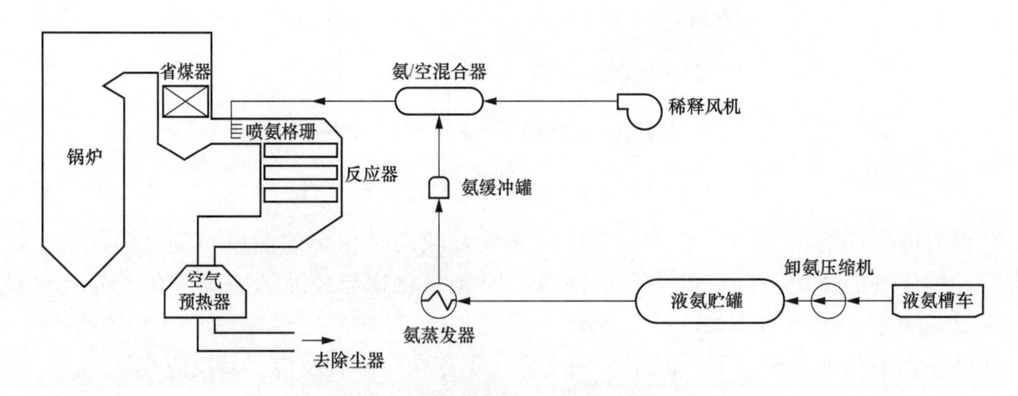

图 4-3　常见 SCR 烟气脱硝工艺流程

一、锅炉脱硝本体

锅炉脱硝本体实际上是还原剂在催化剂作用下脱除烟气中氮氧化物的场所，其包括烟气系统、SCR 反应器、催化剂、喷氨系统及吹灰系统等。

（一）烟气系统

烟气系统是指从锅炉省煤器出口至 SCR 反应器本体入口、SCR 反应器本体出口至空气预热器进口之间的连接烟道。烟气系统将 SCR 反应器与省煤器、空气预热器等设备进行连接，从而保证烟气封闭在烟气系统和 SCR 反应器内。

烟道的设计应尽量减小烟道系统的压降，并根据其布置、形状和内部件等进行优化设计。

烟气系统在适当位置配有足够数量和大小的人孔门和清灰孔，以便于维修和检查以及清除积灰。

（二）SCR 反应器

SCR 反应器包括壳体、催化剂、支撑结构、烟气整流装置、密封装置等。通常每台锅炉配置 2 台 SCR 反应器。反应器内为催化剂的放置提供了层架，一般布置有 3 层，可根据火力发电厂的具体需要放置不同层数的催化剂。

反应器设计成烟气竖直向下流动，入口设气流均布装置，入口及出口段设有导流板，对于反应器内部易于磨损的部位将加装必要的防磨措施。反应器内部各类加强板、支架设计成不易积灰的形式，同时需要考虑热膨胀的补偿措施。SCR 反应器如图 4-4 所示。

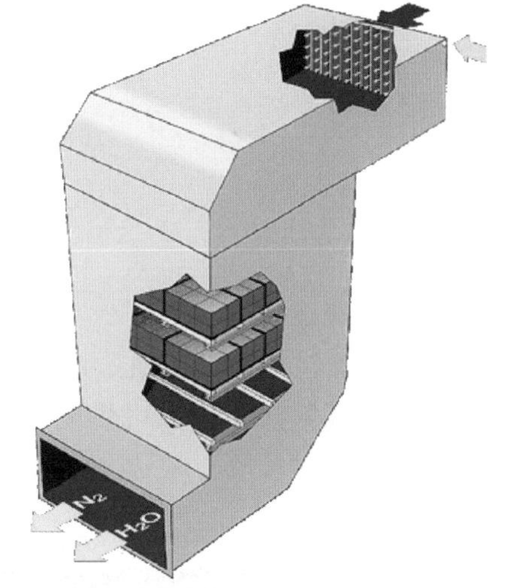

图 4-4　SCR 反应器

同样，反应器将设置足够大小和数量的人孔门，为了检修时检验反应器内催化剂的性能，反应器还配有可拆卸的催化剂测试元件。

（三）催化剂

催化剂是 SCR 技术的关键与核心。成熟的催化剂主要有蜂窝式、波纹状和平板式三种形式。各种催化剂的活性成分均为 V_2O_5。对催化剂的技术要求主要有适应温度范围广、NO_x 脱除高、SO_2 抵抗力强、SO_2/SO_3 转化率低、对灰分及热冲击力的抵抗力强、压力损失低等。三种不同的催化剂形式如图 4-5 所示，三种催化剂的优、缺点比较见表 4-1。总体来讲，三种催化剂工艺均成熟、可靠。

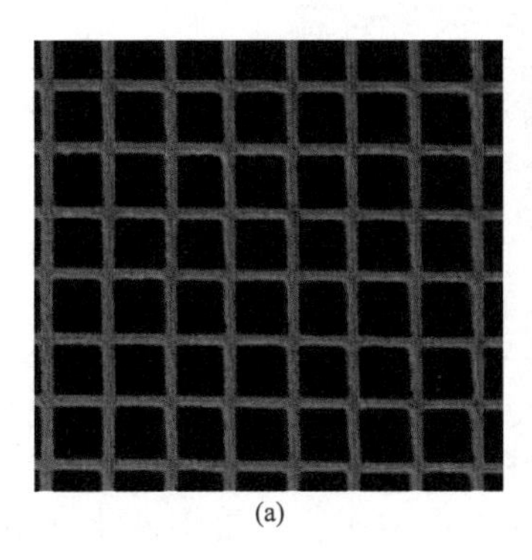
(a)
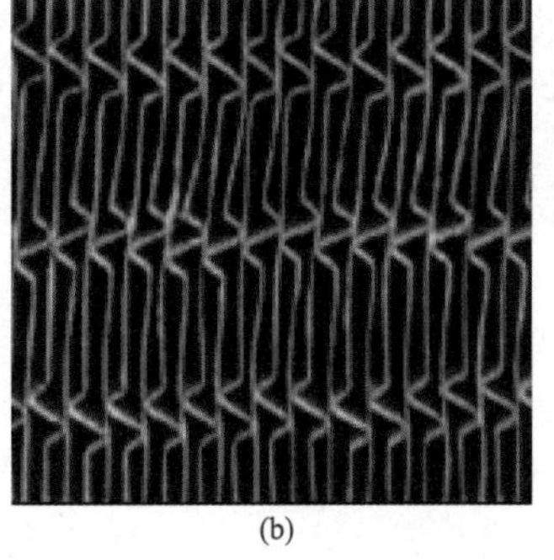
(b)
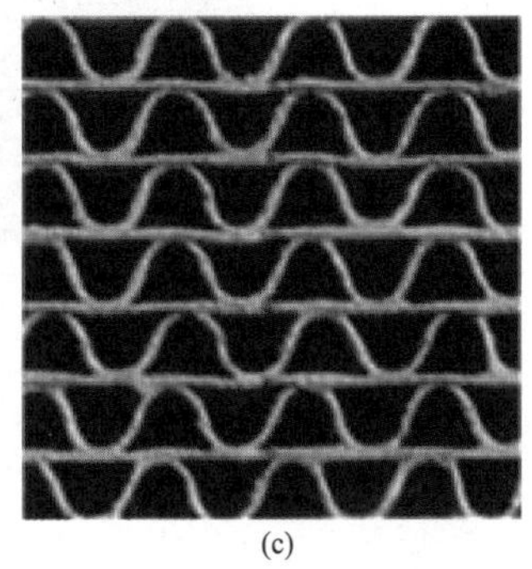
(c)

图 4-5　三种不同的催化剂形式

(a) 蜂窝式；(b) 板式；(c) 波纹式

表 4-1　　三种催化剂的优、缺点比较

类型	蜂窝式	板式	波纹式
成型	陶制挤压，成型均匀，整体均是活性成分	金属作为载体，表面涂层为活性成分	波纹状纤维作载体，表面涂层为活性成分
优点	(1) 比表面积大、活性高。 (2) 所需催化剂体积小。 (3) 高度自动化生产。 (4) 催化活性物质比其他类型多 50%～70%	(1) 烟气通过性好（不易产生堵塞)。 (2) 高度自动化生产	(1) 比表面积比板式大。 (2) 质量轻（只有其他类的 40%～60%)。 (3) 高度自动化生产
缺点	烟气流动条件不好时，表面可能产生一定堵塞，可以通过流态模型试验来改善	(1) 比表面积小，催化剂体积大。 (2) 实际活性物质比蜂窝式少 60%。 (3) 上下子模块之间占据一定空间（长度为 0.4～0.6m，达到蜂窝式相同长度需要 2 个模块)。 (4) 再生时 SO_2/SO_3 转化率高	(1) 对烟气流动性很敏感，主要用于低尘。 (2) 活性物质比蜂窝式少 70%。 (3) 模块结构与板式接近，有同样的问题。 (4) 兼有蜂窝式、板式的缺点

（四）喷氨系统

喷氨系统包括稀释风机、氨/空气混合器、喷嘴以及相关连接管道和阀门等。从氨区输送来的气氨与稀释风机供应的空气在氨/空气混合器混合均匀后通过喷嘴喷入 SCR 反应器中。喷射系统设置流量调节阀，能根据烟气不同的工况进行调节。图 4-6 所示为喷氨格栅。

图 4-6　喷氨格栅

（五）吹灰系统

为防止有飞灰沉积造成催化剂的堵塞，必须除去烟气中粒径较大的飞灰颗粒，因此，在 SCR 反应器上一般装设声波吹灰器或蒸汽吹灰器。吹灰器的数量和布置需要将催化剂中的积灰尽可能多地吹扫干净，避免因死角而造成催化剂失效，导致脱硝效率的下降。声波吹灰器如图 4-7 所示，蒸汽吹灰器如图 4-8 所示。

图 4-7 声波吹灰器

二、供氨系统

脱硝还原剂可以通过液氨或者尿素来制备，液氨通过加热汽化生成氨气，而尿素制备氨气又可分为尿素热解法和尿素水解法。

（一）液氨法

液氨法供氨系统包括液氨卸料压缩机、氨贮罐、液氨蒸发器、氨气缓冲罐、氨气稀释罐、废水泵、废水池等，液氨制备氨气的工艺示意如图 4-9 所示。由于氨气是一种有毒且易爆炸的气体，所以氨站通常布置在通风良好、远离火源的锅炉岛外围区域。

图 4-8 蒸汽吹灰器

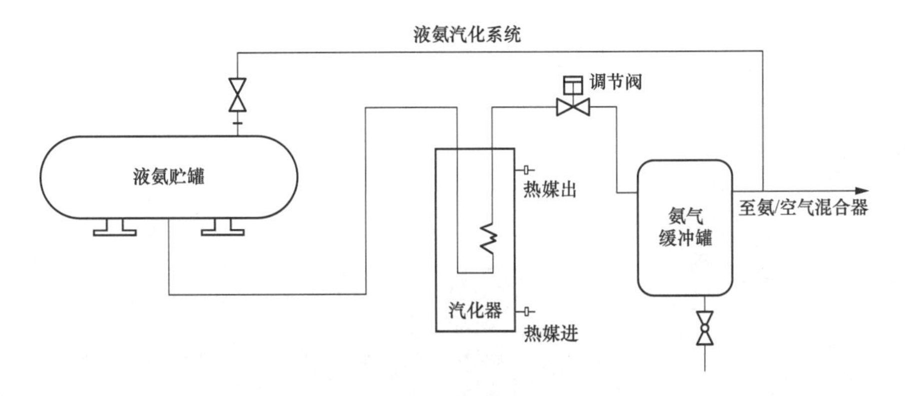

图 4-9 液氨制备还原剂工艺示意图

1. 液氨卸料压缩机

卸料压缩机为专用的柱塞式或往复式卸氨压缩机。卸氨压缩机的作用是将液氨槽车中的液氨输送至氨站的液氨贮罐。

气体无水氨和空气混合的浓度为 16%～25%（V/V），容易发生爆炸，因此，在卸氨前要对卸氨管路和存储罐用氮气进行吹扫，首次卸氨时，还需将氨贮罐的空气置换成氮气。由于卸氨时氨气不能与空气接触，所以整个卸氨过程中，气化的氨气处于液氨槽车、氨贮罐、卸氨压缩机以及连接管道的闭环中。氨贮罐中的氨气经卸氨压缩机压缩升压后进入液氨槽车上部，把槽车的液氨经管道送入氨贮罐，从而实现液氨的卸载。

2. 氨贮罐

液氨储存在氨贮罐中，如图 4-10 所示。由于液氨的高危特性，氨贮罐上安装有超流阀、止回阀、紧急关断阀和安全阀，为贮罐液氨泄漏保护所用。氨贮罐还装设温度计、压力表、液位计、高液位报警仪和相应的变送器将信号送到脱硝装置控制系统或机组 DCS，当氨贮罐内温度或压力高时报警。氨贮罐还设置有防太阳辐射措施，以及防台风、暴雨措施。氨贮罐四周安装有工业水喷淋管线及喷嘴，当氨贮罐罐体温度过高时自动淋水装置启动，对罐体自动喷淋降温；当有微量氨气泄漏时也可启动自动淋水装置，对氨气进行吸收，控制氨气污染。为了保证喷淋水源的连续性，应设计备用水源可与其切换。

图 4-10　氨贮罐

3. 液氨蒸发器

液氨蒸发器加热液氨，制备脱硝所用氨气。氨蒸发所需要的热量通常采用蒸汽加热提供热量。蒸发器上装有压力控制阀将氨气压力控制在一定范围，当出口压力过高时，则切断液氨进料。在氨气出口管线上应装设温度检测器，当温度过低时切断液氨，使氨气至稳压罐维持适当温度及压力，蒸发器也应装有安全阀，可防止设备压力异常过高。液氨蒸发器如图 4-11 所示。

4. 氨气缓冲罐

从蒸发器蒸发的氨气流进入氨气缓冲罐，如图 4-12 所示，通过调压阀减压成一定压力，再通过氨气输送管线送到锅炉侧的脱硝系统。氨气缓冲罐的作用是为 SCR 系统供应压力稳定的氨气，避免受蒸发器操作不稳定所影响。缓冲罐上也设置有安全阀保护设备。

图 4-11　液氨蒸发器

图 4-12　缓冲罐

5. 氨气稀释罐

氨气稀释罐为一定容积水槽，水槽的液位应由溢流管线维持。液氨系统各排放处所排出的氨气由管线汇集后从稀释罐底部进入，通过分散管将氨气分散入稀释罐中，利用大量水来吸收安全阀等排放的氨气。从而避免系统中排放的氨气进入空气中。

6. 废水泵、废水池

供氨系统中将会设置一个封闭的氨废水排放系统，将氨气稀释罐中吸收氨气后形成的氨废水排放至废水池，再由废水泵送到废水处理系统。

（二）尿素热解法

尿素热解制氨技术利用高温空气或烟气作为热源，将雾化的尿素水溶液迅速分解为氨气，低浓度的氨气作为还原剂进入烟道与烟气混合后进入SCR反应，在催化剂的作用下将氮氧化物还原成无害的氮气和水。

尿素热解工艺由尿素溶液储存与制备系统、尿素输送与循环系统、尿素溶液计量与分配装置以及尿素溶液热解炉等系统组成，如图4-13所示。

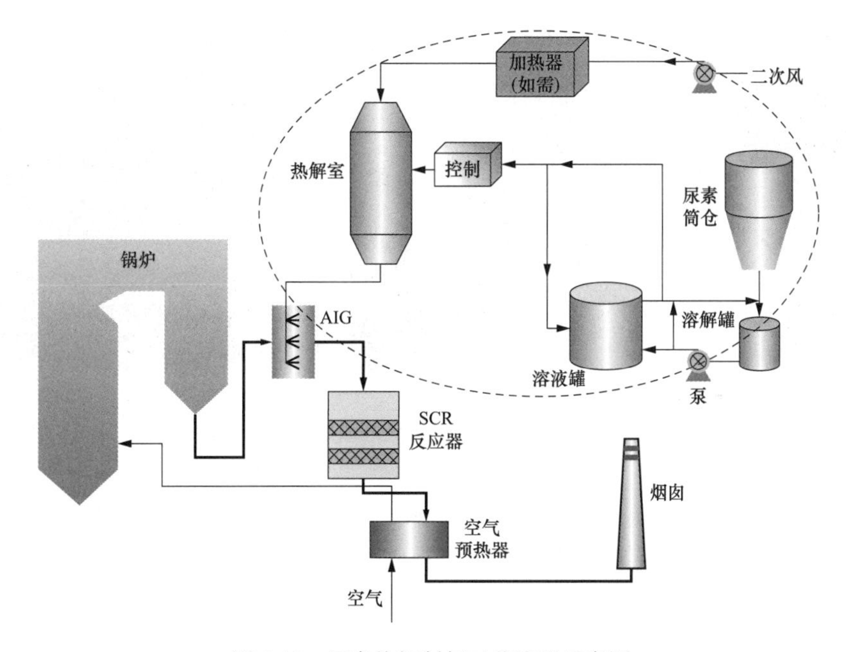

图4-13 尿素热解制氨工艺流程示意图

尿素热解工艺的反应为

$$CO(NH_2)_2 \xrightarrow{\text{加热}} NH_3 + HNCO$$

$$H_2O + HNCO \xrightarrow{\text{催化剂}} NH_3 + CO_2$$

尿素溶液制备系统包括尿素储存间、上料装置、尿素溶解罐、尿素溶液储罐、尿素溶液给料泵、高流量循环装置（HFD）、背压控制阀（PCV）、尿素溶液排放及连接管道等，如图4-14所示。主要流程为干尿素颗粒通过斗提机输送到电动插板阀，由插板阀控制输送到尿素溶解罐里，用去离子水将干尿素溶解成50%质量浓度的尿素溶液，通过尿素溶液给料泵输送到尿素溶液储罐。

尿素热解制氨系统包括计量分配模块、高温风机、热解炉、电加热器及控制系统等，如图4-15所示。尿素溶液经由高流量循环装置、计量分配装置通过喷射器进入热解室内，与经由电加热器输送过来的高温空气（350～650℃）（二次风）混合热解，生成NH_3、H_2O和CO_2，分解产物的空气混合物，经过管道输送至SCR-AIG，均匀喷入脱硝系统。尿素热解

图 4-14　尿素溶液制备系统

制氨系统部分组件如图 4-15 所示。

（三）尿素水解法

尿素水解反应是尿素合成反应的逆反应，其反应式为

$$H_2O + CO(NH_2)_2 \Rightarrow 2NH_3 + CO_2$$

尿素溶液是亚稳性的，在 60℃以下，分解速度几乎为零，至 100℃左右速度开始提高，在 145℃以上尿素的水解速度急剧加快。随温度升高、停留时间变长以及尿素溶液浓度增加，尿素的水解率增大。

(a)

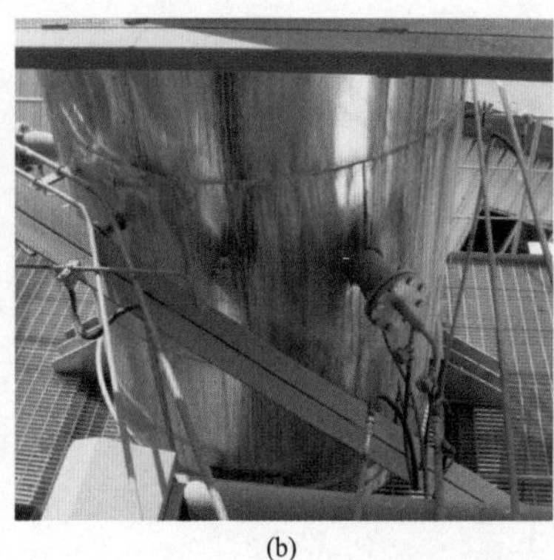

(b)

(c)

图 4-15　尿素热解制氨系统部分组件

(a) 电加热器；(b) 尿素热解罐；(c) 计量分配模块

尿素水解制氨系统包括尿素溶解罐、尿素溶液泵、尿素溶液储罐、给料泵、水解器、氨气缓冲罐等，尿素水解制氨系统工艺示意图如图 4-16 所示。

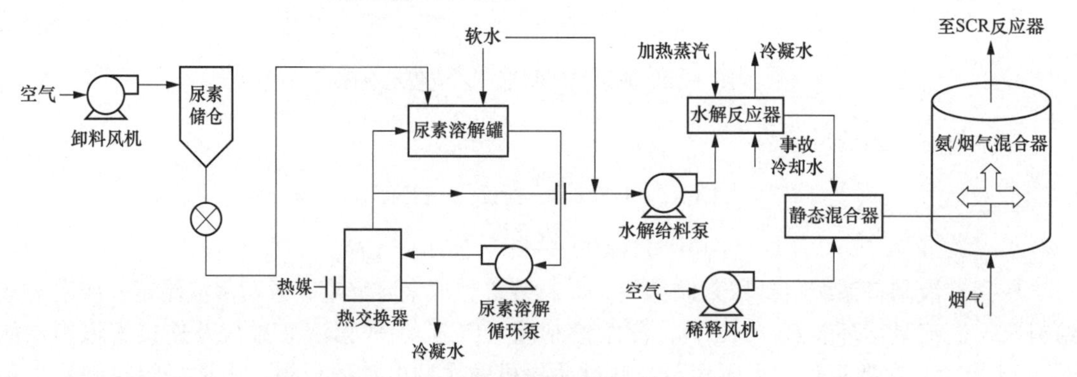

图 4-16　尿素水解制氨系统工艺示意图

运送至现场的袋装颗粒尿素储存在尿素储存间中，经电动葫芦吊装送入尿素溶解罐，与按比例补充的新鲜除盐水配制成一定浓度（约 50%）的尿素溶液。尿素溶解罐用蒸汽间接加热，使其温度恒定在 40℃左右。溶解槽设置搅拌器，配置好的尿素溶液通过尿素溶液泵送到尿素溶液储罐中。

尿素溶液储罐中的尿素溶液再通过给料泵经换热后分别送至水解器进行水解制氨。

在水解器中严格控制温度、压力、溶液停留时间，尿素在一定条件下被彻底水解转变为氨和二氧化碳，从水解器出来的氨、二氧化碳和水蒸气混合气体经压力调节后输送到氨气缓冲罐，缓冲后的氨气在氨缓冲罐顶部经压力调节后送至脱硝反应区。尿素水解制氨系统部分组件如图 4-17 所示。

(a) (b) (c) (d)

图 4-17 尿素水解制氨系统部分组件

（a）尿素水解器；（b）尿素储存及溶解器；（c）稀释风机；（d）氨空混合器

第三节 SCR 脱硝及超低排放问题

尽管 SCR 脱硝工艺在我国已得到全面的应用，并取得了良好的效果。但仍存在一定的影响其环保性能及机组可靠性的问题，尤其当超低排放后，相应问题会更加突出。

一、反应器流场不理想

SCR 反应器的流场好坏是能否保证催化剂性能的核心。反应器流场的理想条件一般为：

（1）烟气速度相对标准偏差：小于 15%。

（2）烟气温度偏差：10℃。

（3）烟气入射催化剂最大角度（与垂直方向的夹角）：小于 10°。

（4）烟气空塔速度宜低于 5m/s。

但在工程实践中，由于设计水平、改造条件、控制造价等因素，所以相当一部分脱硝装置的流场状况并不理想。由于设计或安装原因，反应器的导流板布置不合理，所以会造成烟气速度偏差较大或烟气入射角度较大的情况，相应地会导致催化剂的磨损和堵塞。图 4-18 所示为某 SCR 反应器喷氨格栅处的烟气速度分布情况，图 4-18 中测孔沿反应器宽度方向分布。可以看出，烟气流速沿宽度方向分布十分不均匀，相应地会造成催化剂区域两边烟气流速过高而中间流速过低。图 4-19 所示为某反应器导流板设计不合理且安装角度有偏差造成催化剂使用不到 1 年时间即严重损坏的实例。图 4-20、图 4-21 显示了改造条件受限导致反应器堵塞和催化剂损坏的一个实例。该锅炉为 440t/h 超高压中间再热自然循环汽包炉，平衡通风、Π 型露天布置、四角切圆燃烧。预热器采用管式空气预热器，分上、下两级立式布置。脱硝 SCR 反应器布置在上级与下级之间。由于现场空间有限，无法设置相应的烟气均流装置，导致局部区域堵塞严重，非堵塞区域烟气速度过高导致催化剂磨损。

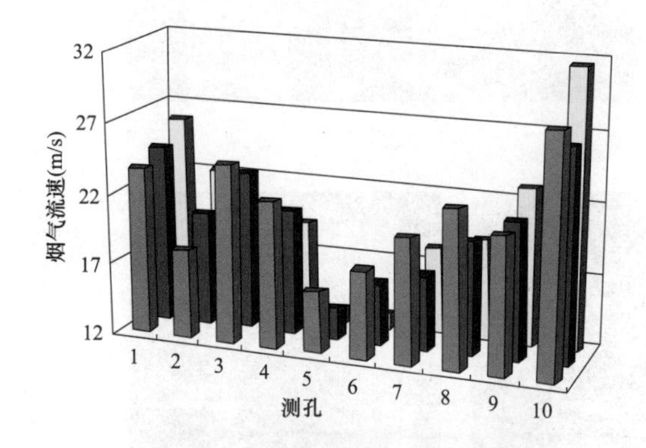

图 4-18　某反应器烟气速度分布

图 4-19　某反应器催化剂的损坏

图 4-20　某反应器的积灰

图 4-21　某反应器催化剂的损坏

如果反应器的吹灰器效果不理想，造成局部的积灰，则会进一步加剧流场的问题。图 4-22～图 4-24 显示了某机组的一个实例。由于出现吹灰器堵塞的情况，反应器催化剂表面积灰十分严重，有 1/3～1/4 的积灰面积，导致烟气流经剩下催化剂时孔内速度提高了 1/2～1/3。同时，由于积灰面积过大会提高烟气入射角，使催化剂磨损进一步加剧，并逐步造成了催化剂整体结构的破坏，使催化剂结构有疏松的趋势。

图 4-22 某反应器声波吹灰器堵塞

图 4-23 某反应器催化剂的积灰

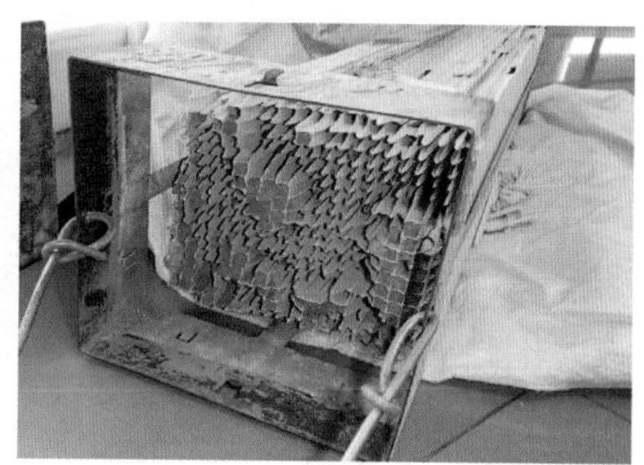

图 4-24 某反应器催化剂的磨损

二、氨逃逸过高

SCR 系统逃逸的氨会对下游设备造成不利的影响。图 4-25 显示了逃逸的氨在下游设备中的分布情况。氨逃逸过高易生成硫酸氢铵，会导致空气预热器的腐蚀、堵塞，除尘器、引风机的结垢，灰的品质下降等一系列问题，严重影响机组的安全、稳定运行。逃逸的氨和烟气中的 SO_3 在低温时（低于 300℃，取决于 NH_3 和 SO_3 的含量）会反应生成硫酸氢铵（NH_4HSO_4）。超低排放后 SCR 系统催化剂用量的增加，会导致 SO_3 含量的增加，会促进硫酸氢铵的生成。进入空气预热器后，烟气温度会进一步降低，硫酸氢铵就会沉积在空气预热器的受热面上（以及飞灰的表面），见图 4-26～图 4-28。

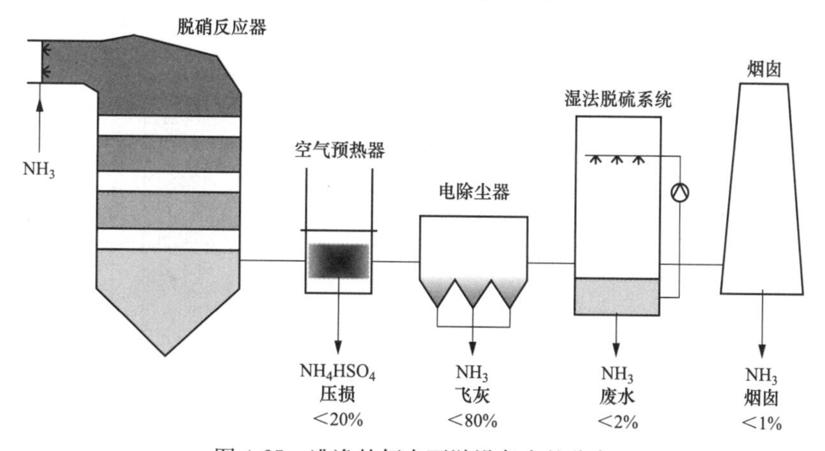

图 4-25 逃逸的氨在下游设备中的分布

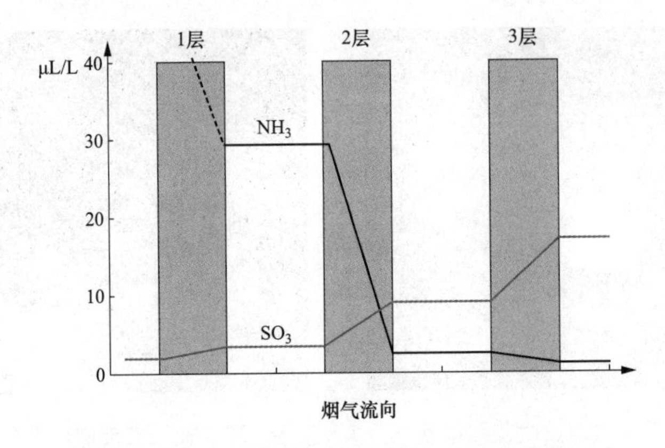

图 4-26 不同催化剂层 SO_3 及 NH_3 的趋势

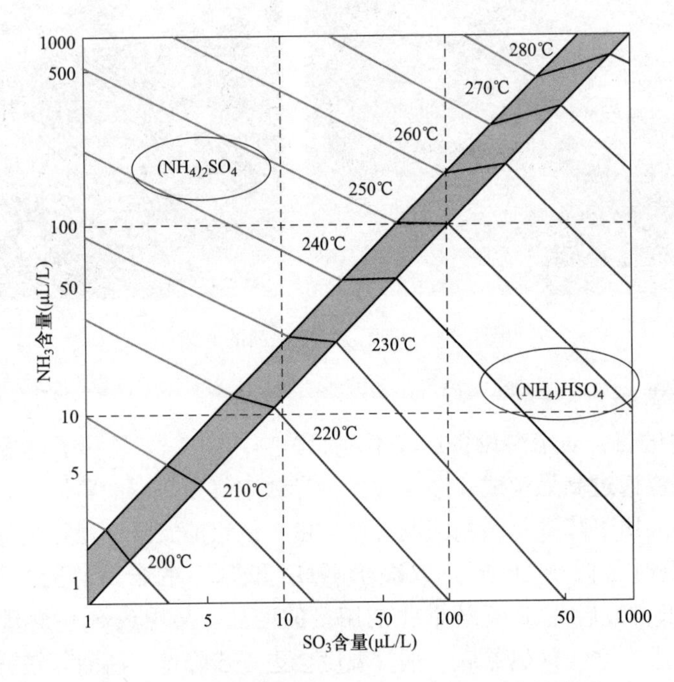

图 4-27 硫酸氢铵露点与 NH_3 和 SO_3 含量的关系

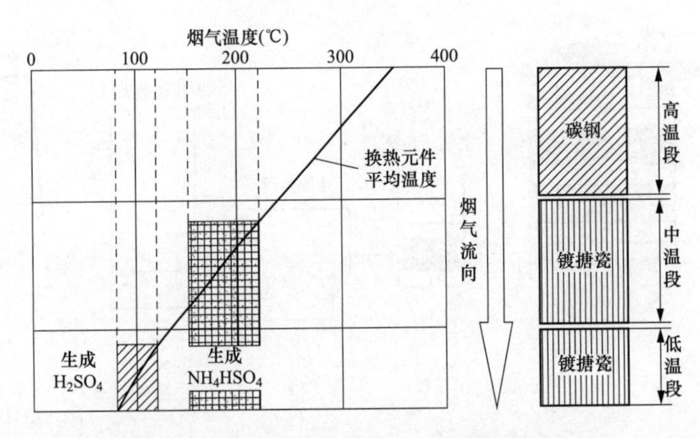

图 4-28 硫酸氢铵和硫酸在空气预热器的沉积

温度在150℃左右时，硫酸氢铵仍为液态且具有黏性。因此，它不但腐蚀空气预热器的受热面，还会改变飞灰颗粒的表面特性。最终的结果是，飞灰颗粒和硫酸氢铵在受热面的表面形成大块的黏性腐蚀物质，导致空气预热器的腐蚀、堵塞和阻力的明显增加，如图4-29所示。

造成SCR系统氨逃逸过高的原因主要有：

(1) 为保证稳定的超低排放，SCR系统实际运行时的脱硝率过高。随着脱硝率达到较高的水平，氨逃逸会明显上升，如图4-30所示。

图4-29 硫酸氢铵导致的空气预热器腐蚀、堵塞

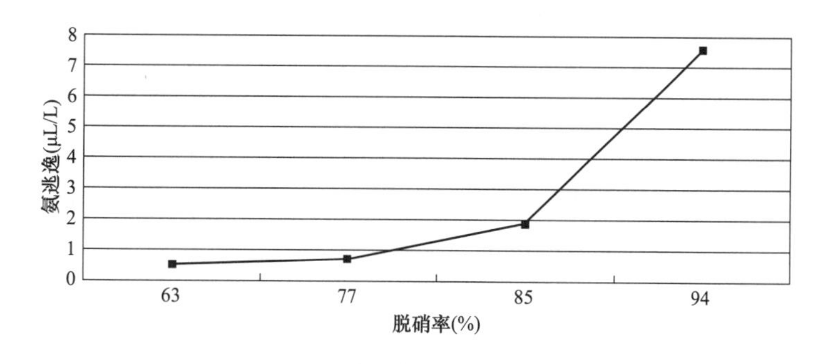

图4-30 脱硝率与氨逃逸的趋势

(2) 由于SCR系统的流场不好，烟气流速偏差增大，则烟气流速高的区域脱硝率较低而烟气流速低的区域脱硝率较高，相应地会造成SCR出口的NO_x分布严重不均，如图4-31所示。脱硝率过高的区域就会出现氨逃逸过高的情况。

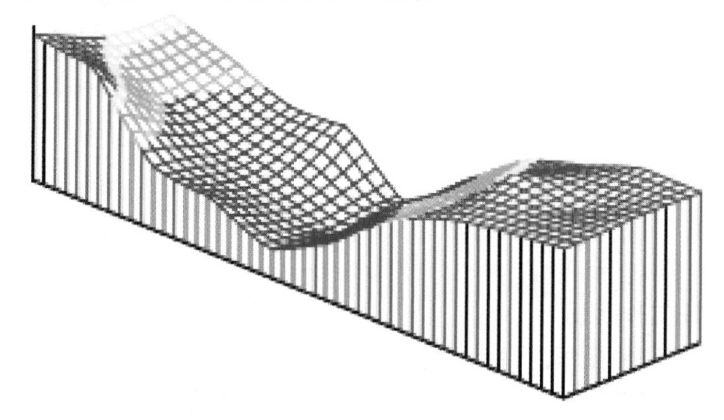

图4-31 某反应器出口NO_x的分布

(3) 氨逃逸在线测量不准确。目前，氨逃逸的在线测量准确性普遍不理想，会造成运行人员无法准确掌握实际的氨逃逸情况。如图 4-32 所示，某反应器在脱硝率为 83%时，在线仪表监测的氨逃逸为 1.7μL/L，而现场采用吸收法多点采样测得的平均值为 93μL/L。

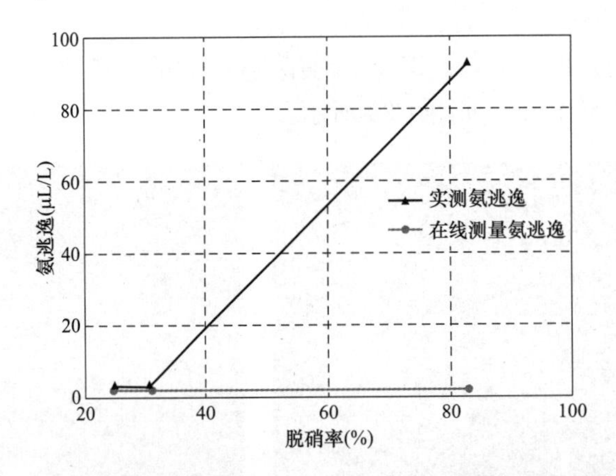

图 4-32　某反应器氨逃逸在线测量和现场测量的对比

三、负荷适应性不够

受硫酸氢铵生成的影响，SCR 脱硝系统有最低允许投运温度的限制，一般在 300℃左右。当机组烟气温度低于要求的最低投运温度时，SCR 系统需要退出运行。根据目前我国火电机组的实际负荷情况，烟气温度低于 300℃的情况较为频繁，SCR 系统的负荷适应性明显不够。图 4-33 和图 4-34 显示了南方某省燃煤机组近年来脱硝系统因烟气温度低退出运行的情况。可以看出，负荷低导致脱硝系统退出运行总时长逐年上升，2014 年已达 218.79h/台机组，占整个脱硝系统非正常运行比重的 98.02%。

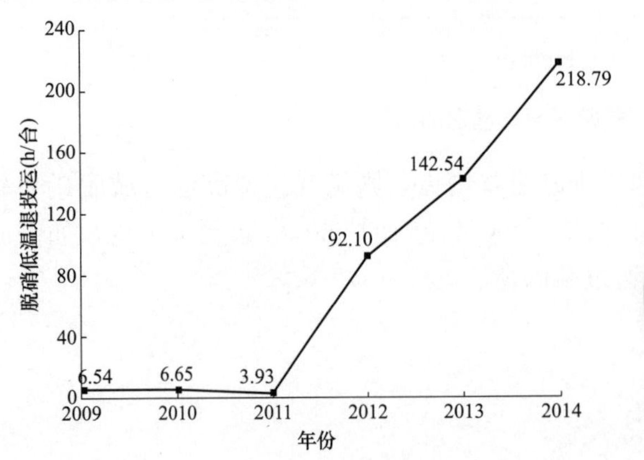

图 4-33　某省脱硝低温退投时长统计

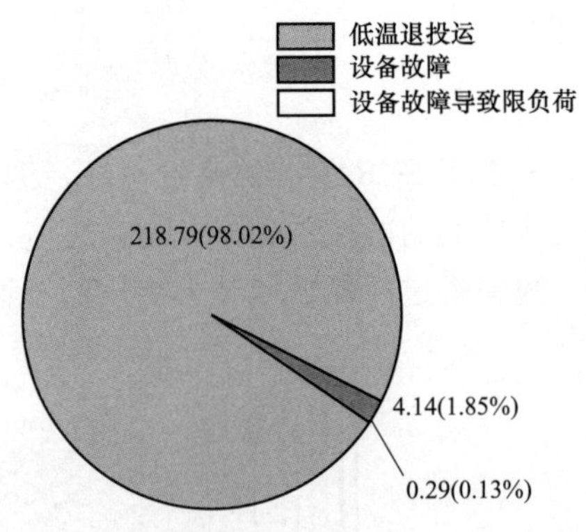

图 4-34　某省脱硝非正常运行类型占比
（单位：h/台）

四、催化剂管理工作薄弱

催化剂是 SCR 系统最昂贵的设备，也是保证脱硝系统性能的核心。但催化剂的寿命是有限的，使用一定的时间后需要更换。因此，SCR 系统优化的最重要工作就是催化剂的管理，只有通过有效的管理，才能保证 SCR 系统的性能并使运行成本降到最低。

催化剂管理的主要工作包括：

（1）避免异常的工况以确保系统的性能。

（2）对催化剂进行测试和评估。

（3）提出延长催化剂寿命的措施。

（4）对催化剂的性能进行预测，提出催化剂的增加、替换和再生的方案。

（5）积累总结催化剂的相关运行数据（氨逃逸、压损、清洗工作、燃料状况等）。

（6）催化剂的性能试验（活性、SO_2/SO_3转化率、压损等）。

但目前催化剂管理工作在我国仍属起步阶段，电厂开展系统催化剂管理工作的意识薄弱，相应的技术服务力量也较薄弱。

五、催化剂质量参差不齐

催化剂是SCR脱硝系统的核心，优良的催化剂质量是系统性能保证的基础。但目前我国催化剂市场较为混乱，部分催化剂的质量极不理想。图4-35所示为某电厂采购的催化剂，可以看出，实为已用过的旧催化剂，其活性值只有通常新催化剂的50%。

图4-35 不合格催化剂实例

第五章

SCR超低排放优化

针对SCR系统的诸多问题，要实现超低排放，必须对SCR系统的设计、设备及运行进行优化，以提高其脱硝率、可靠性及负荷适应性。

第一节 催化剂的增加

SCR工艺的脱硝率远高于SNCR工艺，完全是因为催化剂的作用。因此，增加催化剂的用量，是提升SCR系统脱硝效果的基本方法。图5-1显示了催化剂体积与NO_x进口浓度和脱硝率的关系。显然，催化剂体积越多，可以应对更高的脱硝进口NO_x浓度，可实现更高的脱硝率。因此，目前燃煤机组的脱硝超低排放改造，主要是增加催化剂的层数，达到第三层甚至第四层催化剂运行。

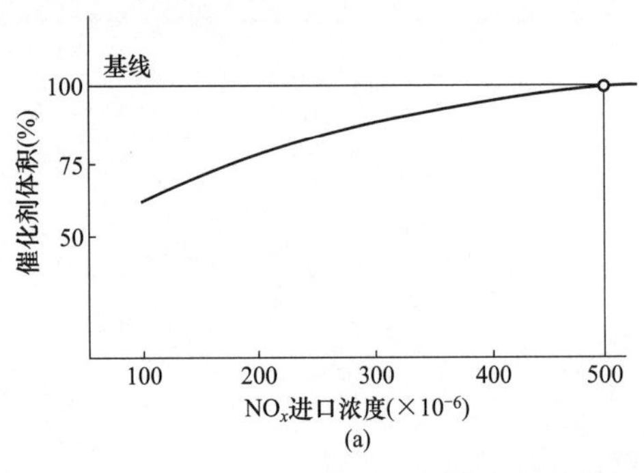

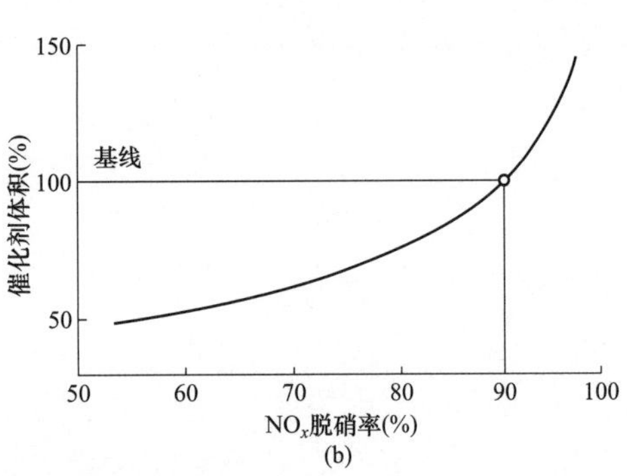

图5-1 催化剂体积与NO_x进口浓度和脱硝率的关系

(a) 催化剂体积与NO_x进口浓度的关系；(b) 催化剂体积与NO_x脱硝率的关系

但需说明的是，催化剂增加的方法仍有其局限性。表现在：

一、催化剂的增加对脱硝率的提升作用是逐步趋弱的

图5-2显示了NO_x含量、NH_3含量及脱硝率在脱硝反应器中的变化趋势。可以看出，主要的氮氧化物脱除，是在第一层催化剂中实现的，因为，此时NO_x含量和NH_3含量均较高。经过第一层催化剂后，NO_x和NH_3含量均大幅下降，第二层实现的氮氧化物脱除已明显减少。经过第二层催化剂后，NO_x和NH_3含量均已很低，第三层催化剂实现的氮氧化物脱除已很微弱，脱硝率仅能提高约1个百分点。

二、催化剂的增加会明显增加系统的SO_3含量

SO_3的转化率受催化剂性能、烟气特性（温度、成分等）多种因素的影响。其中，烟气

中的 NH_3 含量是一重要影响因素，因为 NH_3 会与 SO_2 竞争催化剂中的活性位，所以 NH_3 含量高时会相对抑制 SO_2 氧化成 SO_3。从图 5-2 可以看出，如果增加 1 层催化剂即第三层催化剂运行，则第三层催化剂的 NH_3 含量是很低的，一般会低于 10mg/m^3 的水平。因此，第三层催化剂的 SO_2/SO_3 转化率会明显增加，图 5-3 显示了这一趋势。

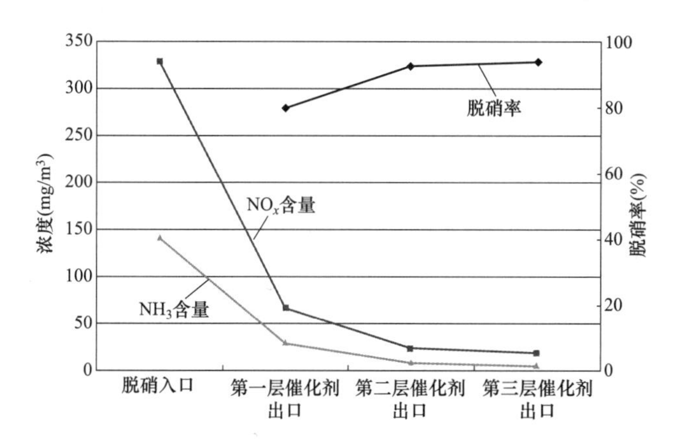

图 5-2 NO_x 含量、NH_3 含量及脱硝率在脱硝反应器中的变化趋势

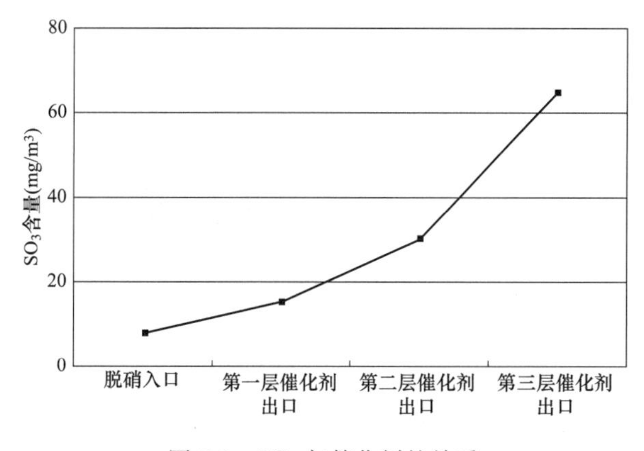

图 5-3 SO_3 与催化剂的关系

综上所述，增加催化剂用量可一定程度提升系统的脱硝率。但在增加催化剂成本费用和系统阻力的同时，还会明显增加系统的 SO_3 含量，对系统的安全、可靠运行，增加了难度。

第二节 SCR 的设计优化

在 SCR 脱硝系统中，反应装置直接影响着 SCR 系统的运行特性。当反应器设计不佳或者其在不理想的工况下运行时，即使催化剂性能良好，该 SCR 工艺的系统运行特性也会不理想。因此，脱硝系统的优化设计是保证脱硝系统安全、高效运行的基础。

一、影响系统性能的因素

（一）NH_3/NO_x 的分布

NH_3/NO_x 的均匀分布对反应器高效运行是至关重要的。如果 NH_3/NO_x 分布不均，在反应器内就会产生 NH_3/NO_x 比较高的区域，一旦混合不均匀的烟气进入催化剂层，高 NH_3/NO_x 的烟气区域会导致一些负面影响，如产生过高的氨逃逸、降低系统脱硝率及造成反应器下游设备的腐蚀等。在设计时针对喷氨装置建立流动模型及在运行时对反应器定期进行测试是目前解决 NH_3/NO_x 分布的最有效的方法。

（二）速度分布

优化反应器内部的速度分布是反应器设计的一项很重要的工作。速度分布不均不仅会影响 NH_3/NO_x 的分布，更重要的是会在高速区域造成催化剂的过度磨损，同时还会在低速区域造成飞灰的沉积。通过反应器的数值模拟计算和冷态试验，对反应器内部导流装置和整流装置进行优化设计，可以实现速度的均匀分布。

（三）颗粒分布

同速度分布不均一样，飞灰颗粒分布不均也会增加反应器内催化剂的磨损。在数值模拟和冷态试验中可以通过优化速度分布来实现反应气体的均匀混合，同时也可以达到使飞灰颗粒均匀分布的目的。

二、脱硝系统优化手段

数值模拟和冷态试验是目前进行 SCR 脱硝系统设计和改进的主要方法。在 SCR 技术商业化后模化试验技术就被系统工艺商、催化剂制造商以及系统使用者用来模拟 SCR 反应器内部的流场特性。随着 SCR 装置的需求量日益增大，使得其设计、加工、安装的时间日益减少，数值模拟在 SCR 技术中的应用显得越来越有吸引力。数值模拟的灵活性比较好，可以对它进行及时的修改，其结果保存和引用比较容易，数值模拟的入口边界条件可以非常灵活地改变，其评价系统的适应性也比冷态试验更加容易。但数值模拟结果的准确性需要冷态模型的验证。因此，大多数系统工艺商都结合使用数值模拟和冷态试验两种手段来设计和改进 SCR 反应器。

（一）冷态试验模型

为了解锅炉 SCR 反应器内部的流动特性，在设计新型 SCR 反应系统或新 SCR 系统投入运行时，一般通过模化试验了解、掌握其流动规律，验证和修正设计和运行方案。冷态模化技术是最省时、省力、效率高、灵活性强的一种试验方法。SCR 反应器流动模型冷态试验系统如图 5-4 所示。

为保证试验台流场和实际反应器流场的相似性，一般将试验台按实际反应器的 1/20～1/10 缩小。通过建立 SCR 反应器冷态试验台进行流场的优化可以达到如下目的：

（1）优化喷氨格栅（AIG）入口和催化剂入口的速度分布。

（2）最小化系统压降。

（3）使氨和烟气能够均匀混合。

（4）最小化飞灰颗粒在反应器内的沉积。

SCR 反应器冷态试验台模型如图 5-5 所示。

（二）数值计算模型

按照实际 SCR 反应系统的内部结构和尺寸建立三维几何模型，由于某些特殊部位尺寸较小，如果在几何建模和网格划分中同样对其进行精确化处理必然要有很高的计算机硬件要求，并大大增加模拟难度。所以，为方便模拟计算且在对整体流场有充分考虑的情况下，可对SCR系统内烟气状况作如下假设和简化：

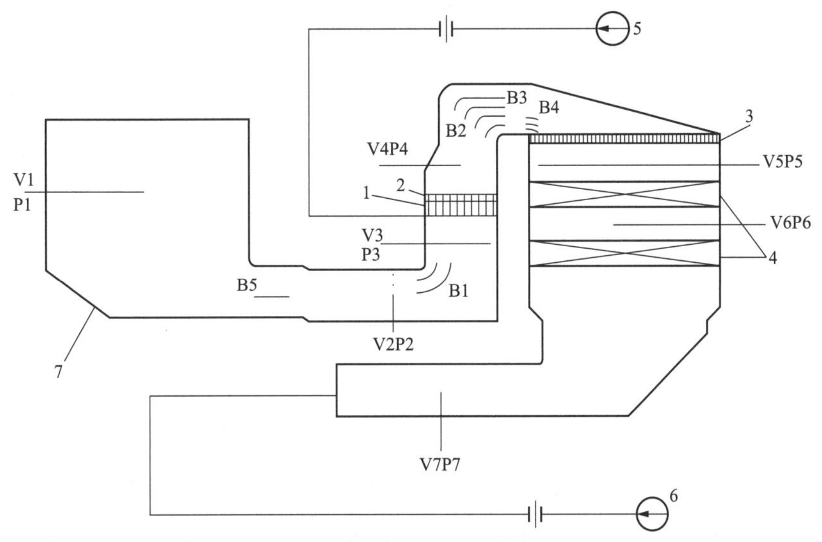

图5-4 SCR反应器流动模型冷态试验系统图

1—喷氨格栅；2—静态混合器；3—整流器；4—催化剂；5—稀释风机；6—引风机；7—省煤器；B1～B5—导流板；V1～V7—风速测点；P1～P7—压力测点

图5-5 SCR反应器冷态试验台模型图

（1）将烟气视为不可压缩牛顿流体。

（2）假设省煤器进口处烟气速度分布均匀。

（3）考虑到两个反应器是对称的，只模拟单侧的一个反应器。

（4）催化剂层压降采用多孔介质进行模拟，产生一个与实际运行值相当的压力损失进行模拟。

（5）对AIG的喷嘴进行忽略。

（6）导流板采用无厚度处理方法。

（7）忽略一些对流场影响较小的内部构造（构架、梁等）。

考虑几何模型内部复杂的几何结构，计算区域按混合网格划分，在构建AIG和混合器几何模型时，按脱硝反应装置相应比例缩小。如图5-6所示，上两层管道为静态混合器，下两层管道为AIG。

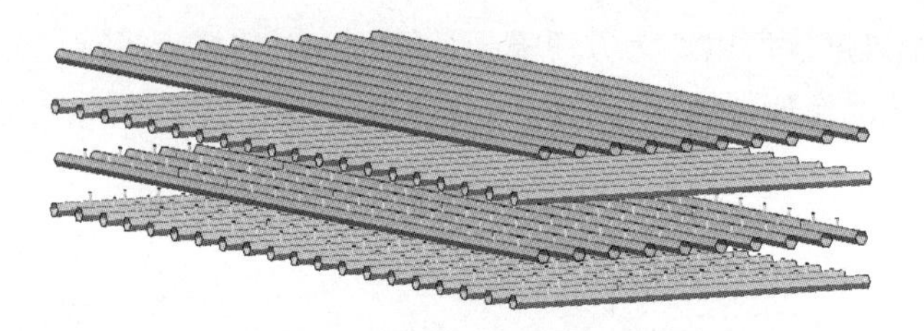

图 5-6　SCR 数值模拟 AIG 及静态混合器

在除 AIG 和静态混合器以外的其他部分采用结构化的六面体网格，步长为 10mm，在倒角处为精确计算，特将步长设为 5mm。由于 AIG 喷口、管道和静态混合器数目众多，在此处采用四面体非结构化的网格（如图 5-7 所示），受 AIG 喷口尺寸的限制，在 AIG 处采用网格步长为 1mm，静态混合器处步长为 4mm。在 AIG、静态混合器和其他部件的中间位置采用五面体（金字塔）网格作为过渡（如图 5-8）。考虑不同形式导流板对模型结构的影响，整个模型网格总数为（1.8～2）$\times10^6$，其中 AIG 和静态混合器位置采用网格数目为（1.2～2）$\times10^6$。

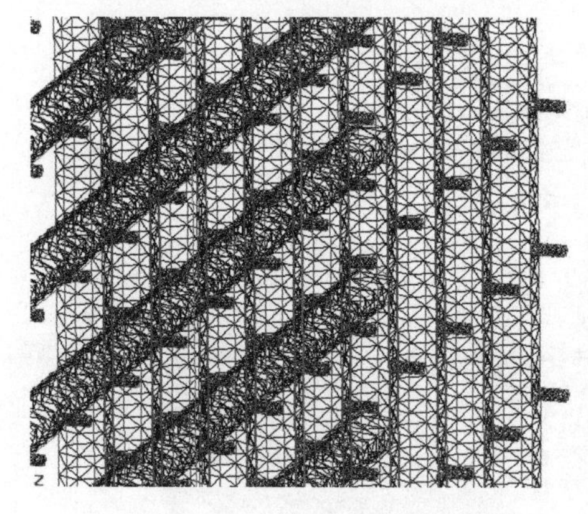

图 5-7　AIG 管道和喷嘴网格划分

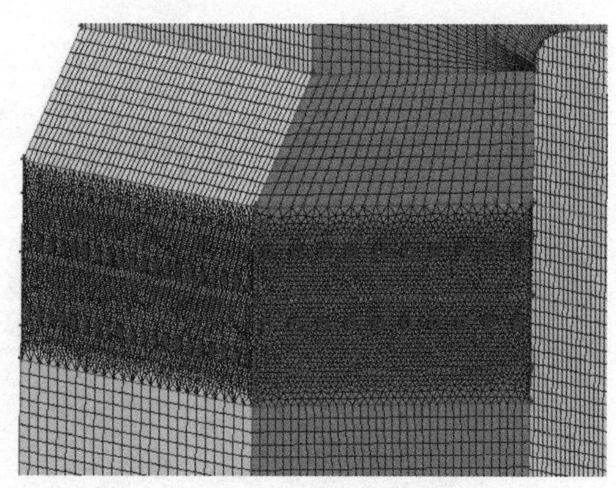

图 5-8　AIG 位置网格划分

（三）流场的优化

1. 导流板对流场的影响

导流板会对 SCR 反应器的流场产生决定性的影响。以下主要研究不同位置和形状的导流板对反应器内部流场特性的影响，各个工况采用的导流板形式见表 5-1，其中导流板 B1～B5 的位置见图 5-4，每块导流板的具体位置和尺寸见图 5-9。

表 5-1　　冷态试验导流板结构及工况

工况	导流板安装方式		省煤器内部速度（m/s）
	水平烟道	反应器内部	
1	无	无	5.5
2	无	B1、B2	5.8
3	无	B1、B2、B3	5.2
4	无	B1、B2、B3、B4	5.4
5A	B5，$\beta=0$	B1、B2、B3、B4	5.4
6A	B5，$\beta=15$	B1、B2、B3、B4	5.6

续表

工况	导流板安装方式		省煤器内部速度(m/s)
	水平烟道	反应器内部	
7A	B5，β=30	B1、B2、B3、B4	5.9
5B	B5，β=0	B1、B2、B3、B4	5.5
6B	B5，β=15	B1、B2、B3、B4	5.4
7B	B5，β=30	B1、B2、B3、B4	5.3

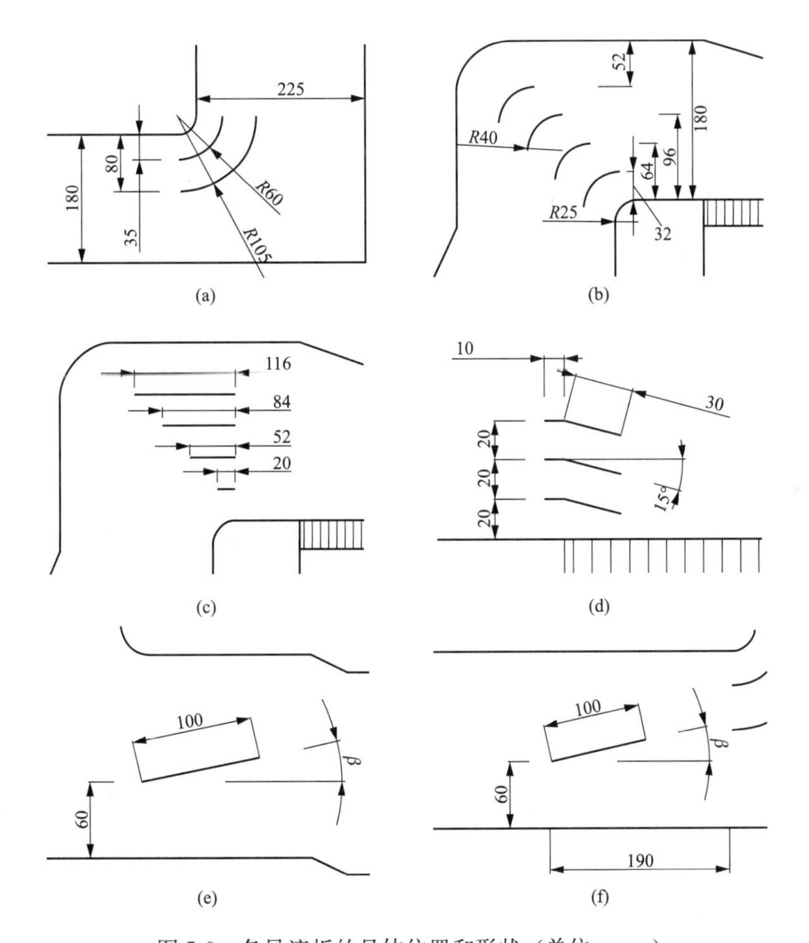

图 5-9 各导流板的具体位置和形状（单位：mm）

(a) B1 具体位置和形状；(b) B2 具体位置和形状；(c) B3 具体位置和形状；(d) B4 具体位置和形状；(e) 省煤器下游位置 B5；(f) 反应器上游位置 B5

图 5-10～图 5-13 是不同导流板安装形式工况下反应器内气体流动方向示意图，可以看出，B1 的加装使 AIG 入口位置的气流向 X 负方向偏斜的趋势得到改善，B1、B2 加装使催化剂入口位置的气流向 X 负方向偏斜的趋势得到明显改善，催化剂入口位置 X 的涡流现象基本消除，但整个催化剂入口位置的气流仍有向 X 负方向偏斜的趋势。在加装导流板 B3 和 B4 后，催化剂入口位置的气流向 X 负方向偏斜的趋势基本消失，气体能够垂直进入催化

剂。这主要是由于导流板抵消了气流通过反应器拐角时所受到的离心力的作用。因此，在反应器拐角位置安装合适的导流板能够使气体流动的方向和反应器烟道基本保持一致，有助于减轻气流及其携带颗粒对反应器和催化剂的磨损。

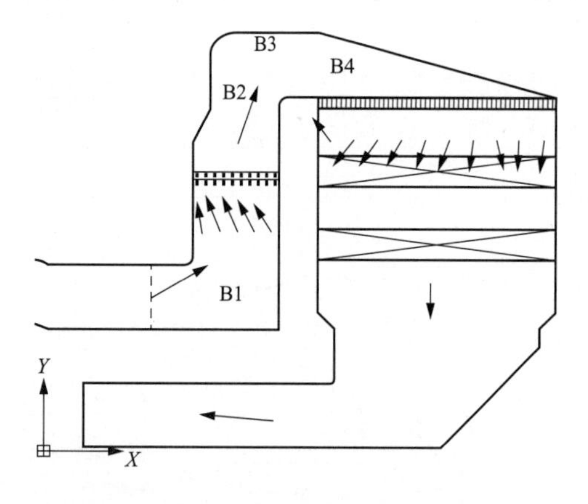

图 5-10　工况 1 气流方向矢量图

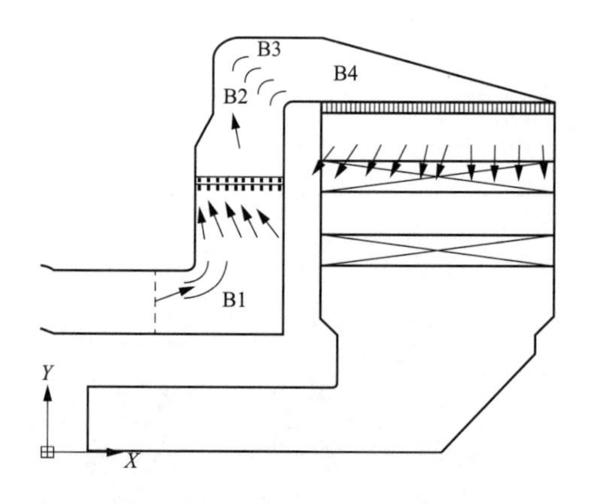

图 5-11　工况 2 气流方向矢量图

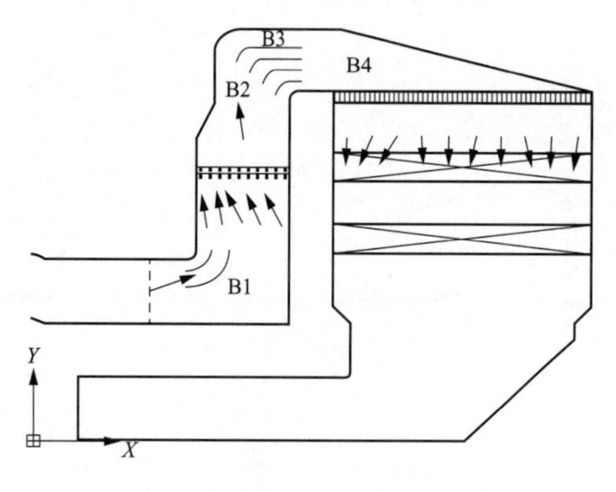

图 5-12　工况 3 气流方向矢量图

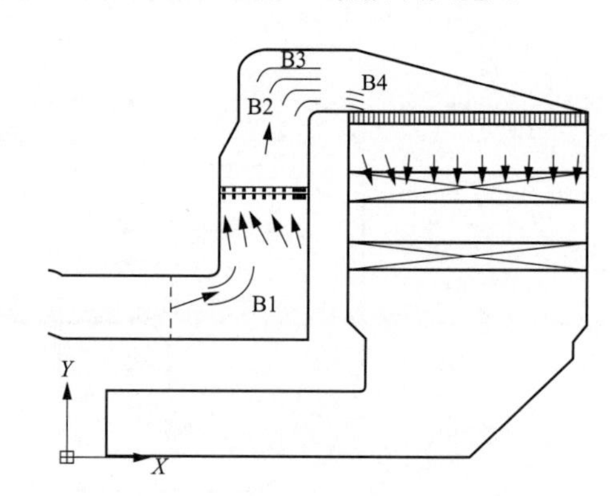

图 5-13　工况 4 气流方向矢量图

2. 导流板对催化剂入口气流速度分布的影响

在整个反应器内未安装导流板的工况（工况 1）下，测量得到反应器内催化剂入口的气流速度分布。从图 5-14 可以看出 X 轴 1～3 测点的流速远低于 X 轴 4～9 测点的气流速度，X 轴 10 测点的气流速度远高于 X 方向测点 4～9 的气流速度，同时在 X 轴 1 测点的 v_i/v_o（单点速度与截面平均速度之比）<0，即此处的烟气出现涡流，通过矢量图（如图 5-10 所示）可以清楚地看到此处的涡流。由此可以看出，在反应器内部没有加装导流板的时候，催化剂入口位置的速度分布是非常不均匀的，这种情况下还会造成飞灰颗粒浓度分布不均，加剧催化剂的堵塞和磨损，不能满足 SCR 系统运行的要求。加装导流板 B1、B2 后，对工况 2 下催化剂入口的气流速度分布进行分析（如图 5-15 所示），X 轴 10 测点位置的气流速度明显下降，和整个截面平均速度相差不大，同时，在 X 轴 2、3 测点位置的气流速度明显增加，工况 1 下整个截面气流速度分布非常不均匀的情况有所改善，但工况 2 下催化剂入口的气流速度分布仍然是不均匀的。

考虑在 B2 导流板后面加装水平导流板 B3 后，催化剂入口 X 轴 1 测点气流速度有所增加（如图 5-16 所示），但是该测点的气流速度仍旧和平均速度相差很大。在导流板 B3 后加装导流板 B4 后，工况 4 下催化剂入口的气流速度分布如图 5-17 所示，在 X 方向测点 1 位置的气流速度与其他位置相当，这个截面速度分布比较均匀，此工况下催化剂入口的流速分布符合 SCR 系统运行的要求。从催化剂入口的气流速度分布图（如图 5-14、图 5-15 所示）可以看出，在该截面位置的速度偏差主要发生在 X 轴方向，在 Z 轴测点的速度变化不明显，在 AIG 入口的速度分布也是如此，主要是由于反应器的 Z 方向宽度不变并且没有拐角的原因。因此，取 X 测点处 Z 轴测点的平均速度来分析优化过程中反应器结构对速度分布的影响。

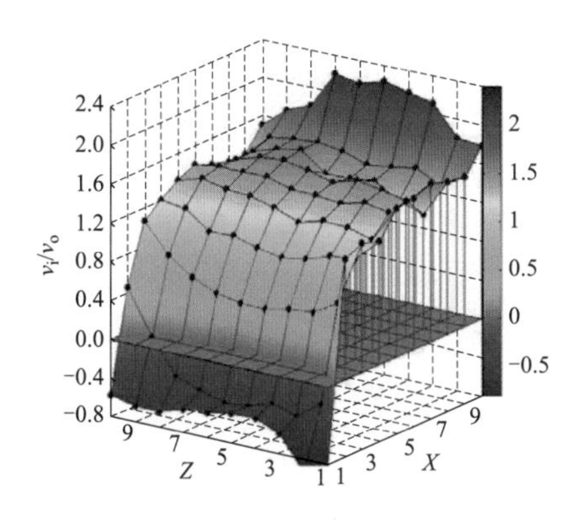

图 5-14　工况 1 催化剂入口气流速度分布

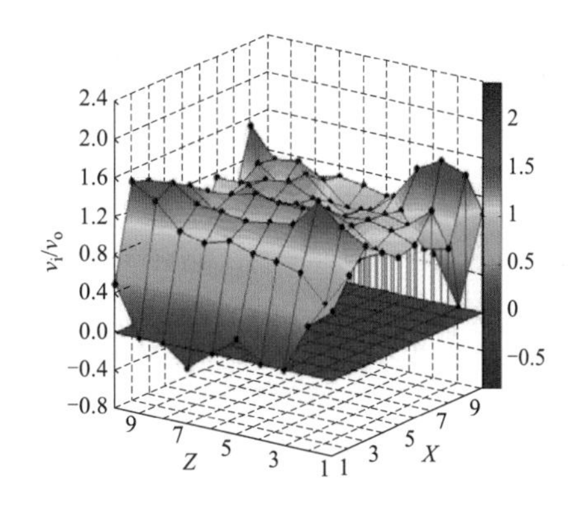

图 5-15　工况 2 催化剂入口气流速度分布

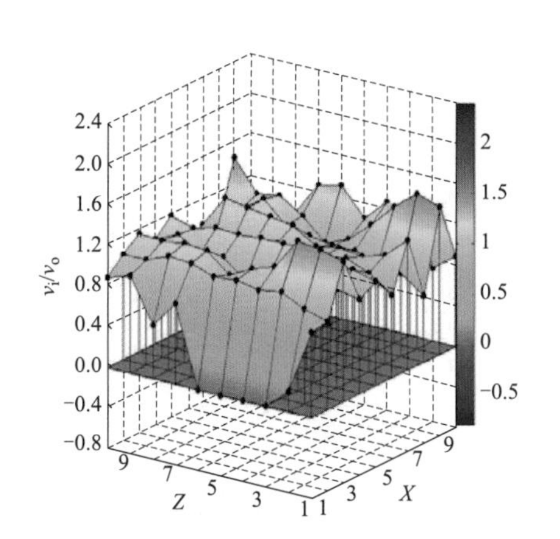

图 5-16　工况 3 催化剂入口气流速度分布

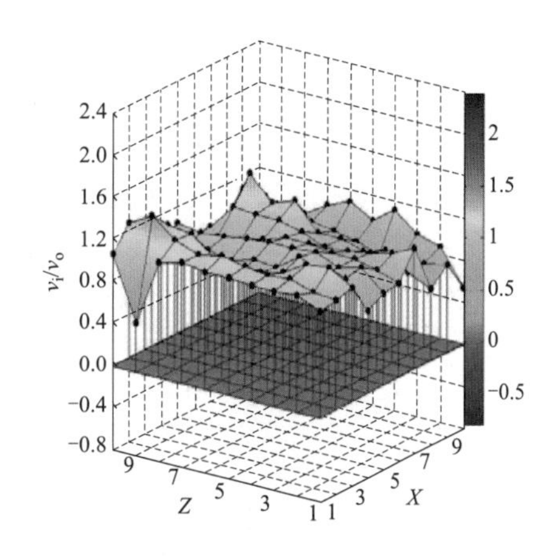

图 5-17　工况 4 催化剂入口气流速度分布

图 5-18 表示了在不同结构时，在 X 方向各测点的平均速度。在工况 1 即没有安装导流板的情况下，在 X 方向测点气流速度的变化很大，通过工况 2～工况 4 的优化，气流速度分布逐渐趋向均匀。工况 5A～工况 7B 是在反应器上游水平烟道加装导流板的工况，可以看出反应器上游水平烟道的导流板对催化剂入口的气流速度分布的影响并不明显。

3. 导流板对 AIG 入口气流速度分布的影响

导流板 B1 不仅对催化剂入口的气流速度分布有优化的作用，而且对 AIG 入口的气流速度分布也有优化作用。对比图 5-19 和图 5-20 可以看出，加装导流板 B1 后 X 轴 1 测点局部位置的涡流消失了，同时整个截面的气流速度分布趋向均匀，这有利于 NH_3 和烟气的均匀混合，对增加系统脱硝效率和降低氨逃逸有重要意义。为更加清楚地显示反应器AIG入口位置的气流速度分布，对X轴测点的气流速度取平均值v_x，通过把v_x和截面平均气流速度v_0求比值来评估速度的偏差。由图5-21可以看出，加装导流板B1后AIG入口的气流速度分布比工况1均匀，但沿X轴方向，气流速度仍然是不均匀的。

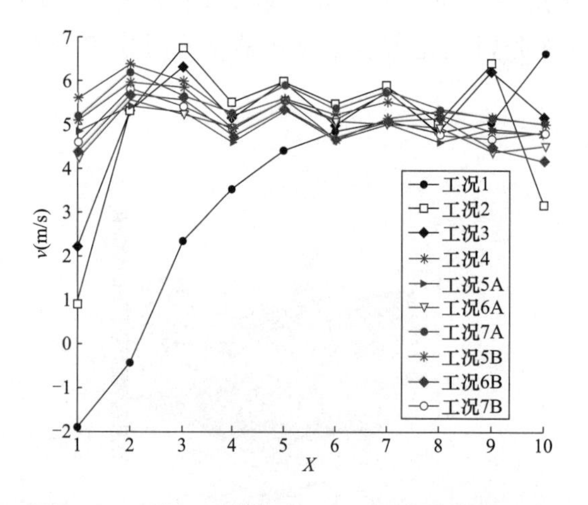

图5-18　不同工况催化剂入口平均气流速度分布

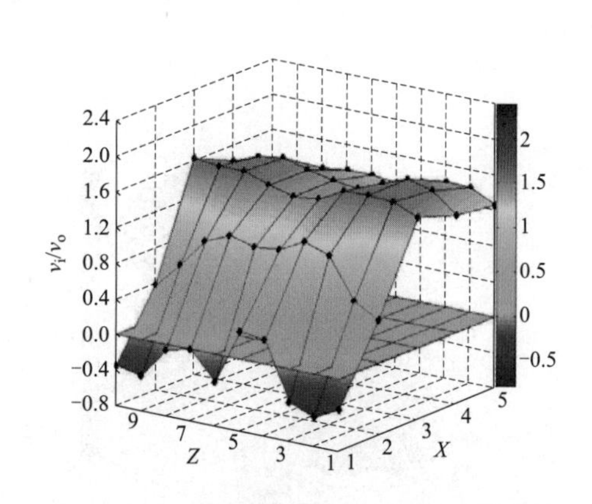

图5-19　工况1AIG入口气流速度分布

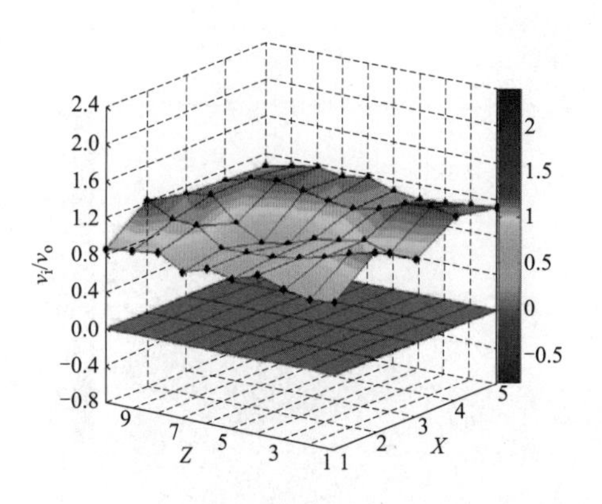

图5-20　工况2/3/4AIG入口气流速度分布

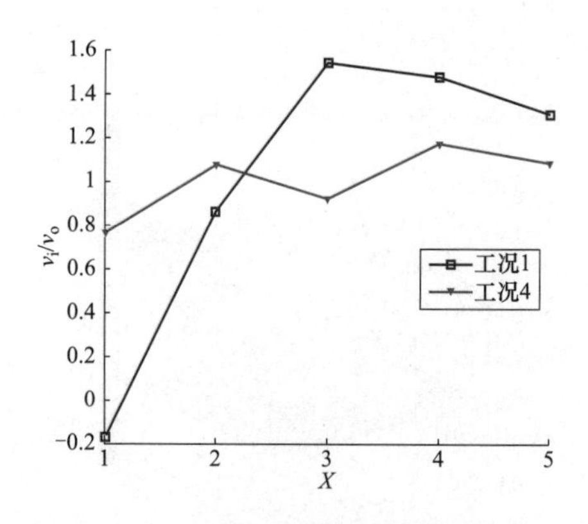

图5-21　反应器内部导流板对AIG入口气流速度分布的影响

为此，进一步考查了反应器上游水平烟道内部导流板对AIG入口气流速度分布的影响，分别在省煤器下游和反应器入口上游两个位置安装与水平面夹角β为0°、15°和30°的导流板（具体尺寸如图5-9所示）。在这两个位置安装不同角度的导流板时AIG入口的气流速度分布如图5-22、图5-23所示，在省煤器下游安装β为0°、15°的导流板时，AIG入口的气流速度分布比较均匀，此位置导流板β=30°时，在X轴较小位置的气流速度超过平均速度，气流速度分布相比没有加装导流板B5没有优化。在反应器入口上游加装导流板B5后，相比而言只有在β=0°时AIG速度分布比没有导流板时稍微均匀一些，其他角度下并没有改善，此处导流板没有在省煤器下游位置安装导流板的优化效果强。

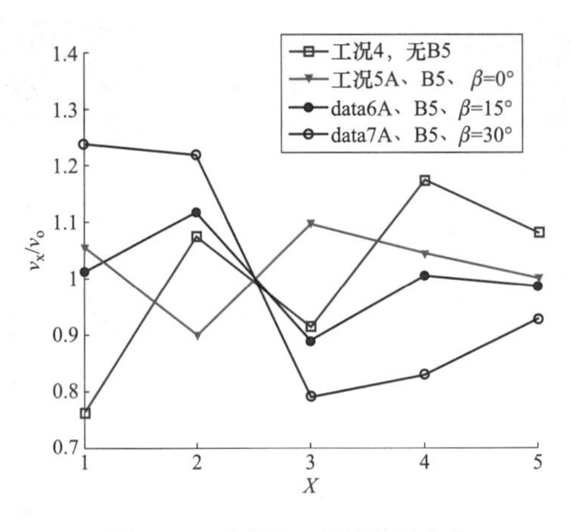

图 5-22 省煤器下游导流板对
AIG 入口气流速度分布的影响

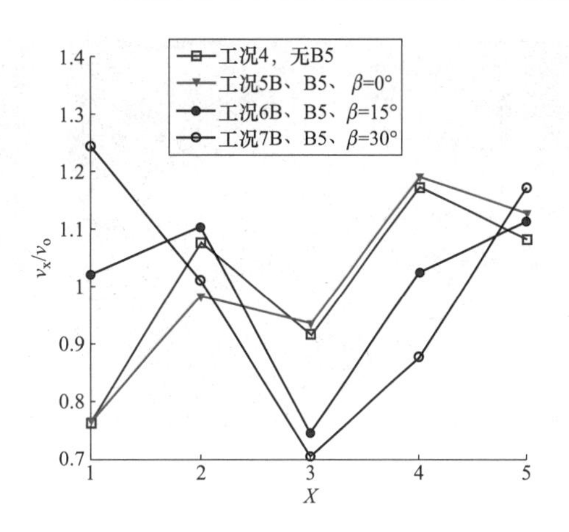

图 5-23 反应器入口上游导流板对
AIG 入口气流速度分布的影响

三、流场数值模拟优化实例

某 300MW 等级燃煤机组烟气脱硝装置投运不到 1 年就发生了催化剂的严重磨损情况，为此对该烟气脱硝装置的流场进行了数值模拟优化。通过计算，对导流板重新布置，解决了催化剂的磨损问题。以下就该实例做一介绍。

（一）设备概况

图 5-24 所示为机组 SCR 整体布置图，图 5-25 所示为喷氨格栅布置图，图 5-26 所示为反应器导流板布置示意图。

图 5-24 SCR 整体布置图

图 5-25 喷氨格栅布置图

脱硝装置运行不到 1 年即出现催化剂的磨损和塌陷，如图 5-27 和图 5-28 所示。可以看出，催化剂存在严重的磨损和塌陷。为了分析导致出现催化剂磨损和塌陷的原因，采用数值模拟方法，研究原有导流板布置情况下，反应器内速度场分布的规律，同时提出相应的导流板优化布置方案。

（二）数值模拟工况

通过现场查看催化剂磨损和塌陷的位置，以及导流板布置的情况，初步分析导致出现催化剂磨损和塌陷的主要原因是催化剂层速度不均匀系数偏大，其定义式为

图 5-26　反应器导流板布置示意图

图 5-27　催化剂的磨损

图 5-28　催化剂的塌陷

$$C_v = \frac{\delta}{\bar{x}} \times 100\%$$

$$\delta = \sqrt{\frac{1}{n-1}\sum_{i=1}^{n} (x_i - \bar{x})^2}$$

$$\bar{x} = \frac{1}{n}\sum_{i=}^{n} x_i$$

式中　x_i——每个测点的参数值；

$\bar{x}$——平均值，偏差值越小，速度分布均匀性就越好。

在工程应用中，通常要求催化剂入口截面处速度分布的最大偏差要小于 15%。

数值模拟总共有 5 个工况，具体的工况如下：

（1）工况 1：经实测的现有设计工况。

（2）工况 2：在原有基础上（工况 1），反应器右上角最内部加上一块弧形和直形导流板（弧-直型导流板）。

（3）工况 3：在原有基础上（工况 1），反应器右上角导流板之间增加 1 块弧-直型导流板，共增加 8 块弧-直型导流板。右上角共 7+8=15 块弧一直型导流板。

（4）工况 4：在原有基础上（工况 1），反应器左上角增加直形导流板、右上角导流板不变（还是原来的 7 块）。

（5）工况 5：在原有基础上（工况 1），反应器左上角增加直形导流板。反应器右上角导流板之间增加 1 块弧-直型导流板，共增加 8 块弧一直型导流板。

（三）数值模拟网格划分

数值模拟计算区域选取从省煤器出口到反应器出口，整个数值模拟网格规模为 100 万网格点，图 5-29 所示为网格划分图。图 5-30 所示为右上角导流板布置图纸。

（四）模拟结果及分析

工况 1 结果如图 5-31 所示。

通过计算得到，第一层催化剂入口截面速度分布相对标准偏差系数为 22%，比工程上允许的速度标准偏差系数大 15%，因此可以得出，现有导流板布置情况下，第一层催化剂入口截面上速度显著不均匀。

工况 2 结果如图 5-32 所示。

图 5-29 SCR脱硝系统网格划分

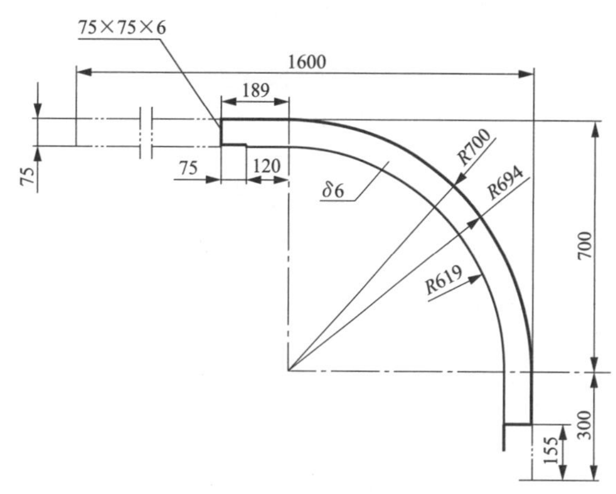

图 5-30 反应器右上角导流板布置（单位：mm）

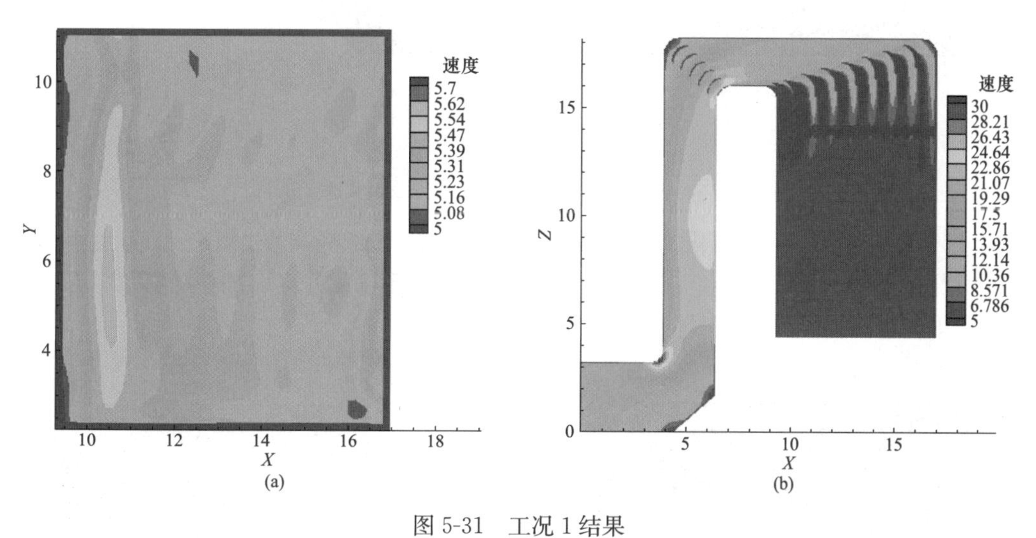

图 5-31 工况 1 结果

（a）第一层催化剂上速度分布；（b）$y=5$m 截面速度分布

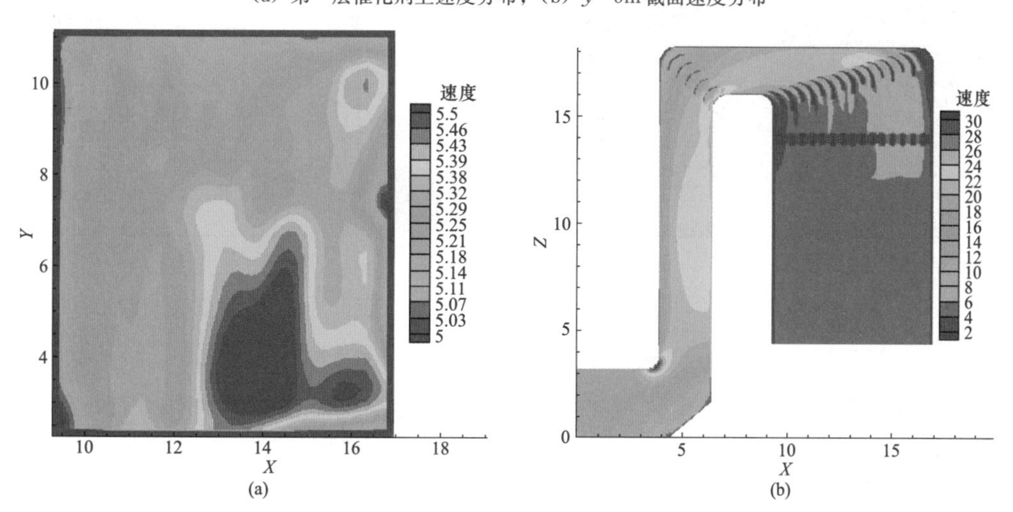

图 5-32 工况 2 结果

（a）第一层催化剂上速度公布；（b）$y=5$ 截面速度分布

通过计算得到，第一层催化剂入口截面速度分布标准偏差系数为 17%，比工程上允许的速度标准偏差系数大 15%，因此还需要进一步调整。

工况 3 结果如图 5-33 所示。

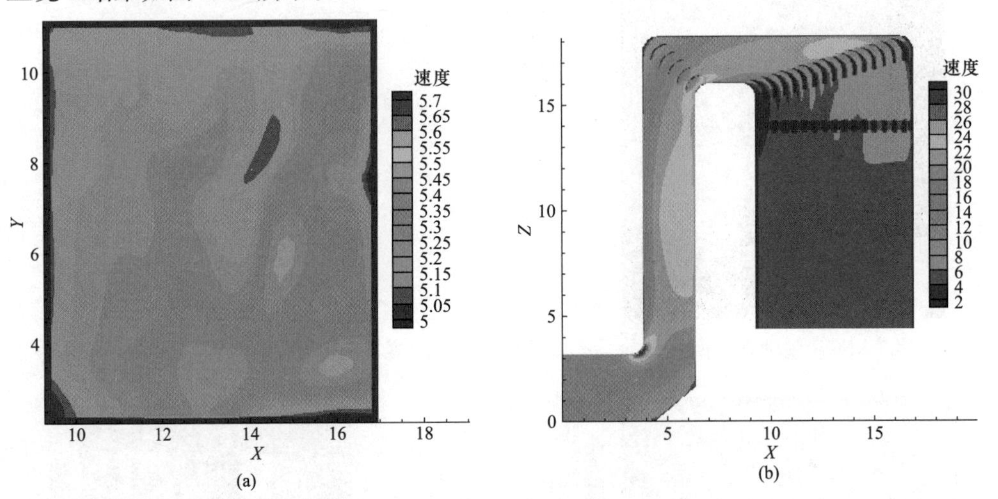

图 5-33　工况 3 结果

(a) 第一层催化剂上速度分布；(b) y=5m 截面速度分布

通过计算得到，第一层催化剂入口截面速度分布标准偏差系数为 13%，速度不均匀系数相对工况 1 要较大程度降低，表明采用工况 3 的导流板布置方案，能够改善第一层催化剂入口速度均匀性。

工况 4 结果如图 5-34 所示。

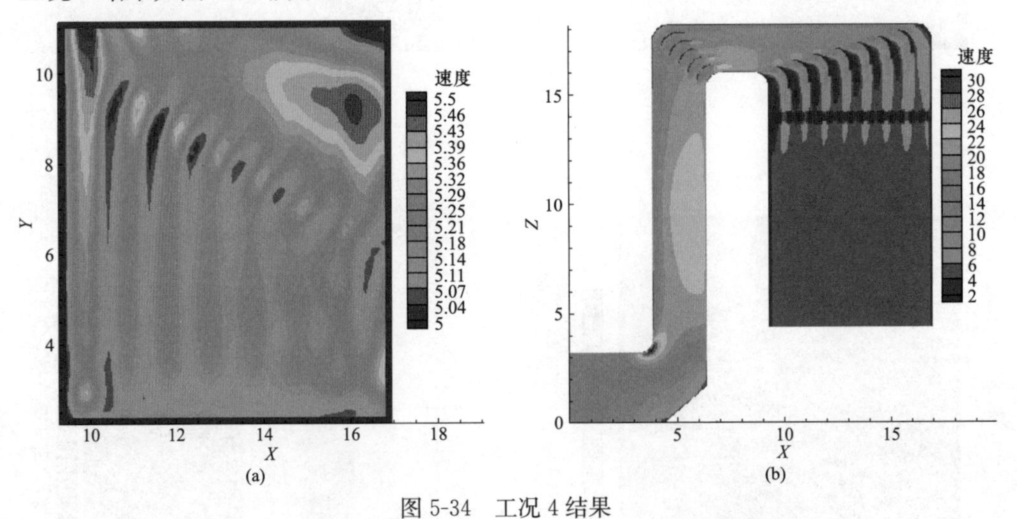

图 5-34　工况 4 结果

(a) 第一层催化剂上速度分布；(b) y=5m 截面速度分布

通过计算得到，第一层催化剂入口截面速度分布标准偏差系数为 16%，速度不均匀系数相对工况 1 有一定降低，但是还是大于 15%，需要进一步调整。

工况 5 结果如图 5-35 所示。

通过计算得到，第一层催化剂入口截面速度分布标准偏差系数为 10%，速度不均匀系数相对工况 1 有较大程度降低，已经完全满足工程要求。

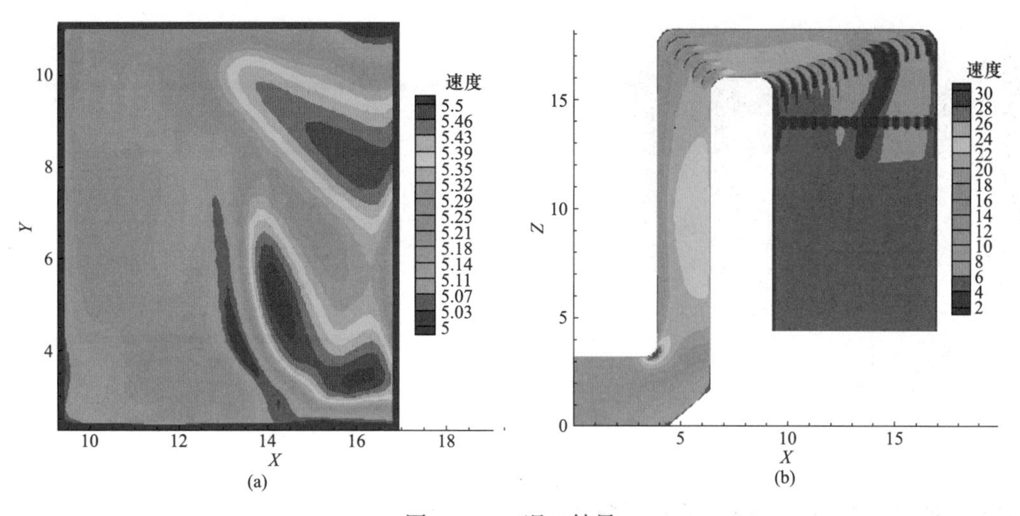

图 5-35　工况 5 结果

(a) 第一层催化剂上速度分布；(b) $y=5$m 截面速度分布

第三节　SCR 设备的优化

SCR 系统的设备优化主要包括反应器的优化、还原剂制备系统的优化、监测系统的优化及空气预热器系统的优化等。

一、反应器的优化

反应器的优化包括流场的优化和喷氨系统的优化。上述第二节中介绍了流场的优化，本节介绍喷氨系统的优化。喷氨系统是 SCR 系统的核心设备（如图 5-36 所示），是实现氨气和烟气均匀混合的关键。在氨喷射后，为进一步强化混合，还可设置混合器（如图 5-37 所示）。

图 5-36　反应器的喷氨格栅

喷氨点的密度是影响混合均匀性的重要因素，一般有两大技术流派。

一类是涡流混合技术。如图 5-38 所示，稀释后的氨气通过管道喷射到驻涡区内，在涡流混合器的强制作用下充分混合，实现混合的均匀性。该类技术的喷嘴数量很少，单个反应器只需几个喷嘴，相应的喷管口径大（DN150），喷管耐磨且不会造成堵灰；涡流混合器结

图 5-37　氨/烟气混合器

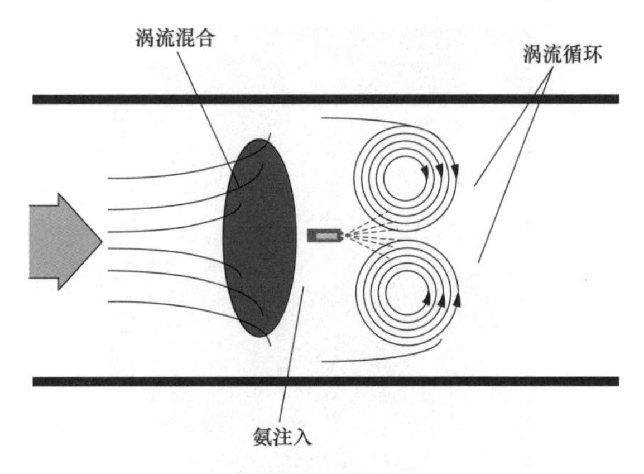

图 5-38　涡流混合器示意图

图 5-39　涡流混合器现场图

构形式简单，扰流板倾斜布置，不会形成局部积灰，运行安全、可靠。但该类技术对反应器的流场有较高的要求，由于喷嘴数量很少，对流场偏差的适应性相对较弱。涡流混合器现场图如图 5-39 所示。

另一类是格栅式的氨气混合器，其工作原理是在烟道的合适断面内均匀布置很多个小喷嘴，类似 FGD 装置中的喷淋层，总的来说这种方式是通过增加喷射点来保证混合均匀度。图 5-40 所示为氨喷射、混合系统示意图。

格栅式混合技术的喷嘴数量较多，一般有上百个，相应的调节阀门也较多，系统略复杂，但对流场偏差的适应性相对较好，因此，近年来得到了广泛的应用。格栅式混合技术总体是比较成熟的，不存在不可克服的技术问题。但在具体的工程实践中，仍存在调节阀门选型不当、喷氨调节设计不合理等问题。

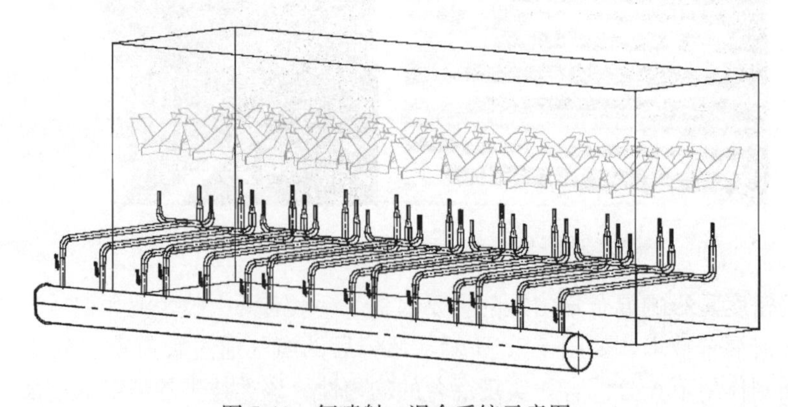

图 5-40　氨喷射、混合系统示意图

（一）喷氨系统设计不合理

存在的主要问题是喷氨喷嘴及调节阀数量偏少，或只能进行单一方向的调节。图 5-41 所示为某脱硝反应器喷氨系统调节阀门示意图，可以看出，喷氨量只能进行沿反应器宽度方向的调节，而不能进行沿反应器深度方向的调节。图 5-42 所示为该反应器出口 NO_x 的浓度分布情况，可以看出，NO_x 的分布不均不仅存在于反应器的宽度方向，深度方向的不均匀更加明显，但由于喷氨系统设计的局限，无法进行有效的调整。

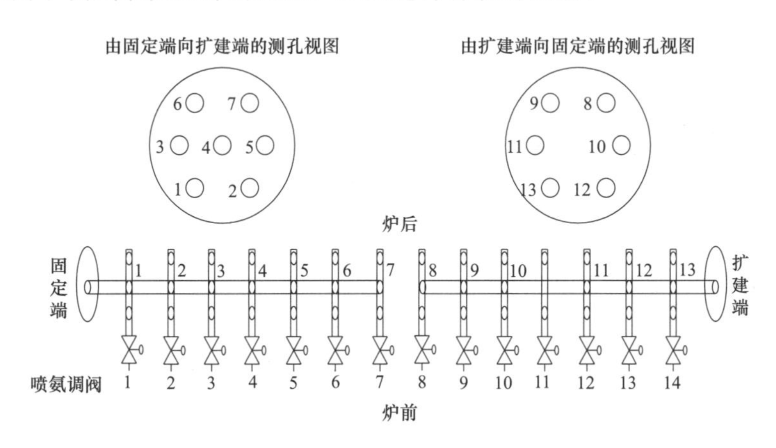

图 5-41　某反应器喷氨格栅调阀及出口 NO_x 浓度测点布置示意图

（二）喷氨调节阀的选型不合理

图 5-43 所示为某反应器的喷氨分支调节阀，为普通的截止阀。表 5-2 为该反应器喷氨阀门的开度情况，图 5-44 所示为该反应器出口 NO_x 的浓度分布情况。可以看出，由于阀门的调节性能极差，部分阀门的开度已接近关闭。即便如此，出口的 NO_x 也难以调节得比较均匀。

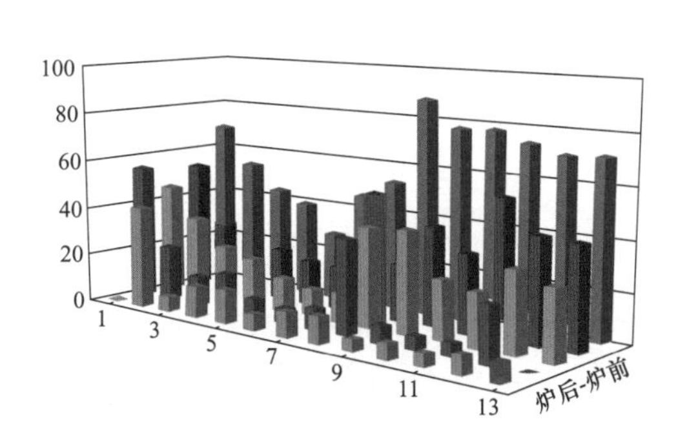

图 5-42　某反应器出口 NO_x 浓度分布图（单位：mg/m^3）

图 5-43　某反应器的喷氨分支调节阀

表 5-2 调整前后阀门开度对比

A反应器阀门编号	001	002	003	004	005	006	007	008	009	010	011	012	013	014	015	016	017	018
阀门开度（调整前）	全开	全开	全开	全开	全开	全开	全开	全开	全开	全开	全开	全开	全开	全开	全开	全开	全开	全开
阀门开度（最终）	全开	约6%	约4%	全开	约8%	约4%	约12%	约6%	约4%	约25%	约8%	约5%	全开	全开	约8%	全开	全开	约25%

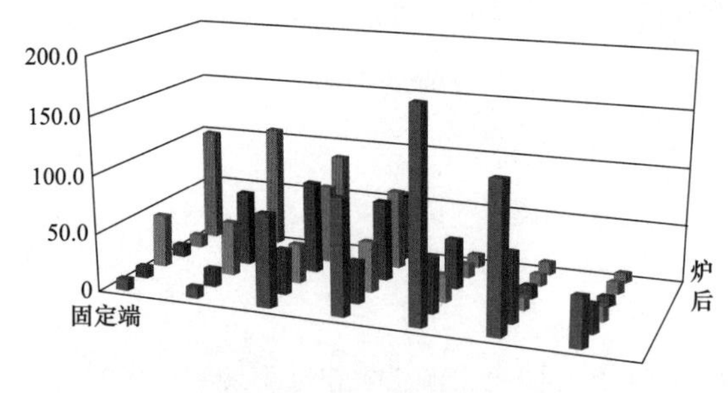

图 5-44 某反应器出口 NO_x 浓度分布图（单位：mg/m³）

因此，喷氨系统的优化首先应选择具有良好调节性能的喷氨分支阀门。其次应优化各分支喷氨阀门的布局，应保证在反应器的宽度方向和深度方向均有足够的调整手段，以适应反应器流场的变化。图 5-45 所示为某反应器氨喷射、混合系统示意图，可以看出，通过横向喷氨管和纵向喷氨管及相应阀门的分别设置，可较好地满足喷氨量局部优化的需求。

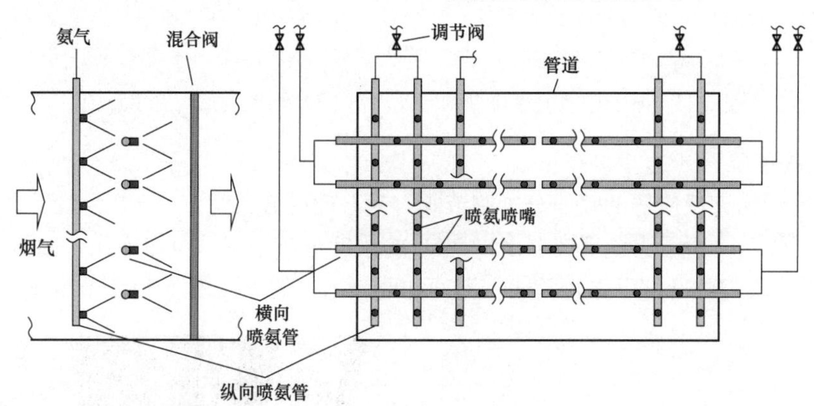

图 5-45 氨喷射、混合系统示意图

二、还原剂制备系统的优化

SCR 脱硝系统的还原剂最主要的是液氨和尿素。我国早期的脱硝系统出于经济性的考虑，大多采用液氨。液氨的存储、气化及供应系统是十分成熟的，优化的空间已不大，主要是保证设备的可靠性。由于液氨系统是重大危险源，近年来的脱硝系统已越来越普遍采用尿素系统。尿素的制备工艺分为热解和水解两类，早期我国的脱硝装置基本采用热解工艺，近年来通过对尿素水解系统的改进，尿素水解系统开始得到广泛应用。以下介绍一尿素水解系统改进的实例。

（一）原有尿素水解系统介绍

某 2×300MW 机组脱硝系统采用尿素水解 SCR 工艺。原设计系统入口烟气 NO_x 含量为 250～500mg/m³（标准状态）时，脱硝率不低于 82%。尿素水解装置设计制氨能力为 374kg/h（单台），设计尿素溶液浓度为 15%，尿素水解产物压力为 1.3MPa、温度 168℃。

尿素水解制氨系统包括尿素溶解罐、尿素溶液泵、尿素溶液储罐、给料泵、水解器、氨气缓冲罐等。

1. 尿素溶解储存系统

装置设有一个 8m×6m 尿素储存间，外购尿素运入尿素储存区进行储存，在配制尿素溶液时用斗式提升机和皮带输送机将尿素送入尿素溶解罐，溶解罐材料采用304，溶解罐配置搅拌器和蒸汽（或冷凝水）盘管，容量按照两台机组4h用量考虑。在溶解罐中，用除盐水或尿素水解液制成15%左右的尿素溶液。蒸汽（或冷凝水）盘管加热系统启动使溶液的温度保持在40℃左右，提供尿素溶解所需热量。尿素溶解操作只在白班进行，尿素溶解罐内部设有搅拌器，使得尿素能够更加充分、均匀地溶解。

尿素溶液在尿素溶解罐内配制完毕后通过尿液输送泵输送至尿素溶液储罐，尿素溶液储罐容量按照两台机组2天用量考虑，罐体材料采用304。尿素溶液储罐同样配有蒸汽（或冷凝水）盘管，使溶液的温度保持在40℃左右，防止冬季因气温过低造成尿素结晶。

2. 尿素水解系统

尿素溶液储罐中的尿素溶液再通过给料泵送至尿素溶液换热装置，尿素溶液在尿素溶液换热装置内与水解液进行换热，经预热后分别送至两台水解器进行水解制氨。在水解器中严格控制温度、压力、溶液停留时间，尿素在一定条件下被水解转变为氨和二氧化碳，从水解器出来的氨、二氧化碳和水蒸气混合气体经压力调节后输送到氨气缓冲罐，缓冲后的氨气在氨缓冲罐顶部经压力调节后送至脱硝反应区。

为了减缓水解器甲铵腐蚀，在尿素溶液中加入了适量的防腐空气。

水解后剩下的水解液经过尿素溶液换热装置和板式水冷器换热降低温度后，收集到回用水缓冲罐，再进行尿素溶解时通过尿液输送泵将回用水缓冲罐内的水解液输送至尿素溶解罐。

3. 喷淋系统和氨气吸收系统

尿素水解器和氨气缓冲罐顶部设有喷淋系统，当有氨气泄漏报警时可以启动喷淋，吸收泄漏的氨气。

在喷淋系统内设有排放系统，氨排放管路，包括安全阀的放气管路，构成一个封闭系统，所有排放气由氨气吸收罐吸收成氨废水后排放至废水池。

氨气吸收罐为一定容积水槽，水槽的液位由溢流管线维持，在氨气吸收罐的上部设置淋水器，通过水的均匀喷洒，更好地吸收从水中逸出的气氨。系统各排放处所排出的氨气由管线汇集后从吸收罐底部进入，通过分散管将氨气分散入吸收罐水中，利用喷淋水来吸收安全阀排放的氨气。

氨气吸收罐的喷淋系统和液位均采用自动控制的方式：在氨气吸收罐上设置温度检测仪表，当检测到的温度达到或超过设定值时，喷淋水自动开启；在吸收罐设置液位检测仪表，当液位过低时，将会在DCS上显示并自动报警，此时，可在监控室开启进水阀门，氨气吸收罐的液位正常情况下由溢流口来维持。

4. 产品气输送系统

来自缓冲罐的氨气经全厂管道输送至脱硝SCR区，产品气管道保温伴热采用蒸汽伴管方式，保温伴热蒸汽来自蒸汽闪蒸罐，产品气管道材质为316L。

（二）脱硝系统运行情况及存在的问题

1. 运行及测试数据

图5-46所示为1号机组脱硝系统的运行画面。主要运行数据如下：机组负荷为270MW，反应器进口烟气温度约为375℃，稀释风温约为310℃，稀释风量接近11000m^3/h，炉前尿素温度约为140℃，A反应器进口NO_x含量为354mg/m^3，出口NO_x含量为30mg/m^3，脱硝率为91.54%，氨逃逸为0.1$\mu L/L$，B反应器进口NO_x含量为367mg/m^3，出口NO_x含量为72mg/m^3，脱硝率为80.4%，氨逃逸为0.4$\mu L/L$，烟囱处NO_x含量为46mg/m^3。图5-47所示

为 2 号机组脱硝系统的运行画面。主要运行数据如下：机组负荷为 250MW，反应器进口烟气温度约为 365℃，稀释风温约为 270℃，稀释风量达到 11000m³/h，炉前尿素温度约为 125℃，A 反应器进口 NO_x 含量为 354mg/m³，出口 NO_x 含量为 38mg/m³，脱硝率为 89.34%，氨逃逸为 0.1μL/L，B 反应器进口 NO_x 含量为 370mg/m³，出口 NO_x 含量为 126mg/m³，脱硝率为 65.9%，氨逃逸为 0.2μL/L，烟囱处 NO_x 含量为 70mg/m³。图 5-48 所示为尿素水解系统运行画面，尿素水解后的温度为 164℃，压力为 1.2MPa。可以看出，2 台机组脱硝系统的运行情况均不理想，均无法完全实现 NO_x 的超低排放。

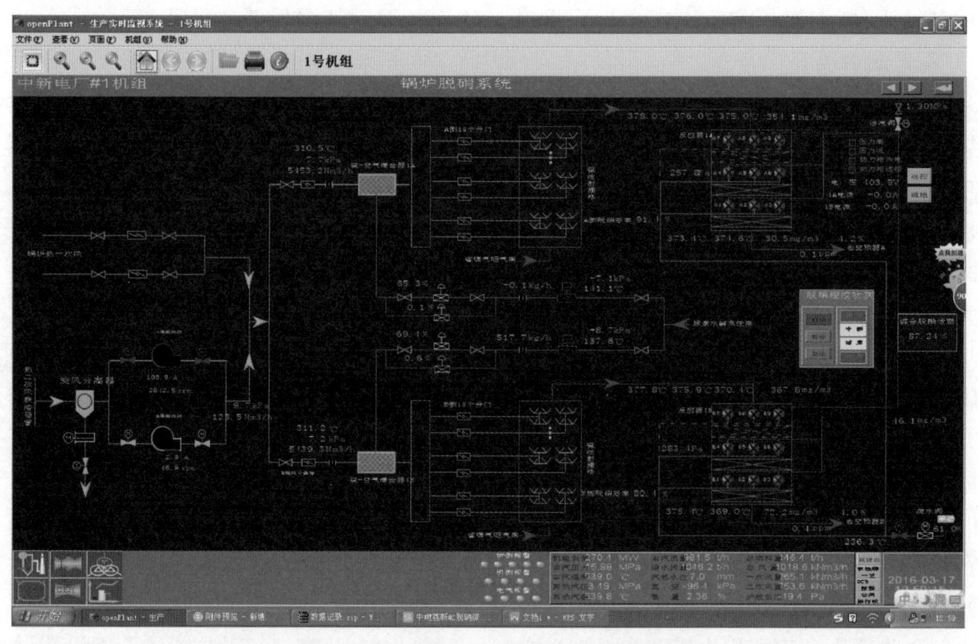

图 5-46　1 号机组脱硝系统运行数据

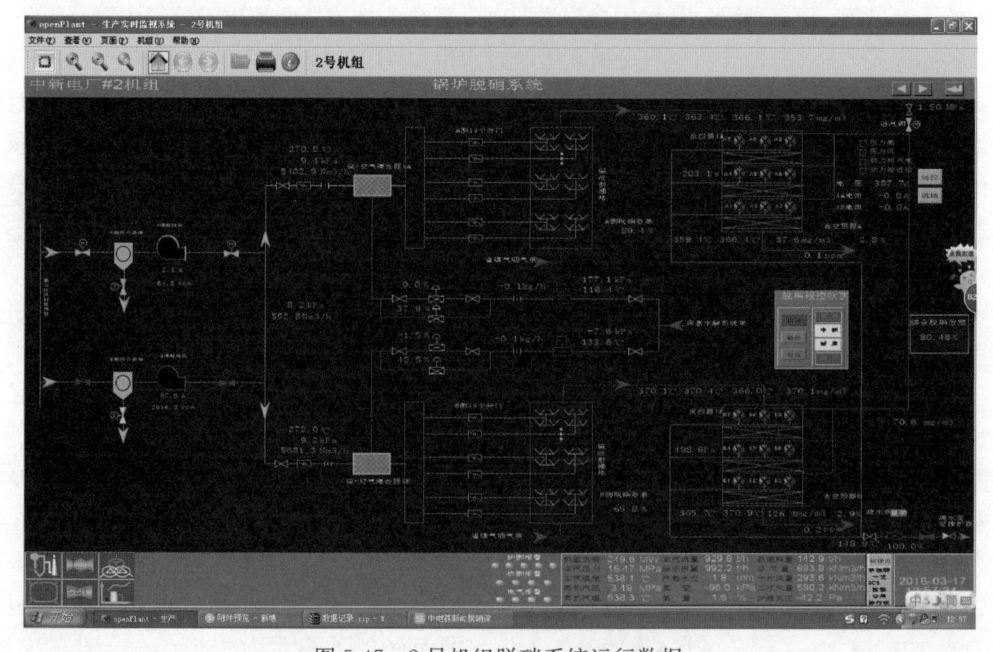

图 5-47　2 号机组脱硝系统运行数据

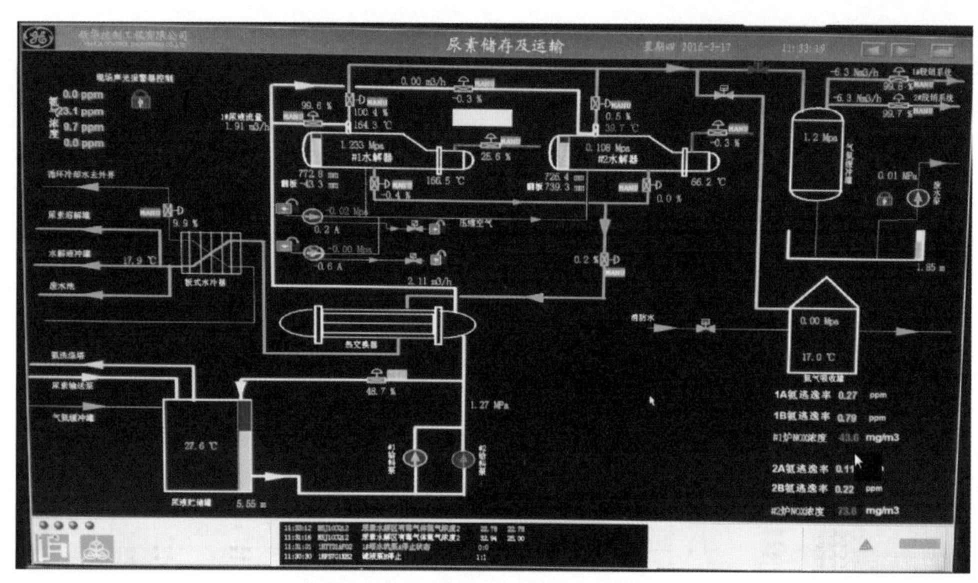

图 5-48 尿素水解系统运行数据

两台机组均进行了脱硝系统的性能测试，测试数据（分别见表 5-3～表 5-6）总结如下：

表 5-3　　1 号机组 A 反应器脱硝系统测试结果

项目	测孔	预备性工况	100%负荷工况	75%负荷工况	50%负荷工况
出口 NO (μL/L)	A1	1	0	17	3
		4	8	2	17
		8	9	23	21
	A2	4	17	37	24
		13	18	5	36
		27	0	42	5
	A3	51	2	32	35
		19	36	8	12
		3	32	48	46
	A4	5	35	23	32
		12	37	12	18
		33	15	38	41
	A6	7	32	18	18
		10	28	19	19
		3	22	16	18
	A8	18	30	36	36
		33	36	44	39
		23	36	43	40
出口平均 NO_x (mg/m^3)		28.8	41.3	47.4	50.7
表盘出口 NO_x (mg/m^3)		37.8	61.7	39.7	48.6
进口平均 NO_x (mg/m^3)		286.5	311.1	257.5	184.2
表盘进口 NO_x (mg/m^3)		344	357	306	206
表盘脱硝率（%）		89.0	82.7	87.0	76.4
脱硝率（%）		90.0	86.7	81.6	72.4

表 5-4　　1 号机组 B 反应器脱硝系统测试结果

项目	测孔	预备性工况	100%负荷工况	75%负荷工况	50%负荷工况
出口 NO (μL/L)	B1	1	1	12	2
		3	3	30	2
		1	1	5	2
	B2	3	2	21	1
		1	0	30	1
		1	8	5	1
	B3	2	7	20	0
		1	9	28	0
		3	5	14	0
	B6	16	24	43	0
		12	26	44	1
		4	11	28	0
	B7	1	3	28	0
		4	9	38	0
		8	3	9	0
	B8	2	0	22	0
		1	8	29	0
		0	5	6	0
出口平均 NO_x (mg/m^3)		6.5	13.0	44.4	1.1
表盘出口 NO_x (mg/m^3)		39.9	66.0	67.0	4.6
进口平均 NO_x (mg/m^3)		279.0	306.8	255.4	181.8
表盘进口 NO_x (mg/m^3)		375	383	298	201
表盘脱硝率 (%)		89.4	82.8	77.5	97.7
脱硝率 (%)		97.7	95.8	82.6	99.4

表 5-5　　2 号机组 A 反应器脱硝系统测试结果

	测孔	预备性工况	100%负荷工况	75%负荷工况	50%负荷工况
出口 NO (μL/L)	A1	1	8	0	3
		3	3	1	2
		1	3	1	2
	A2	1	8	5	8
		17	3	6	1
		2	3	3	2
	A6	1	4	3	1
		1	3	3	1
		1	3	2	1

续表

	测孔	预备性工况	100%负荷工况	75%负荷工况	50%负荷工况
出口 NO (μL/L)	A8	1	3	3	2
		2	3	3	1
		2	3	4	1
出口平均 NO_x (mg/m^3)		5.0	7.2	5.1	4.1
表盘出口 NO_x (mg/m^3)		41.7	41.2	46.0	36.0
进口平均 NO_x (mg/m^3)		309.2	297.3	297.4	316.0
表盘进口 NO_x (mg/m^3)		402	394	386	383
表盘脱硝率 (%)		89.6	89.5	88.1	90.6
脱硝率（%）		98.4	97.6	98.3	98.7

表 5-6　　2号机组B反应器脱硝系统测试结果

	测孔	预备性工况	100%负荷工况	75%负荷工况	50%负荷工况
出口 NO (μL/L)	B1	53	64	22	20
		45	61	34	29
		46	47	36	31
	B4	4	9	4	1
		8	4	5	5
		3	4	3	1
	B6	8	9	3	4
		2	8	3	3
		8	7	3	3
	B7	17	8	4	3
		4	13	2	1
		18	12	4	1
出口平均 NO_x (mg/m^3)		33.5	39.9	19.8	17.7
表盘出口 NO_x (mg/m^3)		41.1	40.3	37.0	35.9
进口平均 NO_x (mg/m^3)		312.3	304.4	298.7	329.2
表盘进口 NO_x (mg/m^3)		363	360	346	355
表盘脱硝率（%）		88.7	88.8	89.3	89.9
脱硝率（%）		89.3	86.9	93.3	94.6

（1）1号机组A反应器出口NO_x偏差较大，1号、2号测孔区域的NO_x明显较低。实测NO_x和表盘NO_x有偏差且趋势性不一，但偏差不算太大。

（2）1号机组B反应器出口也存在NO_x偏差大的情况，两边区域的NO_x明显较低。实测的出口NO_x明显比表盘NO_x低，相应实测脱硝率明显高于表盘脱硝率。导致实际运行的脱硝率过高，4个测试工况中有3个的脱硝率超过95%，最高甚至达到99.4%。

（3）2号机组A反应器同样存在实测出口NO_x明显低于表盘NO_x的情况，实测脱硝率明显高于表盘脱硝率约9个百分点。导致4个测试工况脱硝率均高达98%左右。由于出口NO_x含量普遍过低，所以偏差情况难以掌握。

（4）2号机组B反应器的情况和1号机组A反应器类似，出口NO_x偏差较大，4号、6号测孔区域的NO_x明显较低。实测NO_x和表盘NO_x有偏差且趋势性不一，但偏差不算太大。

2. 相关问题分析

（1）尿素系统的运行参数。尿素溶液充分水解后的产物应为气态的NH_3、CO_2和H_2O的混合物。该尿素水解的设计值：尿素溶液浓度为15%，尿素水解产物压力为1.3MPa、温度为168℃。按此计算，水蒸气冷凝温度为184℃，已高于168℃，则会出现水蒸气的冷凝，可见设计参数并不合理。实际的尿素溶液浓度约为20%，运行压力为1.2MPa，则对应的水蒸气冷凝温度为178℃，仍然会出现水蒸气的冷凝。水解产物输送至炉前的压力：1MPa、对应的水蒸气冷凝温度为170℃，而实际温度只有110～140℃，会出现大量的水蒸气冷凝，进而导致尿素喷射系统的堵塞及尿素流量计的故障。尿素喷射系统易堵塞会导致反应器出口NO_x的偏差，同时，导致电厂无法对各喷射支管进行调节（2号机组甚至已取消了调节阀门），从而无法改善反应器出口的NO_x偏差。因此，尿素水解产物大量带水是目前脱硝系统运行困难的核心问题。

目前，国内尿素水解系统的典型设计参数：尿素溶液浓度为40%～60%、压力为0.45～0.7MPa、温度为140～160℃。以浓度为50%、压力为0.6MPa计算，对应的水蒸气冷凝温度仅为128℃。可见，如能增加尿素溶液浓度并降低系统运行压力，可有效解决水蒸气冷凝的问题。

（2）进口NO_x含量问题。脱硝系统的进口NO_x含量是很高的，实测数据超过300mg/m^3。按照近年来SCR脱硝系统的运行经验，要长期、安全、稳定地实现NO_x的超低排放（50mg/m^3），进口NO_x含量至少应控制在200mg/m^{3}左右。

（3）出口NO_x偏差问题。两台机组脱硝系统出口NO_x分布均存在偏差大的问题。偏差大的原因起码包括尿素喷射支管的堵塞及无法调节，流场是否存在偏差还缺少相关的数据。偏差大会造成即使总体脱硝率不高，局部区域氨逃逸也会过高，易造成空气预热器的堵塞。且偏差大会造成NO_x在线测量数据的失真。

（4）在线测量数据的偏差问题。NO_x的在线数据和现场的实测数据存在较大偏差，无法给运行人员正确的指导。主要原因还是反应器出口的NO_x偏差太大，而在线的NO_x数据只有1个。

（5）稀释风温、流量及含尘问题。稀释风温较低、稀释风含尘等并非尿素喷射系统堵塞的根本原因。若尿素水解产物完全是气态的，则2号机组270℃的稀释风温也足够了。若水解产物的大量水分已凝结，则1号机组310℃的稀释风温也不足以使水分气化。其他电厂的运行经验表明，稀释风含尘是必然的，但只要尿素溶液充分气化，也不会造成系统的堵塞。

3. 结论及建议

(1) 尿素水解产物大量带水是该脱硝系统运行困难的核心问题。大量带水的主要原因是水解系统设计参数不合理。建议通过对水解系统进行改造，增加尿素溶液的浓度并降低系统运行的压力。同时完善相应管道的伴热，以解决炉前水解产物大量带水的问题。

(2) 脱硝系统进口 NO_x 含量较高是该脱硝系统的另一重要问题。反应器进口 NO_x 超过 $300mg/m^3$ 是无法长期、安全、稳定地实现 NO_x 的超低排放的。建议开展锅炉的低氮燃烧改造，控制进口 NO_x 含量在 $200mg/m^3$ 以内。

(3) 稀释风温较低、稀释风含尘等并非尿素喷射系统堵塞的根本原因。

(4) 在线测量数据无法给运行人员以足够的指导，建议增加反应器出口 NO_x 的测点数量。同时，在完成水解系统改造后，完善水解产物流量计。

(三) 系统的改进

1. 改造方案

改造的主要目标：进一步提高尿素水解装置的自动化程度，使其达到国内先进水平；对工艺流程进行简化，方便操作与维护；将尿素溶液浓度由15%提高至50%，以达到节能降耗的目的，降低产品气中水蒸气含量；对产品气管道的保温伴热进行改造，彻底消除因其管路较长、保温伴热效果较差而导致冷凝堵塞的隐患；采用压力不低于0.8MPa的辅助蒸汽用于尿素溶解及伴热，增加减温减压装置，作为尿素水解备用气源，降低运行成本。

(1) 尿素溶解系统改造。

1) 在溶解水管道上加设自动切断阀，实现溶解水的自动计量控制，既能确保尿素溶液浓度的准确性，也能降低操作工作强度，提高自动化水平。

2) 在尿素溶液输送泵回流管道上加设密度计，在尿素溶解时启动尿素溶液输送泵将尿素溶液打循环，观察尿素溶液密度来验证尿素溶液的浓度准确性。

3) 原回用水缓冲罐改为疏水箱，将尿素水解系统运行过程中所产生的蒸汽冷凝液回收至疏水箱，疏水箱加设保温。

4) 增设2台疏水泵及附属管道，将疏水箱中的蒸汽冷凝液输送至尿素溶解罐，溶解尿素使用，减少除盐水使用量；多余部分输送至电厂回用水系统或溢流。

(2) 尿素储存系统改造。

1) 在尿素溶液储罐外加保温，防止尿素溶液结晶。

2) 在蒸汽加热管道上加设电磁阀，增加储罐溶液温度与电磁阀的联锁控制。

3) 尿素溶液储罐至水解反应器的尿素溶液管道及隔膜压力表根部阀增设电伴热并保温。

(3) 尿素水解系统改造。

1) 新增2台产氨量为400kg/h的水解反应器撬块。

2) 新增2台国产的防腐空气压缩机，提高备件可靠性。

3) 在防腐空气管道主管上加设旁路和自力式减压阀。

4) 新增水解器撬块区氨泄漏检测报警器1台。

(4) 产品气输送系统改造。

1) 重新敷设从氨气缓冲罐出口至1、2号机组SCR区开关阀之前的产品气管道，管道采用夹套伴热，并加设保温，对缺少支吊架的地方加设管道支吊架。

2) 更换SCR区氨空气混合器之前产品气管道上的热电阻、压力表、压力变送器、质量流量计等。

3）沿着产品气管道敷设补充蒸汽管道和蒸汽冷凝液回收管道。

4）对系统内的仪表外接部分采用电伴热控制，防止仪表端部出现冷凝结晶现象。

2. 改造后的系统描述

（1）尿素溶解储存系统。

1）外购尿素运入尿素储存区进行储存，在配制尿素溶液时用斗式提升机（利旧）和皮带输送机（利旧）将袋装的尿素送入到尿素溶解罐（利旧），溶解罐材料采用304，溶解罐配置搅拌器和蒸汽（或冷凝水）盘管，在溶解罐中，用除盐水或尿素水解液制成50%左右的尿素溶液。蒸汽（或冷凝水）盘管加热系统启动使溶液的温度保持在40℃左右，提供尿素溶解所需热量。单罐配制即可满足两台机组满负荷13h的尿素溶液耗量。尿素溶解操作只在白班进行，尿素溶解罐内部设有搅拌器，使得尿素能够更加充分、均匀地溶解。

2）尿素溶液在尿素溶解罐内配制完毕后通过尿液输送泵（利旧）输送至尿素溶液储罐（利旧），尿素溶液储罐容量可储存两台机组2天的尿素溶液耗量，罐体材料采用304。尿素溶液储罐同样配有蒸汽（或冷凝水）盘管，使溶液的温度保持在40℃左右，防止冬季因气温过低造成尿素结晶。

（2）尿素水解系统。

1）尿素溶液储罐中的尿素溶液再通过给料泵（利旧）送至尿素水解反应器（更换为2台产氨能力400kg/h的尿素水解反应器），两台尿素水解反应器互为备用。在水解器中严格控制温度、压力、溶液停留时间，尿素在一定条件下被水解转变为氨和二氧化碳，从水解器出来的氨、二氧化碳和水蒸气混合气通过管道送至脱硝反应区。

2）为了减缓水解器甲铵腐蚀，采用空气压缩机（更换）在尿素溶液中加入适量防腐空气。

3）过热蒸汽经过减温减压装置后变为饱和蒸汽，饱和蒸汽通过加热管束加热尿素溶液为尿素水解提供能量，饱和蒸汽不与尿素溶液混合，通过盘管回流，冷凝水由疏水箱（即回用水缓冲罐）、疏水泵（新增）回收配制尿素溶液。

（3）喷淋系统和氨气吸收系统。

1）在喷淋系统内设有排放系统，氨排放管路，包括安全阀的放气管路，构成为一个封闭系统，所有排放气将经由氨气吸收罐（利旧）吸收成氨废水后排放至废水池（利旧），废水池的废水通过废水泵（利旧）排放至界外。

2）氨气吸收罐为一定容积水槽，水槽的液位由溢流管线维持，在氨气吸收罐的上部设置淋水器，通过水的均匀喷洒，更好地吸收从水中逸出的气氨。系统各排放处所排出的氨气由管线汇集后从吸收罐底部进入，通过分散管将氨气分散入吸收罐水中，利用喷淋水来吸收安全阀排放的氨气。

3）氨气吸收罐的喷淋系统和液位均采用自动控制的方式：在氨气吸收罐上设置温度检测仪表，当检测到的温度达到或超过设定值时，喷淋水自动开启；在稀释槽设置液位检测仪表，当液位过低时，将会在DCS上显示并自动报警，此时可在监控室开启进水阀门，氨气吸收罐的液位正常情况下由溢流口来维持。

（4）产品气输送系统。

来自缓冲罐的氨气经全厂管道输送至脱硝SCR区，产品气管道保温伴热采用蒸汽夹套伴管方式，保温伴热蒸汽来自减温减压（利旧）后的蒸汽，产品气管道材质为316L。

（5）改造后的系统设备表见表5-7。

表5-7 系统设备表

序号	设备名称	规格（型号）、参数	材质	单位	数量	备注
1	尿素溶液溶解罐（含盘管及搅拌）	容积为20.3m^3	304	台	1	利旧
2	斗式提升机		304	台	1	利旧
3	皮带输送机		304	台	1	利旧
4	尿素溶液输送泵	流量为55m^3/h，扬程为20m	304	台	2	利旧
5	废水泵	流量为40m^3/h，扬程为0.3MPa	304	台	1	利旧
6	疏水箱（原名回用水缓冲罐）	容积为50m^3	304	台	1	利旧改造
7	疏水泵	流量为25m^3/h，扬程为40m	CS	台	2	新增
8	尿素溶液储罐（含盘管）	容积为254m^3	304	台	1	利旧改造
9	给料泵	流量为6m^3/h，扬程为150m	304	台	2	利旧
10	尿素水解器撬块	制氨能力400kg/h/台	316L	台	2	新增
11	无油润滑空压机	流量为50Nm^3/h，压力为1.6MPa	组合件	台	2	更换
12	脱盐水加压泵	流量为0.5m^3/h，扬程为180m	304	台	2	利旧
13	减温减压装置			套	2	1套利旧、1套新增
14	氨气吸收罐	容积为2.46m^3	304	台	1	利旧
15	抽风机	流量为200m^3/h，操作压力为300Pa，电动机功率为1.5kW	304	台	1	更换

3. 改造效果

（1）尿素溶液浓度由15%提高至50%，使得运行过程中的蒸汽耗量在现在的基础上降低约66%。

（2）产品气中水蒸气含量大幅降低，400kg氨气的产品气所含的水蒸气量由原来的约3788kg降低至约495kg。

（3）产品气管道进行夹套伴热保温改造后，产品气管道不再出现温降，也不会出现产品气冷凝现象。

（4）辅助蒸汽作为尿素溶解及伴热蒸汽，并作为水解备用气源，降低运行成本。

（5）彻底解决氨空气混合气管道的积灰堵塞现象。

三、监测系统的优化

对于脱硝系统来讲，监测系统的运行参数主要是反应器出口的NO_x含量和NH_3含量。

（一）目前监测方法的局限性

1. NO_x测量方面

NO_x的测量是通过测量烟气中的NO并进行换算得到。NO的测量通常采用非色散红外吸收法，技术十分成熟，且由于NO不溶于水，对其取样系统的要求也不高，其最终的测量结果是比较准确、可靠的。但目前主要存在的问题是由于反应器出口 NO_x 的分布不均，且 NO_x 的测点有限，造成其测量结果无法准确反映反应器的整体情况。表 5-8 和图 5-49 为某机组的实例，可以看出，由于反应器出口 NO_x 的偏差很大（8.9～123.9mg/m^3），而反应器出口 NO_x 的在线监测点位于炉前 NO_x 含量较高处，导致脱硝系统的在线监测数据明显高于实测值，也和烟囱处的在线监测值明显不符。

表 5-8　某机组 NO_x 测量结果对比　mg/m^3

脱硝出口在线监测值	烟囱处的在线监测值	脱硝出口网格法实测平均值
58.7	35.4	33.7

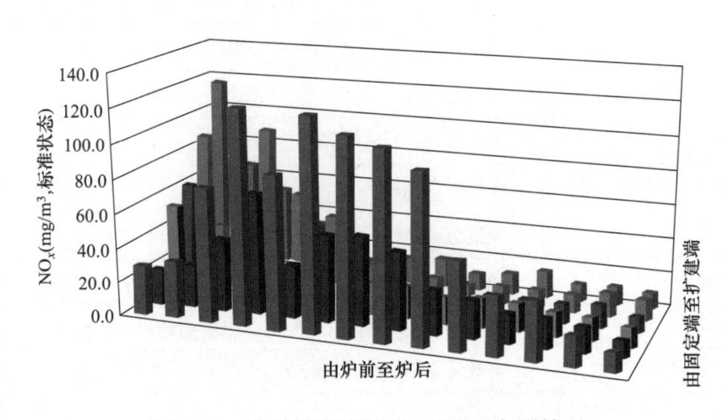

图 5-49　某脱硝反应器出口 NO_x 实测情况

2. NH_3 测量方面

NH_3 的测量普遍采用的是可调谐二极管激光吸收光谱（TDLAS）技术。该技术利用窄带激光扫描气体分子的吸收谱线，通过分析被气体分子吸收后的激光强度得到待测气体浓度等参数。测量方式普遍为原位对穿式，即激光发射单元和接收单元分别安装在烟道两侧。图 5-50 所示为测量系统的示意图。TDLAS 技术在火力发电厂的脱硝系统中得到普遍应用，但应用情况极不理想，主要表现在测量结果和实际值比较普遍明显偏低。图 5-51 所示为某脱硝系统氨逃逸测量的实例，可以看出，随着脱硝系统脱硝率的提高，用化学吸收法人工取样测量的氨逃逸明显升高，但激光法的在线测量值却始终维持在很低的水平，无论是绝对值还是趋势性，均完全不能反映氨逃逸的实际情况。这样会造成对运行人员的误导，而导致系统的喷氨量过大。

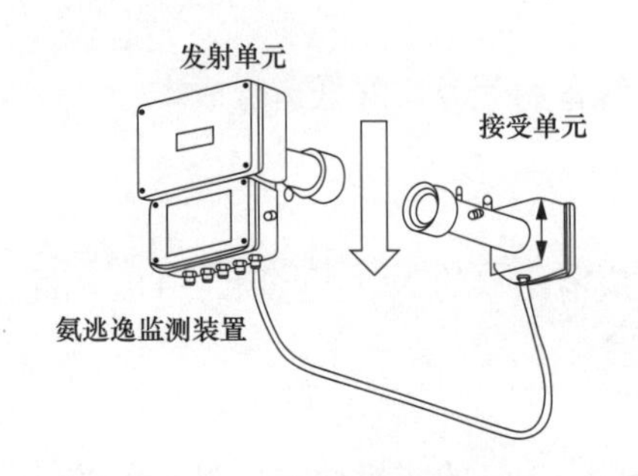

图 5-50　氨监测装置示意图

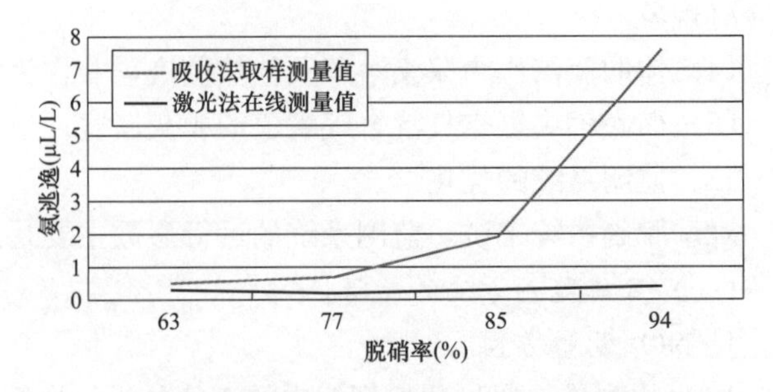

图 5-51　某脱硝反应器氨逃逸的测量情况对比

（二）测量方法的改进

1．NO_x 测量方面

NO_x 的测量不准确主要是由于反应器各点的 NO_x 偏差造成的。因此，目前对 NO_x 测量的改进主要是针对测量的取样系统。图 5-52 所示为某改进的取样系统示意图，可以看出，取样采用了网格法，取样点达到了 16 个，可一定程度改善 NO_x 分布不均对测量的影响。

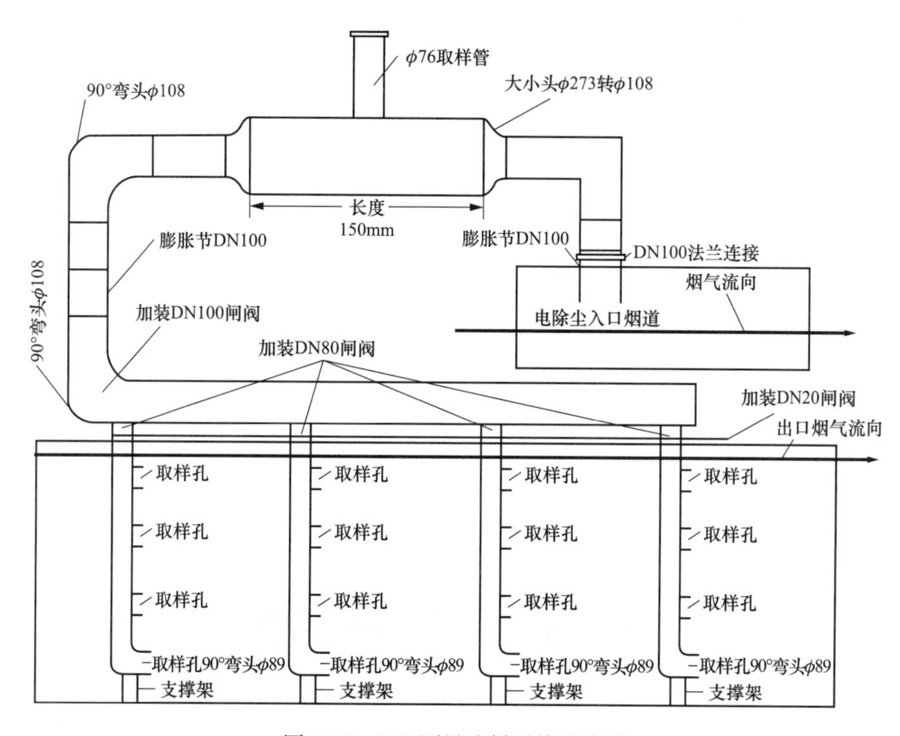

图 5-52　NO 测量取样系统示意图

2．NH_3 测量方面

（1）NH_3 测量明显偏低的原因主要包括：

1）由于烟道尺寸较大，烟道的振动、变形等因素易造成发射和接收单元无法对准。

2）更为重要的是，SCR 脱硝系统均布置在除尘器前，烟气中的烟尘含量很高，普遍在每立方米几万毫克的水平，烟尘的存在会明显影响激光强度。

（2）针对上述问题，近年来开展了 NH_3 测量方面的探索，包括：

1）优化发射和接收单元的布置。针对烟道尺寸大的问题，对发射和接收单元的位置进行了改进。由原来发射单元和接收单元分别安装在烟道的两侧改为安装在烟道的一角（如图 5-53 所示），使得发射单元和接收单元的距离缩短至 2～3m 的水平，以提高发射、接收单元的对准性，并缓解烟尘对激光强度的影响。从实际的测量情况看，该改进对测量的准确性有所改善，但仍未能从根本上解决测量的绝对值偏低的问题。

2）优化测量方式及测量系统。为解决高烟尘含量对测量的影响，目前较为普遍的改进方式是对测量烟气进行过滤。图 5-54 所示为测量系统的示意图，发射和接收单元集成在取样枪上，构成了封闭的测量气室，在测量气室前设置过滤器及相应的自动反吹系统，可保证进入测量气室的烟气清洁。

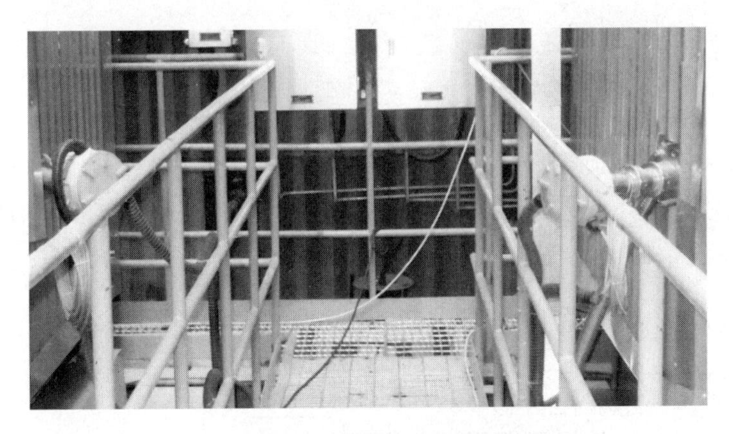

图 5-53　测量位置的改进

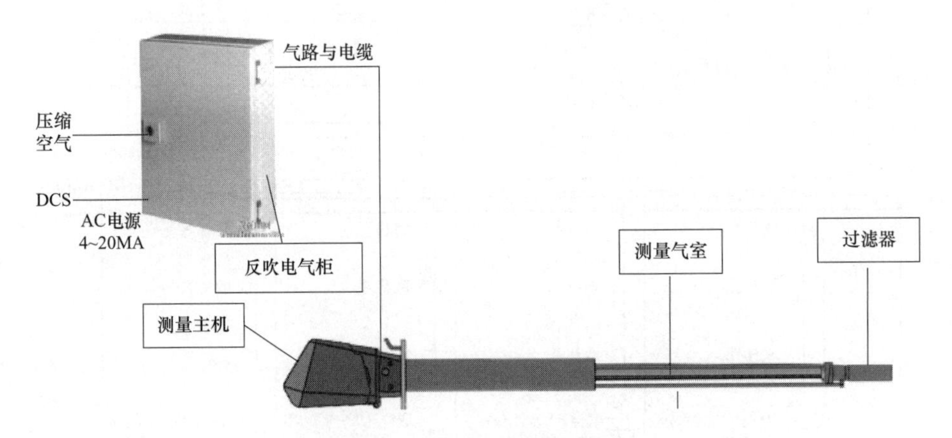

图 5-54　NH_3 测量系统示意图

四、空气预热器系统的优化

锅炉的空气预热器并非属于脱硝系统的设备，但却是脱硝系统运行副作用的最大受害者。SCR 脱硝系统近 10 年在我国大规模应用的经验显示，最主要的设备不利影响就是脱硝系统的氨逃逸和三氧化硫导致空气预热器的堵塞和腐蚀。尤其当超低排放后，更多的催化剂意味着更高的三氧化硫，而更高的脱硝率也意味着更高的氨逃逸。因此，如果可以提高空气预热器运行的可靠性，意味着间接提升了脱硝系统的性能。

（一）空气预热器堵塞、腐蚀分析

经过脱硝系统后，会产生 NH_3 和 SO_3，在一定的温度条件下，会生成液态的硫酸氢铵（ABS），其反应式为

$$NH_3 + SO_3 + H_2O \longrightarrow NH_4HSO_4$$

图 4-27 显示了 NH_3、SO_3 含量与硫酸氢铵生成温度的关系。在一定的 NH_3、SO_3 含量和温度条件下，会生成硫酸氢铵。NH_3、SO_3 含量越高，对应的生成温度也越高。一般认为，对于烟尘含量很高的燃煤烟气，硫酸氢铵一般在 150～200℃温度范围内为液态。液态的硫酸氢铵会造成受热面的腐蚀和结垢。

图 5-55 所示为空气预热器的受热面布置示意图。受受热面制造长度的限制，空气预热器一般分为高温、中温、低温 3 个区域。为防止硫酸氢铵的堵塞和腐蚀，一般在低温段或

中、低温段采用镀搪瓷的受热面。

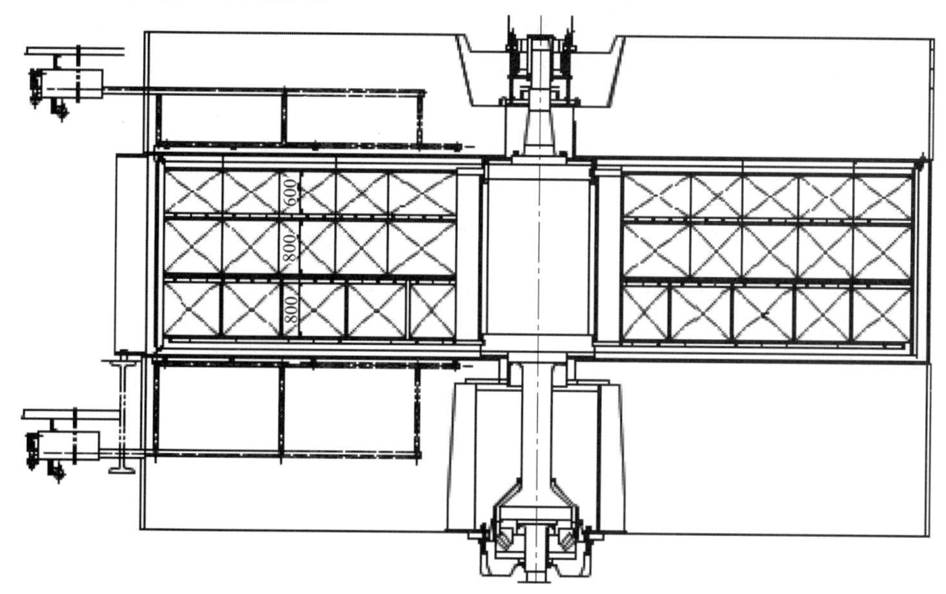

图 5-55 空气预热器受热面示意图

图 5-56 显示了硫酸氢铵在空气预热器不同区域的生成情况，可以看出，硫酸氢铵不仅在低温段会生成，在中温段也会大量生成。但空气预热器中温段的吹扫条件是最差的，从图 5-57 可以看出，每一模块的受热面和其框架是有几厘米距离的，则两段受热面之间存在一定的空间。空气预热器的吹扫蒸汽在进入中温段受热面之前经过上述空间的扩容，是无法保证中温段受热面的吹扫动量的。这也是目前空气预热器往往是中温段堵塞最为严重的原因。

（二）空气预热器的改进措施

脱硝系统运行造成空气预热器堵塞、腐蚀的主要原因是由于空气预热器结构的限制，导致其对生成的硫酸氢铵吹扫效果不理想。因此，可以采取的措施包括：

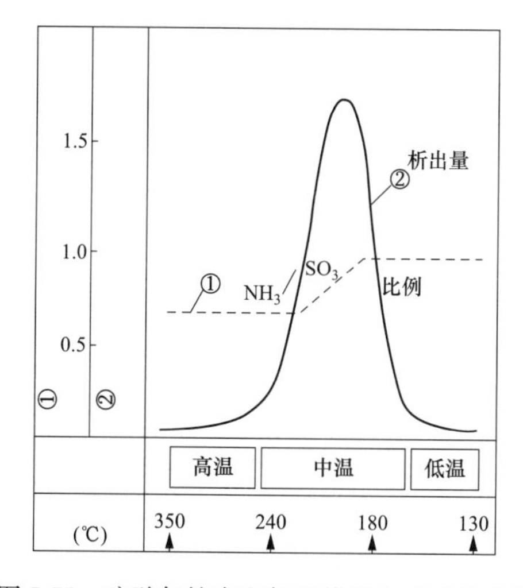

图 5-56 硫酸氢铵在空气预热器生成量的变化

图 5-57 空气预热器的受热面模块

1. 优化空气预热器受热面的布置

（1）无论是对改造机组还是新建机组，应尽量采用两段受热面的布置方式。图 5-58 所示为某空气预热器改造的示意图。改为两段布置后，可彻底解决原先中温段受热面吹灰效果不佳的问题。

（2）应尽量增加低温段受热面（镀搪瓷受热面）的高度。图 5-59 所示为空气预热器中硫酸氢铵生成区域示意图，一般认为生成区域在距空气预热器传热元件底部 850mm 以内。但随着环保压力的不断加大及机组负荷的不断降低，越来越多的电厂降低了 SCR 脱硝系统的投运温度。投运温度从此前的 310℃以上降至 290℃甚至更低。加上中温催化剂的研发和实践，脱硝投运温度还有进一步下降的可能。因此，对应的生成硫酸氢铵的受热面位置势必上移，搪瓷受热面的高度必需要有足够的裕度，才能适应目前机组的实际运行情况。

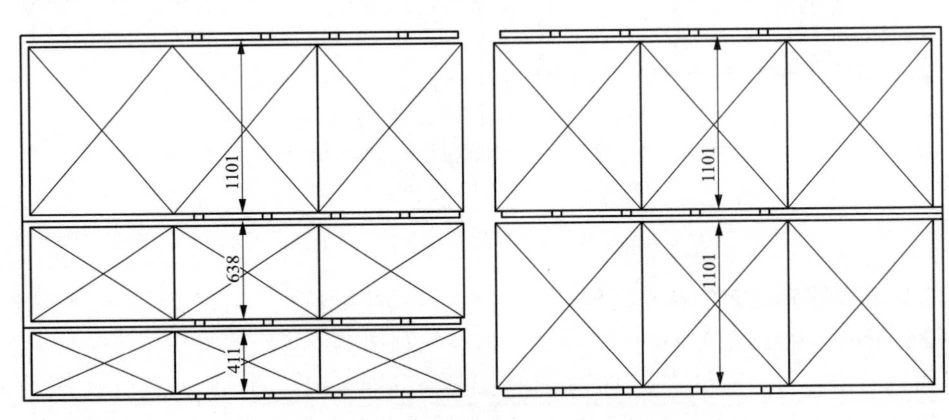

图 5-58　空气预热器改造前后受热面布置示意图

（3）应采用易清洁的受热面板型。传统锅炉空气预热器受热面的板型强调的是换热效果，十分紧凑且为非封闭式，易造成堵塞，且吹扫介质会扩散，吹扫效果不佳。因此，应借鉴在脱硫 GGH 防堵塞方面的成功经验。在低温段采用大通道、非紧凑型、封闭式的板型，以提升空气预热器的防堵塞性能。图 5-60 所示为大通道非紧凑型换热元件的示意图。

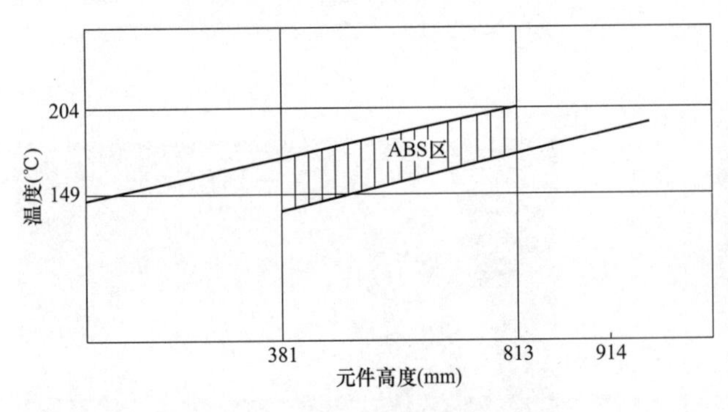

图 5-59　空气预热器硫酸氢铵生成区域示意图

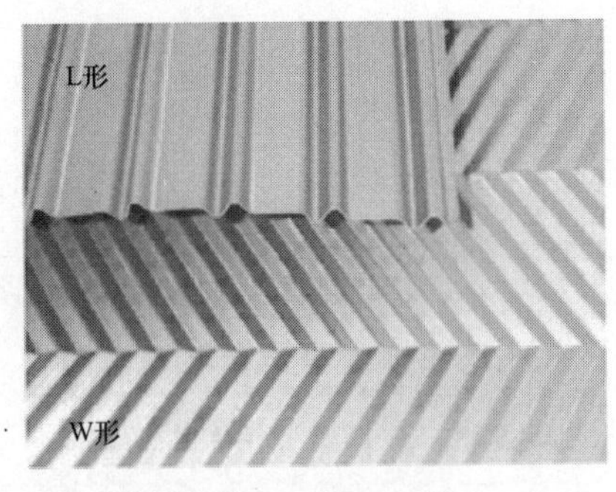

图 5-60　大通道非紧凑型换热元件示意图

2. 优化空气预热器的吹灰

（1）应保证空气预热器的吹灰压力及吹灰频率。对于冷段吹灰，吹灰压力一般应不低于 1.4MPa，每班应保证一次吹扫。

(2) 对于某些蒸汽吹扫条件不好的空气预热器，也可借鉴GGH防堵塞吹扫的经验，采用高声强的声波吹灰器。该类吹灰器声波频率可在10～10000Hz范围内调节，声功率可达30000W，吹扫半径可达15m，具有较好的去除结垢物的效果。当然由于声波吹灰是连续的，且该类吹灰器的用气量是较大的，投资及运行成本均不低。图5-61所示为吹灰器照片。

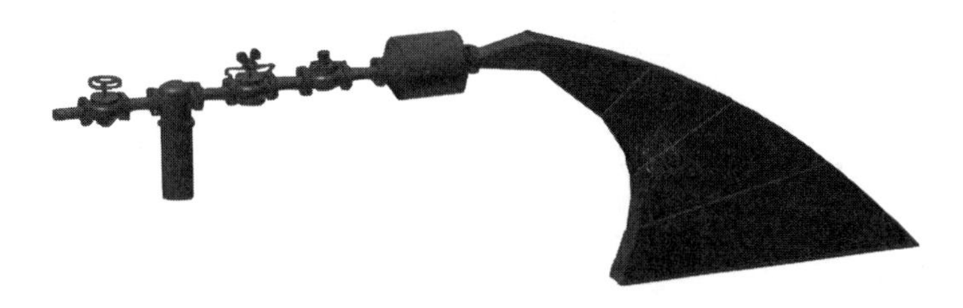

图5-61 某高声强吹灰器

第四节 SCR运行的优化

SCR脱硝系统的现场优化工作对其高效、安全及可靠运行至关重要。SCR脱硝系统的现场优化工作主要包括系统的调试、性能测试及运行优化试验。

一、脱硝系统的调试

脱硝系统的调试一般分为分部试运调试（包括单体调试和分系统调试）和整套启动试运调试（包括整套启动热态调试和168h满负荷试运）两个大阶段。脱硝系统包括还原剂储存及制备和反应器两大系统。

（一）还原剂储存及制备系统各阶段的调试工作

(1) 完成氨储存及制备系统的水压试验。

(2) 完成氨储存及制备系统的气密性试验。

(3) 完成氨储存及制备系统的管路吹扫工作。

(4) 氨储存及制备系统的氮气置换试验。

(5) 还原剂存储设备调试、氨气泄漏报警系统调试、事故喷淋系统调试、系统首次进料调试。

(6) 液氨蒸发系统调试、废水系统调试、尿素热解（或水解）系统调试。

(7) 氨蒸发系统加热温度的调整。

(8) 氨蒸发系统供氨压力的调整。

(9) 尿素热解系统加热温度的调整。

(10) 尿素热解系统尿素溶液流量的调整。

（二）反应器系统各阶段的调试工作

(1) 完成反应器系统的气密性试验。

(2) 完成反应器系统的管路吹扫工作。

(3) 稀释风机及其附属系统调试。

(4) 吹灰器及其附属系统调试。

(5) 输灰系统调试（如有）。

（6）反应器系统冷态调试。包括反应器内部（含催化剂）的静态检查、注氨格栅喷嘴的通空气检查、冷态通风条件下催化剂入口流量偏差的测量、注氨格栅的初步流量调整。

（7）注氨格栅喷氨的热态调试。

（8）根据氮氧化物分布及氨逃逸情况调整注氨格栅分区流量，满足设计要求后记录各分区流量，并保持分区流量控制阀门开度不变。

（9）吹灰参数的调整。

（10）喷氨流量的调整。

二、脱硝系统的性能试验

脱硝系统性能试验一般包括下列试验项目：

（1）脱硝效率试验。

（2）氮氧化物排放浓度。

（3）氨逃逸测试。

（4）SO_2/SO_3 转化率测试。

（5）系统压力降测试。

（6）噪声测试。

（7）相关能源的消耗：还原剂消耗、水耗、电耗、汽耗等。

（8）烟气温降测试。

其中最重要的测试参数包括 NO_x、O_2、NH_3 和 SO_3 的测量。

（一）SCR 现场测量的特点

SCR 试验的关键是现场正确的对烟气进行采样和测量。同电站锅炉和烟气脱硫系统的烟气测量相比较，SCR 系统的现场测试有以下的区别和难点：

1. 要求的取样加热温度很高

由于 SCR 系统会增加 SO_3 的生成，所以系统喷氨后会生成硫酸氢铵。为保证 SO_3 和氨逃逸的准确测量，应保证取样烟气的温度大于 250℃，以防止硫酸氢铵的凝结。该温度要求要高于 FGD 系统烟气采样的要求，更远高于锅炉试验的要求。

2. 烟道尺寸很大

对于电站锅炉来讲，排烟处的水平烟道均分成左右两个甚至是 4 个烟道。即使是 600MW 等级的机组，烟道的深度一般不会超过 3.5m。FGD 系统的烟道面积较大，但 600MW 等级机组的烟道面积也不过 60m^2 左右。而 600MW 等级的 SCR 装置，由于催化剂体积和布置的要求，催化剂出口烟道面积可达到 130m^2 左右，烟道的深度可达 8m 以上，宽度可达 15m 以上。这会给全面的测量带来很大的困难。

3. 浓度场分布不均

我国的大型电站锅炉绝大多数为 Π 形布置，加装 SCR 装置的空间相对狭窄，导致 SCR 催化剂入口的烟气流场不够均匀，会明显影响催化剂的寿命（烟速高处易磨损、烟速低处易堵塞），并造成催化剂出口的 NO_x 和 NH_3 的浓度场都不均匀。

（二）测点的布置及要求

1. 测点位置的选择

对于测点总的要求是应设置在直管段，尽量远离弯头等局部阻力件。图 5-62 所示为一典型的 SCR 系统测点布置方式示意图。图 5-62 中位置 1 为 SCR 入口测点，该位置必须在喷氨系统前，否则会影响入口 SO_3 的测量。图 5-62 中位置 2、3、4 均可作为 SCR 出口的测点，但由于所处位置的不同，适用的情况有所不同。位置 2 为催化剂出口，在该处测量可以最好地掌握 NO_x 和 NH_3 的分布状况，为 SCR 系统的优化运行提供依据。因为 SCR 系统的运行优化就是根据 NO_x 和 NH_3 的测量结果，对喷氨隔栅各分阀门进行喷氨量的调整，从而获得均匀的 NO_x 和 NH_3 的分布。但该处的烟道面积很大，应安装网格固定测点，才能对烟道进行全面的测量。位置 3、4 分别位于水平烟道和空气预热器的入口，在这两个位置测量的优点是烟气已经过一定的混合，各成分的分布趋向均匀，且烟道尺寸也明显小于位置 2。综上所述，位置 2 适用于系统优化运行时对 NO_x 和 NH_3 的测量，而位置 3、4 适用于性能考核时对 NO_x、SO_3 和 NH_3 的测量。

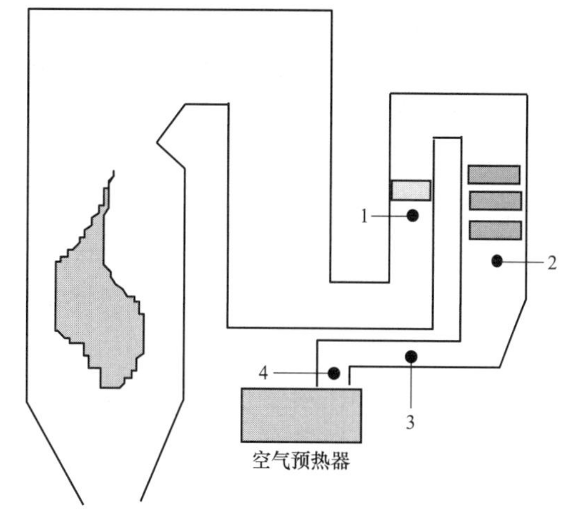

图 5-62 测点布置方式示意图

2. 测孔和测点的数量要求

为保证测量的准确，必须保证合理的测点数量。对于 NO_x 的测点，可根据每层催化剂的模块数来布置。通常要求每个模块应有 1 个测点，这样每个测点代表的截面面积一般小于 $2m^2$。对于 SO_3 的测量，由于 SO_3 的分布比较均匀，所以每个反应器测 3 点已经足够。对于 NH_3 的测量，尽管在催化剂出口其分布通常并不均匀，但由于其测量时间较长（平均每点测量时间要超过 30min），若采用和 NO_x 相同的测点数是不现实的。可采用两种方式，一是尽量将测量位置靠后，如在图 5-62 中的位置 4 进行测量；二是可在图 5-62 中的位置 2 测量，但需通过对 NO_x 的测量来选取代表点，每个反应器选择 NO_x 高、中、低位置的各 2～3 点进行测量。

3. 试验工况的要求

在试验期间，必须保证试验工况的稳定。对于 SCR 系统来讲，烟气量、烟气 NO_x 浓度和烟气温度是最为主要的运行参数。在试验前各方必须确定各主要运行参数的数值和允许波动的范围。试验期间若运行参数超出范围，应视试验结果无效。为保证上述参数的稳定，在试验期间锅炉不能吹灰，机组负荷、制粉系统、燃烧氧量等应避免大的调整。同时 SCR 系统也不能吹灰（声波吹灰除外）。在试验期间运行参数的波动范围，我国的相关标准并未提及，参考国内外 SCR 系统运行、试验的实践，推荐如表 5-9 所示的运行参数要求。

表 5-9　试验期间主要运行参数的波动范围

运行参数	运行参数允许的波动范围	主要针对的试验项目
烟气量（负荷）	±3%	NO_x 脱除率、氨逃逸、SO_2/SO_3 转化率、系统压损
烟气温度	2～3℃	SO_2/SO_3 转化率
NO_x	20μL/L	NO_x 脱除率、氨逃逸

（三）NO_x 和 O_2 的测量

NO_x 的测量方法很多，有紫外分光光度法、盐酸萘乙二胺分光光度法、定电位电解法、非分散红外法、化学发光法等。其中非分散红外吸收法具有测量简单、测量速度快的特点，非常适用于 SCR 系统的测试。O_2 的测量仪器通常为顺磁氧量计。测量注意事项如下：

（1）NO 的测量无需等速取样及加热。

（2）在测量系统中宜加进氧量计同时监测 O_2 浓度。

（3）当采用红外法测量 NO，仪器必须充分预热。预热时间参照仪器说明书。

（四）SO_2/SO_3 转化率的测量

SCR 装置的催化剂会导致少量 SO_2 转化为 SO_3。SO_3 浓度是烟气酸露点的主要影响因素。一旦烟气由于温度低于酸露点发生凝结，将造成设备的严重腐蚀。同时 SO_3 还会和 NH_3 形成 NH_4HSO_4，易造成空气预热器的堵塞和腐蚀。因此 SO_2/SO_3 转化率是 SCR 装置的重要指标。

SO_3 的采样可采用玻璃纤维滤筒法或凝结法。但滤筒取样样品中金属离子等的存在对测定有干扰，因此，推荐采用凝结法进行测量。SO_3 采样系统如图 5-63 所示，依次为带加热的采样管、连接管、蛇形管凝结器（放在水浴中）、可调节流量的采样仪（包括过滤器、干燥器、抽气泵等）及氧量计。采样时水浴的温度在 60～65℃之间，以确保仅有 SO_3 凝结在蛇形管中。采样流量需保持在 15～20L/min，采样时间取决于 SO_3 浓度及凝结器容积，一般为 20～30min。采样完毕用蒸馏水冲洗凝结器并定容。SO_3 的分析可采用高氯酸钡滴定法或进行色谱分析。

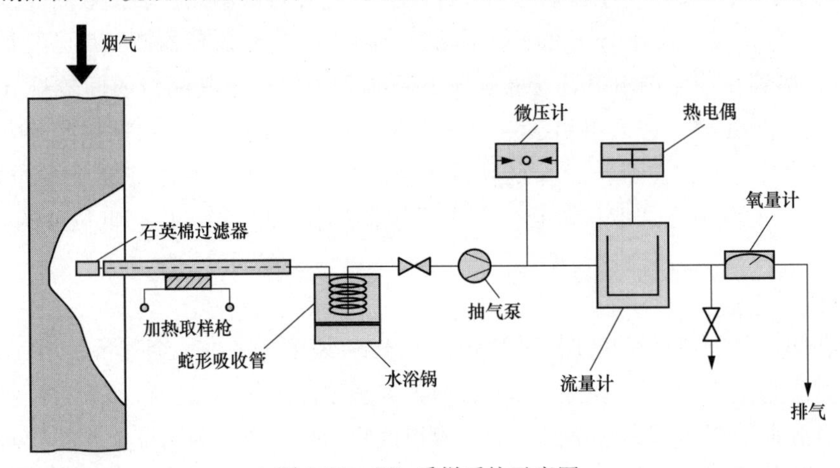

图 5-63　SO_3 采样系统示意图

SO_2/SO_3 转化率的测量注意事项如下：

（1）采样管需加热（包括尾部），以保证烟气温度大于 250℃，采样管与凝结器之间的连接管应尽量短。

（2）每次测量前可用异丙醇冲洗蛇形管凝结器并吹扫，以确保凝结器的干燥。

（3）采样管前需加滤料以滤尘，可用石英棉作为滤料。

（4）SCR 反应器进、出口的 SO_3 应同时测量。

（5）对于高钙煤，应尽量减少采样时间。

SO_2/SO_3 转化率通过测量 SCR 反应器进口的 SO_2、SO_3 和出口的 SO_3 得到。SO_2/SO_3 转化率的计算公式为

$$\alpha=\frac{C_{SO_3,out}-C_{SO_3,in}}{C_{SO_2,in}}$$

式中 α——SO_2/SO_3 转化率,%;

$C_{SO_3,in}$——反应器进口 SO_3 浓度,μL/L;

$C_{SO_3,out}$——反应器出口 SO_3 浓度,μL/L;

$C_{SO_2,in}$——反应器进口 SO_2 浓度,μL/L。

(五)NH_3 的测量

NH_3 的测量可采用次氯酸钠-水杨酸分光光度法、纳氏试剂分光光度法、氨电极法和离子色谱法。

NH_3 采样系统和 SO_3 的区别是用 2 瓶 0.1mol/L 的 H_2SO_4 吸收液代替蛇形管及水浴。采样流量应保持在 15~20L/min,采样时间为 20~30min。结束后用除盐水冲洗 2 个吸收瓶。NH_3 的测量采样系统如图 5-64 所示。

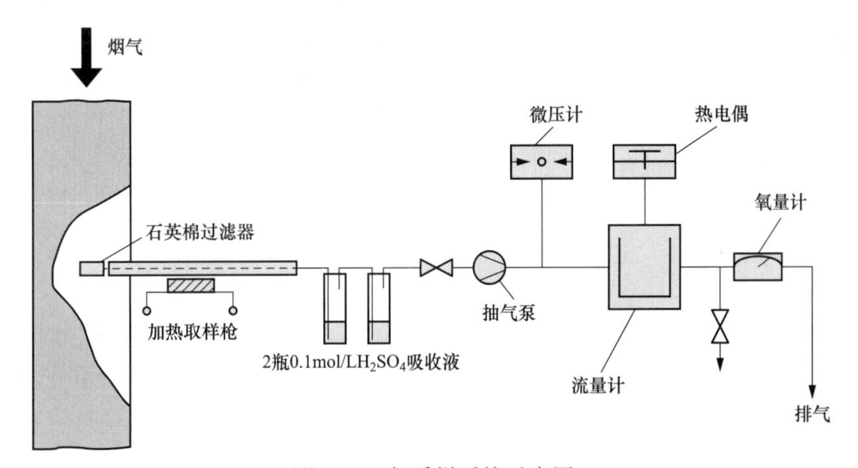

图 5-64 氨采样系统示意图

三、脱硝系统的运行优化

(一)运行优化的必要性

尽管 SCR 装置在设计阶段通常会通过冷态流动模型试验并结合三维两相流动数值模拟计算对烟道的流场进行优化设计。但往往由于现场空间的限制等各种因素的影响,SCR 催化剂入口的烟气流速场是不均匀的,这样会导致催化剂出口 NO_x 和 NH_3 的浓度场很不均匀。出现部分区域 NO_x 含量很低而氨逃逸很大或部分区域氨逃逸较少但 NO_x 含量较高的情况。这会影响系统总体的脱硝效果并给系统的经济稳定运行带来很大的危害。图 5-65 所示为 NO_x 浓度的不均匀对催化剂寿命的影响,可以看出,若浓度偏差增大,会明显缩短催化剂的使用寿命。同时,氨逃逸的增加会产生更多的硫酸氢铵,造成锅炉空气预热器的堵塞和腐蚀。图 5-66 所示为氨逃逸对空气预热器清洗周期的影响,可以看出,当 SCR

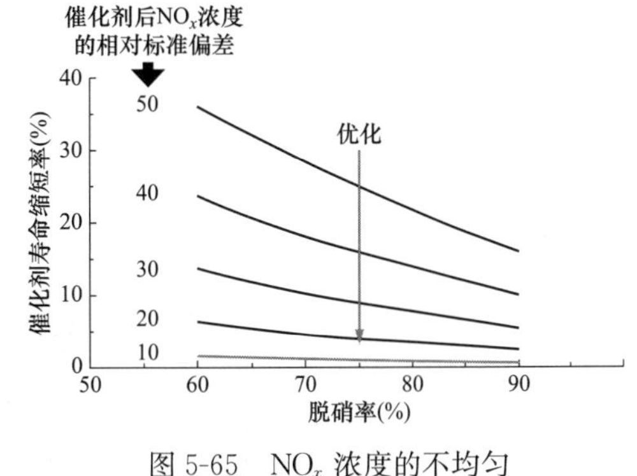

图 5-65 NO_x 浓度的不均匀对催化剂寿命的影响

系统的氨逃逸大于2μL/L后，空气预热器的清洗间隔大大缩短。这会明显降低发电机组的可用率，并增加引风机的电耗（对于600MW等级机组，系统阻力增加100Pa，引风机增加功率至少有100kW），造成的直接和间接经济损失相当可观。此外，NO_x 和 NH_3 的浓度场不均匀还会明显影响系统的脱硝率。从图5-67可以看出，随着 NO_x 和 NH_3 的浓度偏差的增大，脱硝出口的 NO_x 含量会相应增大。

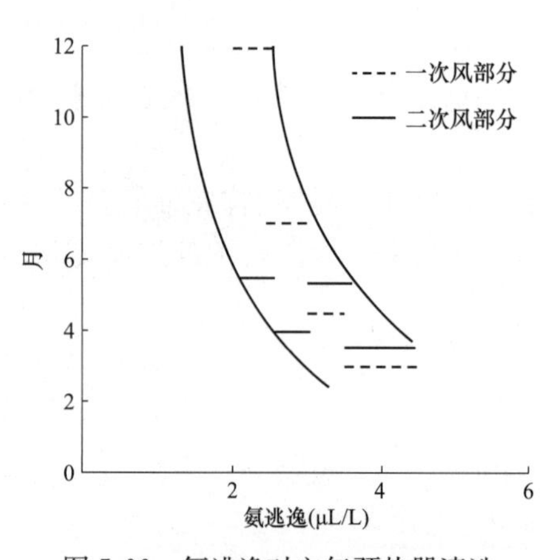

图5-66　氨逃逸对空气预热器清洗间隔时间的影响

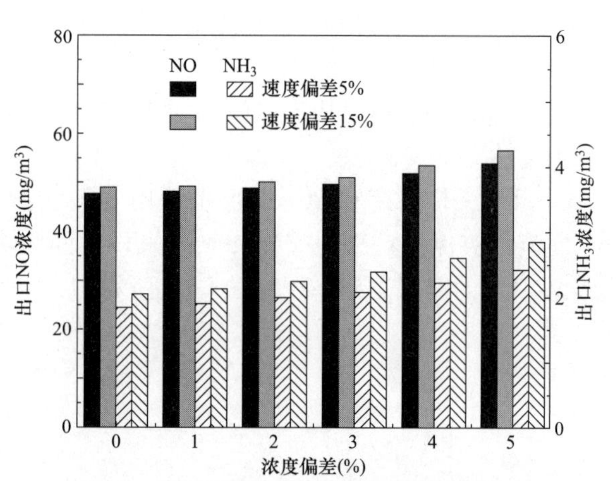

图5-67　浓度偏差对脱硝性能的影响

（二）运行优化的方法

可通过对喷氨系统进行优化调整以改善催化剂出口 NO_x 和 NH_3 的浓度分布。由于NO的测量点很多，为加快测量速度，通常采用如图5-68所示的自动测量系统测量SCR运行时催化剂出口的 NO_x 分布，在此基础上，对喷氨分阀门进行调整以改变不同位置的喷氨量，调整流程如图5-69所示。从而获得均匀的 NO_x 的分布，如图5-70所示。

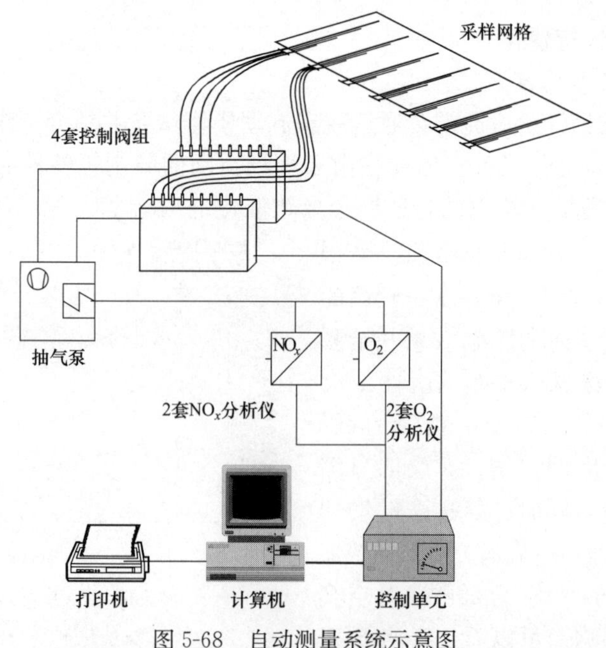

图5-68　自动测量系统示意图

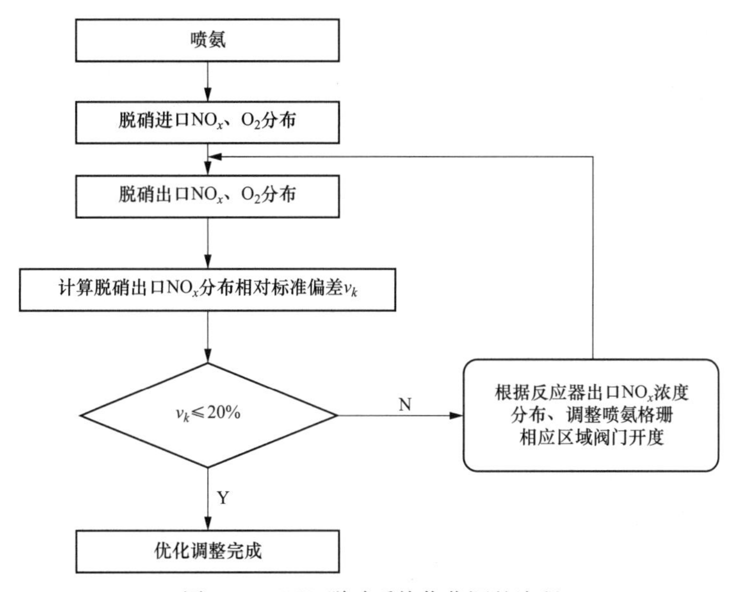

图 5-69　SCR 脱硝系统优化调整流程

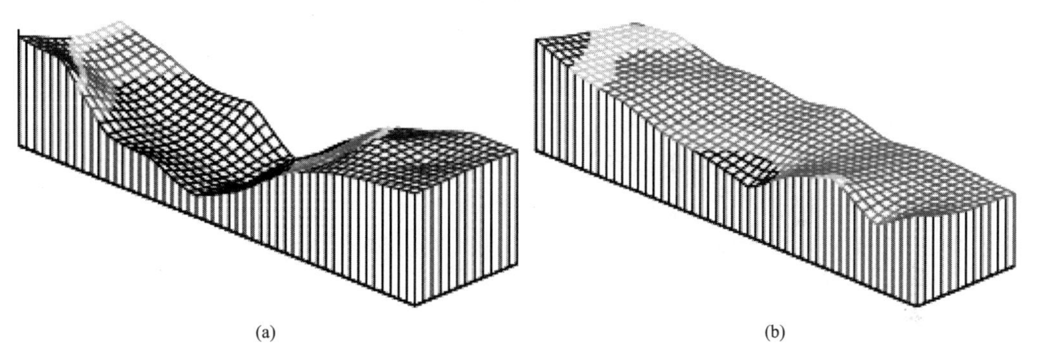

图 5-70　脱硝系统优化效果对比

(a) 调整前反应器出口 NO_x 分布；(b) 调整后反应器出口 NO_x 分布

1. 数据分析

通过对 NO_x 和 O_2 进行同时测量，将 NO_x 的数据换算为 $6\%O_2$ 基准的数据，并按以下内容对数据进行分析：

(1) 反应器出口 NO_x 和 O_2 的平均值。

(2) 反应器出口 NO_x 和 O_2 的标准偏差。

(3) 反应器出口 NO_x 和 O_2 的相对标准偏差。

(4) 反应器出口 NO_x 和 O_2 的最大值和最小值。

(5) 反应器进口的 NH_3/NO_x 比。

(6) NH_3/NO_x 比在±5%以内的测点数。

2. 计算公式

平均值的计算公式为

$$\bar{x} = \frac{1}{n}\sum_{i=1}^{n} x_i$$

式中　$\bar{x}$——NO_x 平均值；

x_i——某一测点值；

n——测点数。

喷氨的混合效果通过反应器出口 NO_x 偏差来表征，标准偏差和相对标准偏差的计算公式为

$$\sigma(n-1)=\sqrt{\frac{1}{(n-1)}\sum_{i=1}^{n}(x_i-\bar{x})^2}$$

$$v_k=\frac{\sigma(n-1)}{\bar{x}}\times 100\%$$

式中 $\sigma(n-1)$——标准偏差；

v_k——相对标准偏差；

n——测点数；

x_i——单点测量值；

$\bar{x}$——测量平均值。

四、运行优化的示例

（一）设备概况

某600MW机组自2011年投入运行，脱硝装置未进行优化试验，存在机组耗氨量大、风机电耗高、空气预热器堵塞严重、热端蓄热元件损坏和输灰管道堵塞等情况。为此对该机组SCR烟气脱硝装置进行了喷氨格栅运行优化调整试验。

该脱硝装置在以下限制条件下运行：

（1）催化剂进口和出口运行温度不得超过400℃（平均温度）。

（2）如果催化剂进口或出口的平均温度低于300℃，停止氨喷入。

（3）如果入口或出口的任何一个温度测量值低于295℃，停止氨喷入。

SCR装置每套烟道系统配有一套烟气分析仪，以监测脱硝入口烟道 NO_x，脱硝出口烟道 NO_x、O_2 组分，控制喷氨量。考虑烟道断面上烟气可能会不均匀，在SCR进、出口断面各设置3个采样点，采样的烟气分别混和后再进入各自的预处理系统过滤，然后送入分析仪表。SCR入口和出口采样的烟气设有单独的烟气预处理系统。

两套氨注射栅格分别为两台SCR反应器提供气态氨。来自稀释空气系统的氨/空气混合气体，经一个母管上的14个支管，喷入SCR反应器的入口烟道中。每个支管的管径大小根据流量的不同而设计，每个支管对应沿烟道深度方向的各3个喷嘴，共有42个喷嘴均布在烟道横截面上。每个支管上均配有一个手动调节阀，可以在初始运行阶段根据烟气工况进行手动调节，使每个喷嘴喷入的氨流量与其覆盖区域的 NO_x 浓度匹配。

表5-10为SCR系统的重要设计值和运行参数范围表。

表5-10　SCR系统的重要设计值和运行参数范围表

项目	设计值	范围	单位
NO_x 出口浓度	70	20～70	mg/m^3（标准状态）
反应器进口温度	362	300～400	℃
反应器出口温度	362	300～400	℃
催化剂压降	330（二层）/ 495（三层）	280～495	Pa

续表

项目	设计值	范围	单位
稀释空气流量	2650	1800～3000	m^3/h
NH_3 流量	99	0～106	kg/h
NH_3 供应压力	0.1	0.07～0.12	MPa

SCR系统单个反应器喷氨格栅调节阀及出口NO浓度测点布置如图5-71所示。SCRA、B反应器炉前到炉后每侧均有5个测孔。每个测孔的测点布置情况为A侧固定端7个测点、扩建端6个测点，B侧固定端6个测点、扩建端7个测点。喷氨调节阀布置于反应器前墙处，每侧反应器共14个调节点，只能对SCR反应器进行宽度方向的喷氨调整，不能进行纵度方向的喷氨调整，调节手段不足。

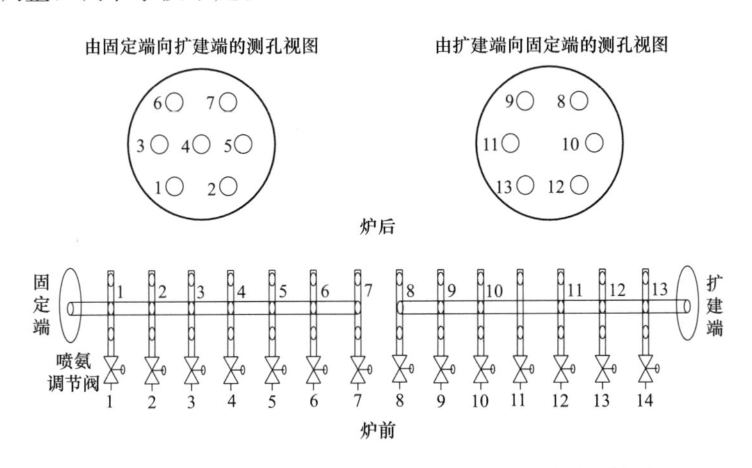

图5-71 SCR系统喷氨格栅调节阀及出口NO浓度测点布置

（二）试验结果

1. 调整前各工况 NO_x 的分布情况

300MW和550MW运行工况下A反应器出口NO和 O_2 的测试结果分别如表5-11和表5-12所示。

表5-11　300MW工况调整前A反应器出口NO和 O_2 测量数据

出口			测点：从固定端至扩建端												
			1	2	3	4	5	6	7	8	9	10	11	12	13
测孔：由炉前至炉后	1	NO（μL/L）	73.6	57	46.7	39.7	28.8	47.8	55	89	82	82	77	68.6	74
		O_2（%）	5.11	4.99	4.94	5.5	5.05	5.12	5.4	5.9	5.2	5.38	5.47	6.5	5.47
	2	NO（μL/L）	55.9	30.1	27.4	21	18.5	18.2	36	23.7	41.3	32.3	57.2	41	40
		O_2（%）	5.21	5.3	5.2	6.04	5.53	5.88	5.89	5.31	5.71	5.8	5.48	6.35	6.8
	3	NO（μL/L）	49.9	35.5	23.8	21.1	14.5	11.3	12.3	54.1	35.3	25.1	22.5	32	30
		O_2（%）	4.41	4.83	5.02	4.62	4.88	5.45	5.33	6.02	8.01	5.65	5.57	6.21	5.45
	4	NO（μL/L）	55.8	23.4	12	16.2	8.2	6.1	9.4	35.3	7.3	6.2	5.7	21.2	—
		O_2（%）	5.88	5.27	6.09	5.28	5.27	5.83	5.24	7.12	5.82	5.92	6.52	6.89	—
	5	NO（μL/L）	—	42.1	6.8	14.2	14.9	7.7	10.1	11.2	5.3	6.8	5.6	7.9	8.4
		O_2（%）	—	6.03	5.5	5.53	5.01	5.35	6.11	6.27	5.15	5.31	5.17	6.25	6.12

续表

出口		测点：从固定端至扩建端												
		1	2	3	4	5	6	7	8	9	10	11	12	13
NO（μL/L，6%O_2）	1	69.5	53.4	43.6	38.4	27.1	45.1	52.9	88.4	77.8	78.7	74.4	71.0	71.5
	2	53.1	28.7	26.0	21.1	17.9	18.1	35.7	22.7	40.5	31.9	55.3	42.0	42.3
	3	45.1	32.9	22.3	19.3	13.5	10.9	11.8	54.2	40.8	24.5	21.9	32.5	28.9
	4	55.4	22.3	12.1	15.5	7.8	6.0	8.9	38.2	7.2	6.2	5.9	22.5	—
	5	—	42.2	6.6	13.8	14.0	7.4	10.2	11.4	5.0	6.5	5.3	8.0	8.5
	平均	55.7	35.9	22.1	21.6	16.1	17.5	23.9	43.0	34.3	29.6	32.5	35.2	37.8
标准偏差（μL/L）		22.2			相对标准偏差（%）			72.3						
出口平均 NO_x 浓度		62.9mg/m^3（标准状态）			入口平均 NO 浓度			318.5mg/m^3（标准状态）			脱硝效率		80.3%	

表 5-12　　550MW 工况调整前 A 反应器出口 NO 和 O_2 测量数据

出口			测点：从固定端至扩建端												
			1	2	3	4	5	6	7	8	9	10	11	12	13
测孔：由炉前至炉后	1	NO（μL/L）	25.8	25	21	28.4	25.1	29.3	33	68.9	69.2	64.7	79.8	68.4	60.6
		O_2（%）	1.19	1.09	1.09	0.66	0.6	0.8	0.49	1.89	1.91	1.71	1.81	1.69	1.67
	2	NO（μL/L）	25.1	17.4	24.8	20.6	24.9	23.5	32.8	—	—	68.3	73.6	65.3	64.7
		O_2（%）	1.34	0.93	1.09	0.86	0.78	0.89	0.52	—	—	1.93	2.25	1.98	1.65
	3	NO（μL/L）	18.4	17.3	17.6	23.3	19.3	15.6	17.8	—	—	10.7	10.3	35.2	—
		O_2（%）	1.58	1.69	0.93	0.93	0.97	1.13	1.33	—	—	1.46	2.31	2.15	—
	4	NO（μL/L）	21	14	19.2	13	12.5	10.6	5.7	—	11.6	8.1	8.8	14.1	12.2
		O_2（%）	1.12	1.19	1.31	1.39	1.09	1.26	1.42	—	1.86	2.07	1.61	3.03	2.12
	5	NO（μL/L）	—	24	8.8	15.2	33.9	11	9.4	—	10.5	7.6	9.5	13.8	10.7
		O_2（%）	—	0.9	0.71	1.06	1.37	0.86	0.91	—	1.17	1.43	1.26	3.64	2.51
NO（μL/L，6%O_2）		1	19.5	18.8	15.8	20.9	18.4	21.7	24.1	54.0	54.3	50.2	62.3	53.1	47.0
		2	19.1	13.0	18.7	15.3	18.4	17.5	24.0	—	—	53.6	58.8	51.4	50.1
		3	14.2	13.4	13.1	17.4	14.4	11.8	13.6	—	—	8.2	8.3	28.0	—
		4	15.8	10.6	14.6	9.9	9.4	8.0	4.4	—	9.1	6.4	6.8	11.8	—
		5	—	17.9	6.5	11.4	25.9	8.2	7.0	—	7.9	5.8	7.2	11.9	8.7
		平均	15.9	14.7	13.7	15.0	17.3	13.4	14.6	23.9	23.2	24.9	28.7	31.2	25.9
标准偏差（μL/L）			15.54			相对标准偏差（%）			77.0						
出口平均 NO_x 浓度			41.4mg/m^3（标准状态）			入口平均 NO_x 浓度			220.8mg/m^3（标准状态）			脱硝效率		81.3%	

由表 5-11 可以看出：300MW 负荷运行工况下，A 反应器 NO_x 出口浓度为 62.9mg/m^3（标准状态），入口浓度为 318.5mg/m^3（标准状态），脱硝效率为 80.3%。NO_x 出口浓度的

相对标准偏差达到72.3%，由此看出A反应器的出口浓度分布是很不均匀的，其中锅炉固定端到扩建端测点1、测点8和测点13浓度相对偏高；而且A反应器的出口NO浓度分布呈现出炉前浓度高，炉后浓度低，NO浓度由炉前向炉后阶梯递减的现象。

由表5-12可以看出：550MW负荷运行工况下，A反应器入口的NO_x浓度为220.8mg/m^3（标准状态）、出口的NO_x浓度为41.4mg/m^3（标准状态），脱硝效率为81.3%。NO_x出口浓度的相对标准偏差达到77.0%，由此看出A反应器的出口NO浓度在高负荷情况时分布也是很不均匀的。还可以看出，A反应器在550MW时出口NO浓度分布与300MW低负荷呈现出炉前浓度高、炉后浓度低的情况相似。除此以外，高负荷情况下出口NO浓度还呈现出炉前区域扩建端浓度高、固定端浓度低的现象。

A反应器入口（喷氨格栅前）烟气流速分布见表5-13。可以看出，A反应器入口烟气（喷氨格栅前）分布情况总体趋势是炉前流速低、炉后流速高，烟气流速基本为炉前向炉后逐渐增大。而炉左、右两侧烟气流速情况为总体固定端稍大，扩建端相对较小，但相差不大。烟气流速分布反映了烟气流量的分布大小，同时会影响到烟气中NO_x的分布趋势。进入SCR催化剂层后的出口烟气流速分布与反应器入口烟气前后方向分布正好相反，因此，反应器出口烟气流速分布应该为炉前流速高、炉后流速低，从而会影响到出口烟气NO_x分布，呈现炉前浓度高、炉后浓度低、炉左固定端NO_x浓度稍高、炉右扩建端NO_x浓度稍低的现象。由表5-12实测A反应器出口NO_x浓度分布结果可以看出，A反应器出口NO_x浓度前、后分布与烟气流速测量结果是一致的。但A反应器出口NO_x浓度左、右分布却出现了明显的固定端浓度低、扩建端浓度高的现象，进一步分析可以发现A反应器出口NO_x浓度后墙的分布（孔3、4、5分布）与烟气流速分布是一致的，其出口NO_x浓度出现左右分布（孔1～5的平均值）不均现象主要是由于前墙（孔1和孔2）左右浓度不均造成的。总体而言，A反应器的浓度分布不均现象很大原因是由于入口烟气分布不均造成的。

表5-13　550MW工况下A反应器入口烟气流速分布

入口			测孔：从固定端至扩建端						
			1	3	5	7	9	13	平均值
测点：由炉前至炉后	1	m/s	8.1	9.3	12.3	6.6	16.1	11.4	10.6
	2	m/s	14.7	14.7	12.3	10.4	13.2	9.3	12.4
	3	m/s	19.2	18.0	15.4	15.4	18.0	19.2	17.6
	4	m/s	20.8	16.1	13.2	16.8	16.1	8.1	15.2
	5	m/s	23.7	20.8	18.0	16.8	20.8	11.4	18.6
	平均值		17.3	15.8	14.3	13.2	16.9	11.9	—

2. 调整后各工况NO_x的分布情况

（1）300MW低负荷时SCR反应器喷氨格栅调整情况：300MW SCR反应器喷氨格栅调整根据所测量出口NO_x分布情况进行，由于SCR系统喷氨调节手段不足，只能进行炉左右方向的喷氨大小调整，因此，试验中主要调整依据也是调平左右方向的NO_x分布。调整后测量NO_x分布见表5-14。可以看出，经过反复调整后的A反应器出口NO_x浓度相对标准偏差由72.3%降低到57.2%。经调整后出口NO_x浓度分布仍然较高是因为低负荷工况下 A 反应器杂乱的流场造成的，而单一的宽度方向喷氨阀门调整手段不能有效解决此问题。

表 5-14　　　300MW 工况调整后 A 反应器出口 NO 和 O_2 测量数据

出口			测点：从固定端至扩建端												
			1	2	3	4	5	6	7	8	9	10	11	12	13
测孔：由炉前至炉后	1	NO（μL/L）	29.1	27.4	26.0	27.5	21.4	28.0	28.2	29.2	25.9	29.0	30.8	29.0	22.5
		O_2（%）	8.53	8.14	8.01	8.24	7.09	7.21	7.45	7.08	8.02	7.25	7.39	7.82	8.36
	2	NO（μL/L）	25.3	16.6	13.6	14.0	13.0	15.8	18.6	—	—	21.0	23.4	22.0	20.0
		O_2（%）	7.42	7.25	7.26	6.91	7.52	7.83	7.04	—	—	7.9	7.65	7.78	7.56
	3	NO（μL/L）	23.3	11.9	11.3	13.2	10.6	9.7	9.5	—	—	10.8	11.7	16.3	15.2
		O_2（%）	7	7.24	6.91	7.81	7.7	7.74	8.03	—	—	8.49	9.3	8.1	8.3
	4	NO（μL/L）	15.6	8.2	8.8	7.7	8.7	9.0	9.9	10.3	9.7	6.8	6.7	7.8	5.1
		O_2（%）	7.97	7.4	7.7	7.9	7.21	7.79	7.62	8.16	7.79	8.26	8.18	9.34	8.98
	5	NO（μL/L）	—	7.4	7.1	5.5	5.5	4.4	6.3	4.4	4.8	3.5	4.3	5.4	6.6
		O_2（%）	—	7.21	7.45	7.75	7.85	7.09	7.6	7.8	8	7.57	8.19	9.37	8.58
NO（μL/L，6%O_2）		1	35.0	32.0	30.1	32.4	23.1	30.5	31.2	31.5	30.0	31.7	34.0	33.0	26.7
		2	28.0	18.1	14.9	14.9	14.5	18.0	20.0	—	—	24.1	26.3	25.0	22.3
		3	25.0	13.0	12.0	15.0	12.0	11.0	11.0	—	—	13.0	15.0	19.0	18.0
		4	18.0	9.0	9.9	8.8	9.5	10.2	11.1	12.0	11.0	8.0	7.9	10.1	6.4
		5	—	8.0	7.9	6.2	6.3	4.7	7.1	5.0	5.5	3.9	5.0	7.0	8.0
		平均	26.5	16.0	14.9	15.5	13.1	14.9	16.1	16.2	15.5	16.1	17.6	18.8	16.3
标准偏差（μL/L）				9.51				相对标准偏差（%）				57.2			
出口平均 NO_x 浓度				34.1mg/m^3（标准状态）				入口平均 NO_x 浓度				302.0mg/m^3（标准状态）			
脱硝效率												88.7%			

（2）550MW 高负荷时 SCR 反应器喷氨格栅调整情况：根据高负荷时反应器出口 NO_x 分布情况进行了喷氨格栅调整，同样只能进行炉左右方向的喷氨大小调整，调整后 NO_x 分布见表 5-15。可以看出，A 反应器出口 NO_x 浓度相对标准偏差由 77%降低到 55.5%。经调整后出口 NO_x 浓度分布仍然较高，是因为 A 反应器烟气流场分布不均和只能进行宽度方向的喷氨格栅调整。

3. 结论

（1）通过喷氨格栅的优化调整，可明显改善脱硝反应器出口 NO_x 及 NH_3 分布不均的情况。

（2）最终的优化效果和设备状况密切相关，喷氨调节阀的布置是否合理、阀门选型是否合理均会明显影响最终的优化效果。

（3）由于在不同负荷条件下脱硝系统的 NO_x 分布规律可能存在不一致的情况，所以应根据机组的具体情况选择合适的喷氨格栅优化的工况。例如，对于以低负荷运行为主或空气预热器发生硫酸氢铵堵塞的机组，可考虑在机组低负荷条件下开展主要的优化工作；对于高负荷时脱硝率不理想的机组，可考虑在高负荷条件下开展主要的优化工作。

表 5-15　　550MW 工况调整后 A 反应器出口 NO 和 O_2 测量数据

出口			测点：从固定端至扩建端												
			1	2	3	4	5	6	7	8	9	10	11	12	13
测孔：由炉前至炉后	1	NO（μL/L）	39.8	37.3	38.8	35.7	38.8	37.4	40.3	40.0	38.8	39.4	38.7	39.3	39.5
		O_2（%）	2.4	2.6	2.5	2.4	2.6	2.8	2.8	2.9	2.7	2.9	3.0	2.3	2.7
	2	NO（μL/L）	25.1	29.8	25.4	33.5	27.6	28.5	31.8	31.7	35.6	34.0	26.4	29.6	29.0
		O_2（%）	2.3	2.0	2.4	2.2	2.6	2.5	2.5	2.7	2.5	2.9	2.9	2.1	2.5
	3	NO（μL/L）	18.5	14.9	16.0	19.8	16.3	16.5	20.8	19.6	17.1	14.6	19.7	20.8	16.4
		O_2（%）	1.9	1.6	1.7	2.0	1.9	1.8	2.4	2.1	2.2	2.9	2.2	2.3	2.9
	4	NO（μL/L）	14.3	10.6	12.5	12.2	11.8	11.4	12.3	11.9	10.9	11.0	12.1	11.5	—
		O_2（%）	1.2	1.2	1.5	1.4	1.8	1.4	1.6	2.6	1.6	2.1	1.5	2.4	—
	5	NO（μL/L）	—	9.4	8.0	7.2	9.0	7.1	6.6	—	8.7	4.3	7.6	6.6	9.4
		O_2（%）		2.2	1.4	1.1	1.2	1.9	2.1	—	2.0	2.6	2.0	3.6	3.3
NO（μL/L，6%O_2）		1	32.1	30.3	31.4	28.7	31.6	30.8	33.1	33.2	31.8	32.7	32.2	31.5	32.3
		2	20.1	23.4	20.5	26.7	22.4	23.1	25.7	26.0	28.9	28.2	21.8	23.4	23.5
		3	14.5	11.5	12.4	15.6	12.8	12.9	16.7	15.5	13.6	12.1	15.7	16.7	13.6
		4	10.8	8.0	9.6	9.3	9.2	8.7	9.5	9.7	8.4	8.7	9.3	9.3	—
		5	—	7.5	6.1	5.4	6.8	5.6	5.2	—	6.9	3.5	6.0	5.7	8.0
		平均	19.4	16.1	16.0	17.1	16.6	16.2	18.0	21.1	17.9	17.0	17.0	17.3	19.4
标准偏差（μL/L）			9.72					相对标准偏差（%）				55.5			
出口平均 NO_x 浓度			35.9mg/m³（标准状态）					入口平均 NO_x 浓度				246.4mg/m³（标准状态）			
脱硝效率												85.4%			

五、脱硝系统热工控制的优化

（一）热工控制的不足

目前，SCR 脱硝系统热工控制方面的困难和不足主要包括：

（1）进行脱硝系统逻辑设计时国家对 NO_x 排放的要求相对宽松，原有控制策略偏保守，留有较大的安全裕量，以能停则停、能关则关的思路考虑，已不适合目前极为严格的环保要求。

（2）脱硝系统进口的 NO_x 含量受机组运行条件的影响很大，机组负荷的变化、制粉系统的变化等都会导致 NO_x 含量快速、大幅变化，会对脱硝出口 NO_x 的稳定控制带来很大的难度。图 5-72 所示为机组运行参数对脱硝进口 NO_x 的影响实例，可以看出，随着机组负荷的快速下降，氧量会快速上升，导致生成的 NO_x 会明显增加。

（3）脱硝反应有很长的迟滞性。由于 NO_x 和 NH_3 是吸附于催化剂的微孔表面后发生反应，所以需要一定的时间。加上测量的延时，通常从喷氨到发生还原反应再到测量端显示有几分钟的延时，这给喷氨的自动控制带来极大的困难。虽然控制回路采用前馈-反馈控制，但由于从喷氨量的改变到效果显现有几分钟的延时，使得该前馈做不到预判，不能有效应对入口 NO_x 大幅度的变化。在这一过程中原有的控制回路不能提前预判 NO_x 的变化使得喷氨滞后，导致出口 NO_x 飙升至 50mg/m³ 甚至 100mg/m³（标准状态）以上。

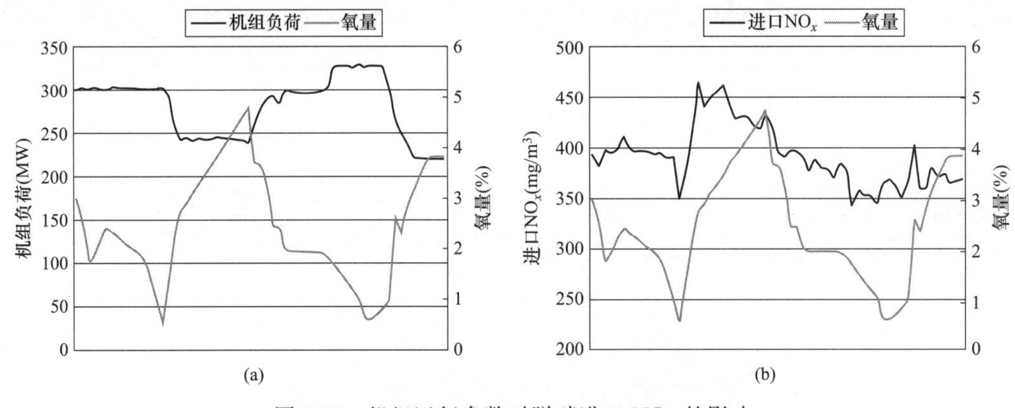

图 5-72 机组运行参数对脱硝进口 NO_x 的影响

(a) 机组负荷与氧量的关系；(b) 氧量与 NO_x 的关系

(4) CEMS 的吹扫的影响。CEMS 分析仪表会定期（如每隔 4h）进行吹扫校准，在吹扫期间（如 10min），CEMS 分析仪表端做保持处理，在此期间如果发生较大的 NO_x 变化，则会导致烟囱出口 NO_x 超标，在 CEMS 测量恢复后，会引起调节系统的超调。

(二) 自动控制的优化措施

自动控制可以从三方面进行深度优化：对脱硝系统保护逻辑进行优化，提高脱硝系统投运率；对 NO_x 生成端进行控制优化，减少锅炉侧 NO_x 生成；对 NO_x 脱除端进行控制优化，提高脱硝侧 NO_x 控制水平。

1. 脱硝系统保护逻辑的优化

为保证脱硝系统热控设备和系统的安全、可靠运行，可靠的设备与控制逻辑是先决条件。由于脱硝系统在设计、安装、调试时将注意力都放在了如何去满足工艺系统的要求上，所以对提高脱硝系统的可靠性考虑较少。根据被控设备的工艺要求设计逻辑只是满足控制的最基本要求，如果不考虑被控设备和控制设备的特点，这样构成的控制系统可靠性有所欠缺。对涉及脱硝喷氨的保护逻辑进行全面的梳理，并进行优化，可以提高脱硝系统的投运率。以下介绍某 600MW 等级机组的优化实例：

(1) 投运温度设定的优化。该机组催化剂的理论应用范围为 280～400℃。厂家为满足合同设计要求投运期间脱硝效率大于 85%，氨逃逸小于 3μL/L 等指标，将 SCR 入口烟气温度低保护值定在了 314℃，严重影响系统的投运率。因此，提出通过烟气 SO_2 浓度及入口 NO_x 浓度来确定 SCR 最低运行温度的方法，见表 5-16。在最优情况下 SCR 最低运行温度可以降至 293℃。通过表 5-16 的对应函数关系，修改温度保护定值，使其与 SO_2 浓度与入口 NO_x 浓度成对应关系。结合煤种掺烧和运行的合理操作确保了锅炉稳燃负荷以上全工况脱硝的实现，甚至可以做到 30% 负荷以上脱硝系统投运。

表 5-16　催化剂最低运行温度及工况对照表

SO_2 浓度（mg/m^3，标准状态）	最低连续喷氨温度（℃）[NO_x 入口浓度为 350mg/m^3（标准状态）]	最低连续喷氨温度（℃）[NO_x 入口浓度为 250mg/m^3（标准状态）]
下列值设为 C	下列值设为 y_1	下列值设为 y_2
≤800	300	293

续表

SO_2 浓度（mg/m^3，标准状态）	最低连续喷氨温度（℃）［NO_x 入口浓度为 350mg/m^3（标准状态）］	最低连续喷氨温度（℃）［NO_x 入口浓度为 250mg/m^3（标准状态）］
801～1000	302	295
1001～1200	304	297
1201～1400	306	299
1401～1600	308	301
1601～1800	309	302
1801～2000	310	303
2001～2200	312	304
≥2201	314	306
	曲线 1	曲线 2

（2）将容错逻辑设计思想引入脱硝系统保护逻辑：

1）当脱硝系统出现可容忍的小故障时，保护逻辑应考虑容错，保持系统持续运行。取消了原有的“一侧 SCR 入口烟气 NO_x 测量值为坏值，延时 10s 保护关闭对应侧喷氨关断阀”保护条件。当测量值为坏值时喷氨控制改为手动控制，由运行操作人员根据实际工况进行暂时的手动干预。

2）尽量避免单点信号用于保护，改单点触发为多条件触发。对原有“氨区至脱硝 SCR 供氨母管压力低于 0.1MPa，延时 2s 保护关闭两侧喷氨关断阀”保护条件增加辅助确认条件，由于其压力低的源头实际为氨区氨气缓冲出口母管压力低，所以将该保护修改为“氨区至脱硝 SCR 供氨母管压力低于 0.1MPa，且氨气缓冲槽罐压力低于 0.1MPa，延时 2s”。

3）当不得不采用单点信号作保护时，引入故障鉴别信号。对原有的“一侧 SCR 稀释风流量低于 1950m^3/h（标准状态），延时 5s 保护关闭对应侧喷氨关断阀”保护条件增加坏值剔除功能，避免变送器故障，引起保护误动。

2. NO_x 生成端控制优化

（1）在锅炉侧从燃烧过程中 NO_x 产生机理看，影响燃煤 NO_x 生成因素是比较复杂的，总体归纳有三个方面：

1）燃煤种类。煤种挥发分、含氮量、含碳量、发热值等综合因素的差异，导致在相同工况下，所生成 NO_x 将会有较大的差别。

2）炉膛燃烧结构。包括炉型、燃烧器机构、燃烧容量等主要设计参数。

3）运行工况的差异。包括一次风速、煤粉浓度、制粉系统运行方式、过量空气系数、燃烧配风方式、机组负荷等参数。

（2）该机组燃烧器采用的低 NO_x 燃烧器，在设计煤种下理论上可以将 NO_x 控制在 200mg/m^3（标准状态）。但实际锅炉侧 NO_x 生成浓度偏高，平均浓度在 280mg/m^3（标准状态），有较大的优化空间。因此，从过量空气系数、燃烧配风等主要可控手段出发，对燃烧自动控制进行静态和动态优化。

1）静态燃烧控制优化。

a. 对 SOFA（分离燃尽风）风量、一次风量、二次风量进行标定试验并根据试验结果对风量计算进行参数修正，确保测量的稳定性、准确性和可靠性。

b. 在300～600MW负荷段下进行降低NO_x排放浓度试验，确定不同负荷段锅炉最佳运行氧量。根据试验结果修改负荷对应的氧量设定值，见表5-17。

表5-17　　优化前后的负荷-氧量设定值

优化前	负荷设定（MW）	0	239.5	300	400	450	500	600	700
	氧量设定（%）	7.5	6.2	5.7	5	4.8	3.9	3	3
优化后	负荷设定（MW）	0	250	300	400	450	500	600	700
	氧量设定（%）	7.5	5.6	5	4.3	3.8	3.3	2.8	2.8

c. 进行燃烧调整试验，对锅炉SOFA和CCOFA（紧凑燃尽风）风门开度进行调整，得到不同负荷下最佳的SOFA和CCOFA风门开度组合。根据试验结果将CCOFA和SOFA风门控制优化为负荷开环控制，增加各小风门开度-负荷配比值，见表5-18。

表5-18　　负荷-小风门开度配比值

机组负荷（MW）	0	250	300	350	400	450	500	550	600	660
CCOFA1开度（%）	10	10	15	20	25	30	35	40	45	50
CCOFA2开度（%）	10	10	15	20	25	30	35	40	45	50
SOFA1开度（%）	10	20	10	10	30	38	40	50	70	80
SOFA2开度（%）	10	20	10	10	30	38	40	50	70	80
SOFA3开度（%）	20	40	50	60	65	67	70	75	80	90
SOFA4开度（%）	20	40	50	60	65	67	70	75	80	90
SOFA5开度（%）	20	40	50	60	65	67	70	75	80	90

d. 炉膛与二次风箱差压也会影响不同燃烧区域的风量分配及燃烧稳定性。在确保炉膛燃烧稳定前提下，尽可能地降低炉膛与二次风箱差压，优化前、后炉膛与二次风箱差压随风量变化，见表5-19。

表5-19　　优化前、后炉膛与二次风箱差压控制值

优化前	风量设定（%）	0	48	50.8	56.64	63.7	68.8	74.06	78.1	82.2	105
	差压设定（Pa）	380	420	500	560	600	670	740	780	820	850
优化后	风量设定（%）	0	42.91	46.99	54.57	61.1	66.27	71.23	76.73	81.52	84.72
	差压设定（Pa）	320	330	440	500	590	620	680	720	780	820

2）动态燃烧控制优化。动态控制策略的优化主要是解决燃烧动态过程中风煤比变化过大，形成过氧燃烧从而导致NO_x在动态变化过程中波动过大的问题。尤其是在机组减负荷过程中脱硝入口NO_x含量会有极大幅度的升高。从协调控制系统特点进行分析，造成上述现象的原因是：

a. 变负荷过程中燃料目标跟踪锅炉指令，为平衡锅炉大惯性的特点，锅炉主控指令设置有超前动态前馈环节，即加负荷过程中预加燃料，减负荷过程中预减燃料。而送风目标跟踪机组指令，无超前动态环节。因此，减负荷过程中风煤比会增加，形成过氧燃烧。

b. 在动态加负荷过程中，炉膛出口烟气温度升高，导致辐射传热的工质吸热份额减少、对流传热的工质吸热份额增加，而在减负荷过程中，由于锅炉辐射换热比重增加、对流换热比重减少、中间点温度（分隔屏过热器入口蒸汽温度）和悬吊管部分壁温会出现超温现象，所以在燃料目标回路中增加动态超前环节，加减负荷过程中动态超前预加减燃料，并且负荷越低动态前馈量比重越大。此动态环节进一步加大了风煤动态比例。

（3）针对负荷变化导致 NO_x 大幅变化的问题，采取以下控制优化措施：

1）氧量控制策略优化。原机组变负荷工况下氧量修正控制器输出保持，不参与送风修正调节，变负荷结束后80s氧量控制器重新参与调节。在变负荷过程中，SCR入口烟气含氧量波形与 NO_x 波形基本一致，氧量波形提前于 NO_x 波形2.5min。因此，增加氧量控制变工况动态参数调节，并适当增强氧量控制修正作用。

2）在确保机组燃烧稳定、安全运行的前提条件下，风量控制回路中增加一动态超前环节，消弱动态过程中因煤量超前而引起的锅炉过氧燃烧强度，减少燃料型 NO_x 生成。

通过上述静态和动态控制优化措施，机组脱硝系统入口 NO_x 进一步降低，基本控制在 $200mg/m^3$（标准状态），同时大幅减少了入口 NO_x 超过 $250mg/m^3$（标准状态）的时间，极大缓解了 NO_x 脱除端的控制压力。

3. NO_x 脱除端控制优化

脱除端的控制主要是喷氨量的控制，控制系统由喷氨调节阀、氨流量计、烟气连续监测系统、控制器等组成。

目前，脱硝喷氨控制普遍采用前馈-反馈串级控制，如图5-73所示。由于测量及反应的滞后，所以该控制策略不能有效地应对因机组工况变化而引起的入口 NO_x 急剧变化的工况，存在较大的滞后和超调。

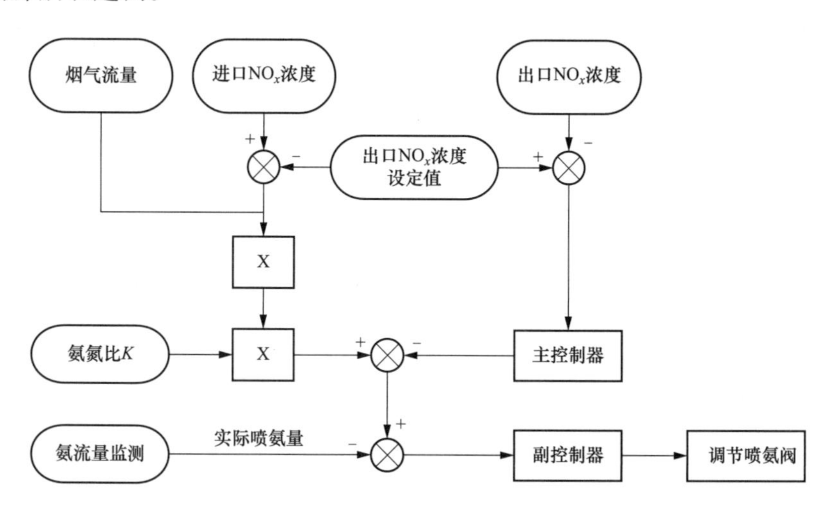

图5-73 喷氨控制逻辑示意图

针对SCR脱硝喷氨控制系统的大滞后特性，对原有脱硝喷氨控制回路进行了优化改进。在原有的前馈-反馈串级控制的基础上引入智能预测前馈控制，有效地进行偏差调节。采用智能预测算法的喷氨控制框图如图5-74所示。

智能预测控制器主要实现如下功能：

（1）通过对机组负荷、总风量、总给煤量、SCR入口 NO_x 浓度变化等众多因素的分析做出趋势预测，提前喷入后续 NO_x 变化所需的氨气量。采用预测控制和带前馈的PID控制对比图如图5-75所示，使用带前馈的PID控制只能根据入口 NO_x 的变化来喷入所需的氨气，再通过偏差调节来控制 NO_x 的排放，由于测量和反应的滞后，喷氨存在明显的滞后和超调过程。而采用趋势预测可以提前响应入口 NO_x 的变化，及时喷入氨气，有效控制 NO_x 的排放。

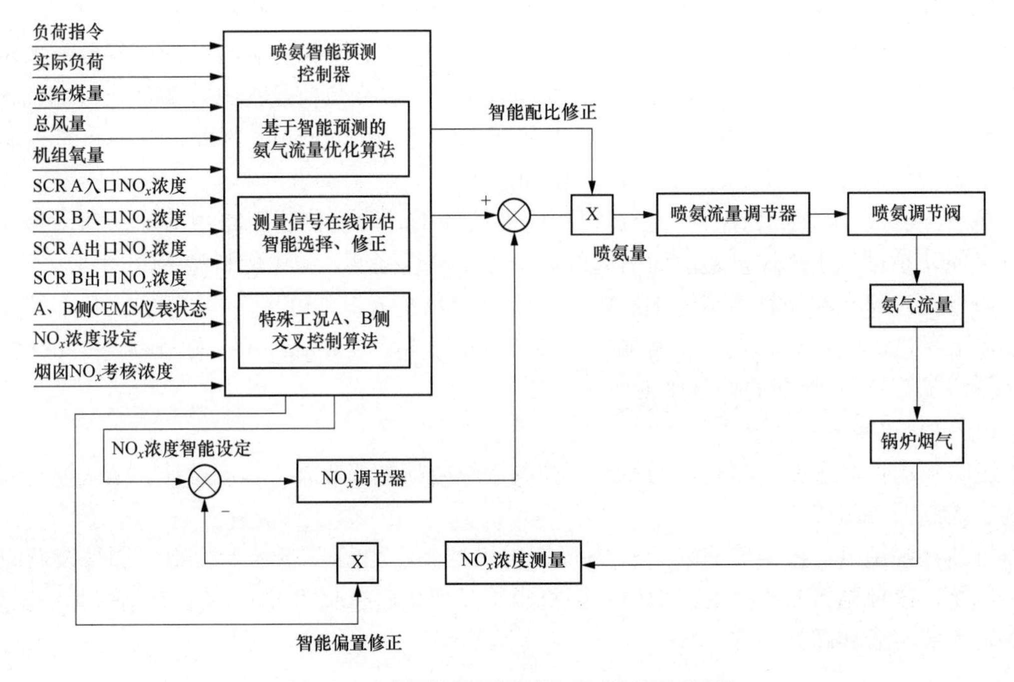

图 5-74　采用智能预测算法的喷氨控制框图

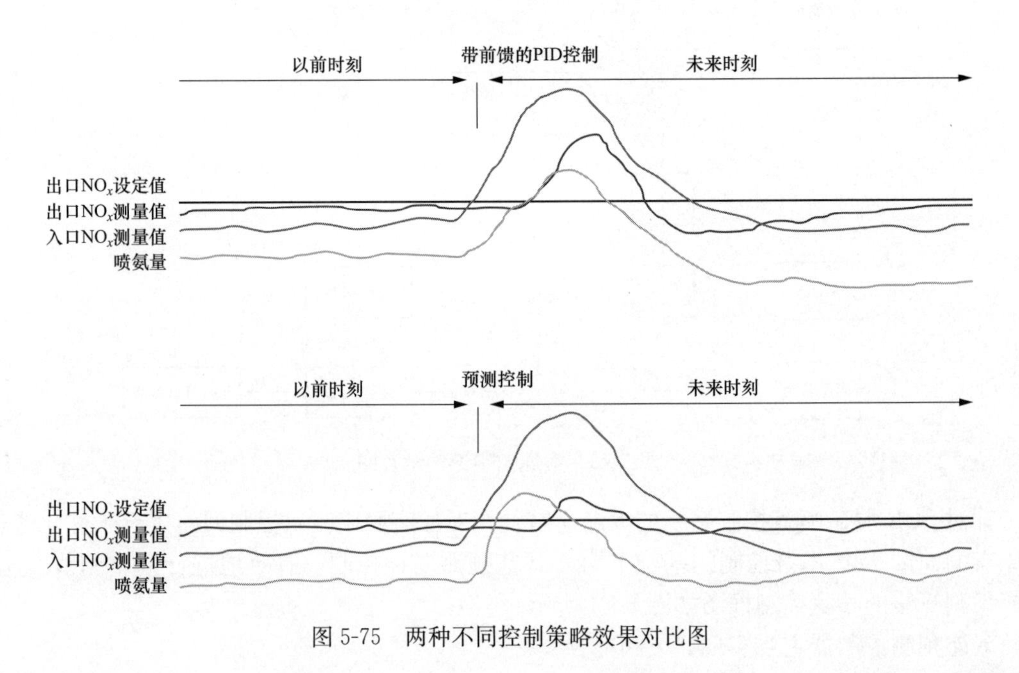

图 5-75　两种不同控制策略效果对比图

（2）对烟囱出口 NO_x 浓度与 A、B 侧出口 NO_x 浓度进行比较，评估得出 A、B 侧出口 NO_x 浓度与烟囱 NO_x 浓度的偏差，对控制器的 NO_x 测量值进行智能修正；对 A、B 侧喷氨量及入口 NO_x 浓度进行比较，评估得出 A、B 侧之间的偏差，对 A、B 侧喷氨量进行智能配比。现有机组脱硝系统出口 NO_x 浓度普遍存在偏差，因而烟囱 NO_x 浓度与脱硝系统出口 NO_x 浓度的测量值存在一定的偏差。以环保考核点烟囱 NO_x 为基准对 SCR 出口 NO_x 进行实时比较，当累计平均值超过一定误差时对控制器的 NO_x 测量值进行智能修正，确保控制稳定。A、B 侧烟气流量也不能做到完全一致，因而 A、B 侧的喷氨需要进行智能配比修正，确保两侧喷氨的相对一致。

(3) 根据对 CEMS 仪表状态的判断，通过 A、B 侧浓度测量值替代的方式，消除仪表校准过程中控制的不可判断性。由于 CEMS 分析仪表每隔 4h 进行一次 10min 的吹扫校准，在 10min 内，CEMS 分析仪表端做保持处理，如果燃烧工况变化引起 NO_x 浓度的波动，预测算法将无法通过入口 NO_x 的变化作出对应的预测，在 CEMS 测量恢复后，会导致调节的波动。因而不能简单地通过测量保持来解决，利用 A、B 侧 CEMS 吹扫校准不同步，A 侧吹扫时通过 B 侧替代，同时考虑到 A、B 侧测量不一致，进行差值叠加，能很好地解决吹扫校准引起的调节波动。

通过上述优化的智能预测算法，大幅提高了系统闭环稳定性和抗扰动能力，有效地将烟囱出口 NO_x 浓度控制在 $50mg/m^3$（标准状态）以下。

第五节　催化剂管理优化

良好的催化剂管理是脱硝系统实现超低排放及经济运行的基础和保证。

(1) 进行催化剂管理的原因：

1) 保证脱硝系统性能始终达到要求。脱硝催化剂的性能随着运行时间是持续下降的，而催化剂的任何更新均需要较长的时间，只有通过对催化剂性能进行准确预测，才能确保催化剂的及时更新，从而保证脱硝系统性能始终达到要求。

2) 通过催化剂更新方案的优化，实现系统的经济运行。催化剂的更新方法是多种多样的，包括催化剂的增加、更换或再生，也可以是不同方法的组合。同时，具体的催化剂体积的变化，均会对性能及成本产生影响。通过催化剂更新方案的优化，可以节约催化剂的投资，减少系统的运行成本。

3) 合理安排机组的停运，避免非计划停机。

4) 确保选择到合适的催化剂（价格、技术特性）。

(2) 催化剂管理优化的主要工作如图 5-76 所示。

1) 催化剂的检查和取样。通过反应器的现场检查和催化剂的取样，可以掌握反应器和催化剂存在问题的最直观信息。

2) 催化剂的外观测量和检查。催化剂的外观测量和检查主要包括外观尺寸、几何比表面积等的测量和磨损、堵塞、变形、裂纹等的检查。

3) 催化剂反应性能的测量。催化剂的反应性能主要包括脱硝率、活性、SO_2/SO_3 转化率以及压损等。

4) 催化剂微观结构的测量。催化剂的微观物理测量主要包括比表面积、孔径分布、孔容、晶体结构等。

5) 催化剂化学成分的测量。催化剂化学成分的测量主要包括催化剂的成分、碱金属、碱土金属及微量元素等。

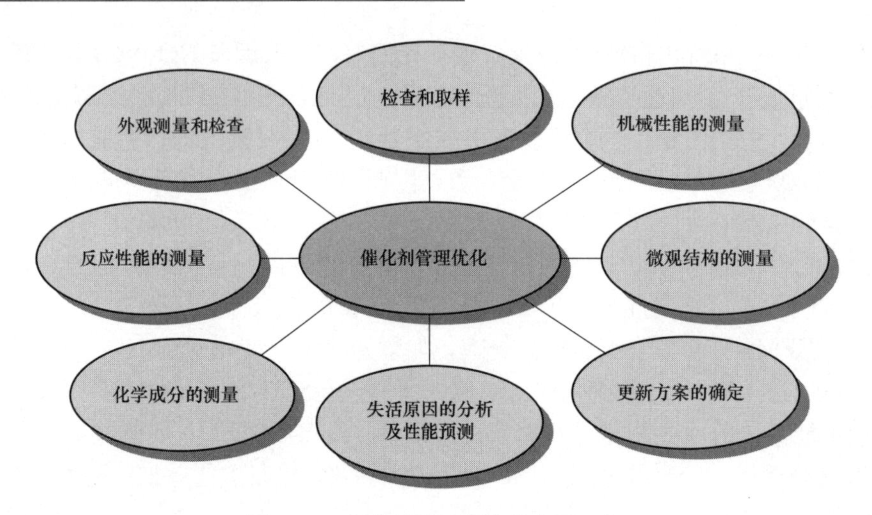

图 5-76　催化剂管理优化的主要工作

6）催化剂机械性能的测量。催化剂的机械性能主要包括抗压强度和磨损强度。

7）催化剂失活原因的分析及性能预测。基于 1）～6）项工作结果，可以判断出催化剂的失活原因及失活速度，从而可对反应器的性能变化作出预测。

8）催化剂更新方案的确定。基于 1）～7）项工作结果，可以得到优化的催化剂更新方案，在确保系统环保性能的同时，降低系统的运行成本。

以下，分别就催化剂的失活及具体管理工作进行介绍。

一、催化剂的失活

催化剂的失活取决于其烟气工况，烟气流场、成分、温度等都会影响催化剂的活性。图 5-77 列出了催化剂失活的主要原因。

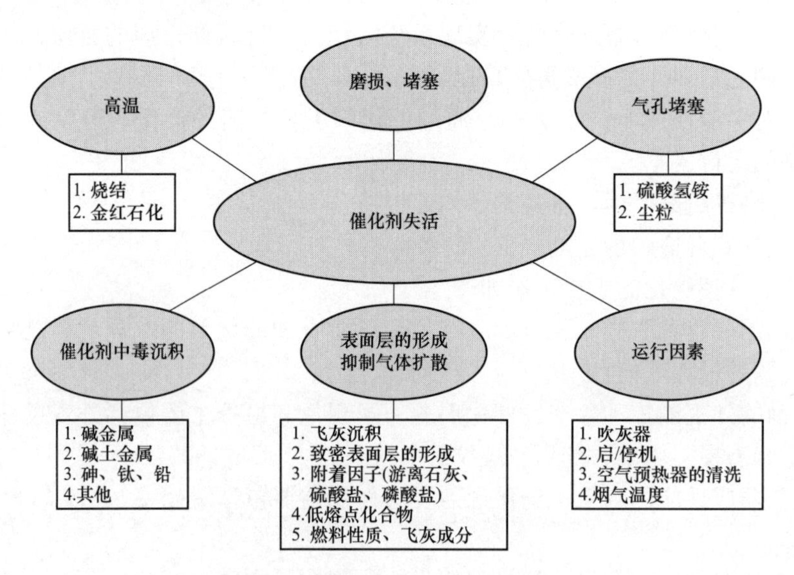

图 5-77　催化剂失活的主要原因

（一）催化剂的宏观堵塞、磨损

如果 SCR 反应器的流场设计不好或吹灰设备故障，就会造成催化剂的宏观堵塞（催化剂孔道的堵塞）及磨损，这对于SCR反应器的性能会造成最致命的影响。首先，烟气无法通过被堵塞的催化剂，是完全没有脱硝反应的。其次，未堵塞区域的烟气流速会增加，造成催化剂的磨损。同时，烟气流速过高也会明显降低催化剂的脱硝效果。

图5-78和表5-20显示了某脱硝装置堵塞、磨损的实例。可以看出，反应器中部分区域已完全堵塞，而非堵塞区域的催化剂已严重磨损，造成系统的脱硝率极低。脱硝率在25%时氨逃逸已超过3μL/L。

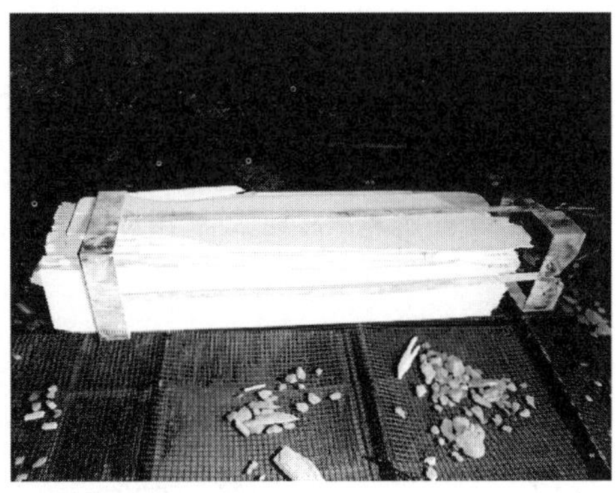

图5-78 某反应器现场照片

表5-20 某SCR装置脱硝率和氨逃逸测量结果

机组负荷（MW）	310	320	200
进口 NO_x 含量[mg/m³（标准状态），6% O_2]	357.2	249.4	492.4
出口 NO_x 含量[mg/m³（标准状态），6% O_2]	61.5	188.6	338.2
脱硝率（%）	82.9	24.9	31.2
氨逃逸（μL/L，6% O_2）	92.63	4.11	3.66

（二）催化剂的微观堵塞

催化剂的微观堵塞是指催化剂的气孔及表面的堵塞。通常认为分为两个阶段（如图5-79所示）：第一阶段为飞灰颗粒、硫酸氢铵、气态毒性物质造成的催化剂气孔的堵塞。第二阶段为较大颗粒导致的致密表面层的形成及表面的明显堵塞。

由于SCR的反应就是NO和 NH_3 吸附到催化剂表面后才会发生，所以催化剂的微观堵塞是催化剂失活的重要原因。

小的飞灰颗粒可使催化剂外侧的孔隙堵塞并导致密集的致盲层的形成。由于湍流状态，所以致盲层一般在催化剂进口的前10cm处（如图5-80所示）。催化剂的堵塞会降低其活性，原因是此时 NH_3 和NO比较难反应。致盲层的形成对催化剂的活性会产生严重影响，甚至使其完全失去活性，导致催化剂的频繁更换。催化剂的致盲主要是发生在高钙和低硫煤中，高钙煤在燃烧过程中会生成较多的CaO。CaO颗粒在催化剂的表面和 SO_2 反应生成大量的 $CaSO_4$ 并最终形成致盲层。除硫酸盐外，如果电厂采用生物质的燃料，包括动物的废物和废水的污泥等，也可能出现磷酸盐致盲的情况。致盲层非常细小，是不可见的，但通过X射线衍射法（XRD）和扫描电镜（SEM）可检测到（如图5-81和图5-82所示）。

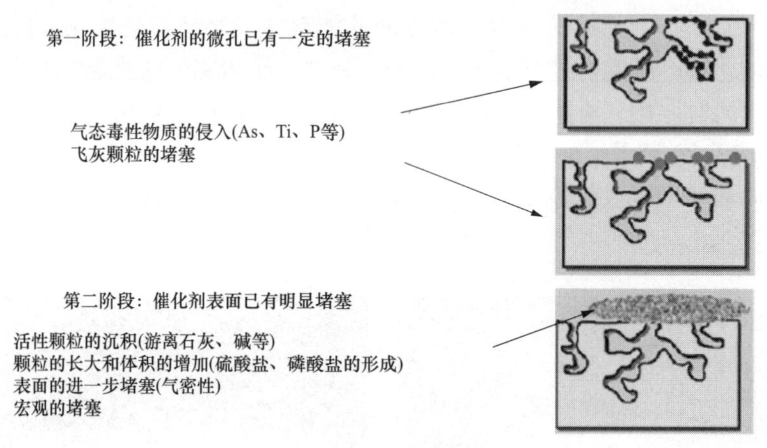

图 5-79　催化剂的微观堵塞

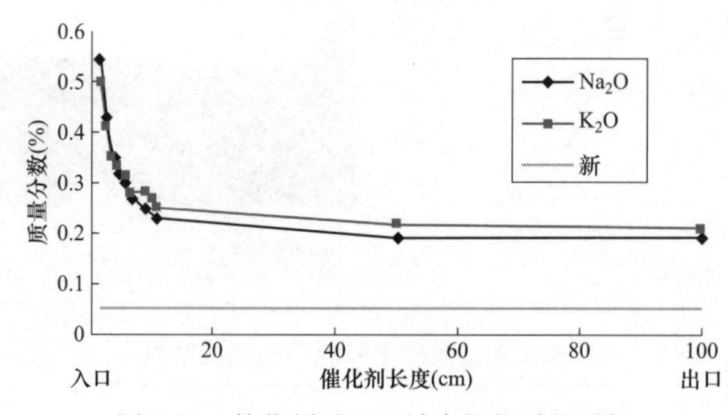

图 5-80　催化剂进口区域毒性物质的增加

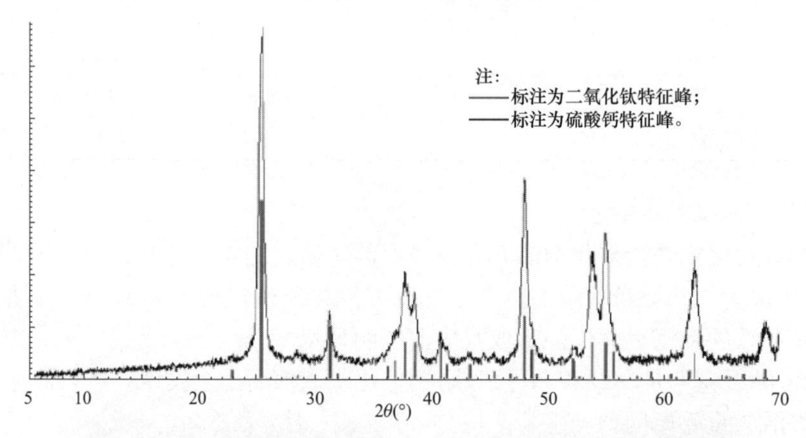

图 5-81　用 X 射线衍射法分析由于 $CaSO_4$ 形成的催化剂致盲层

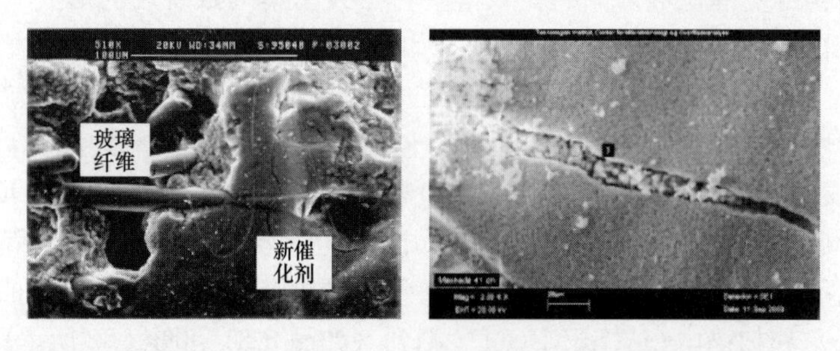

图 5-82　催化剂表面的致盲层（球状的是灰，晶体状的是 $CaSO_4$）（一）

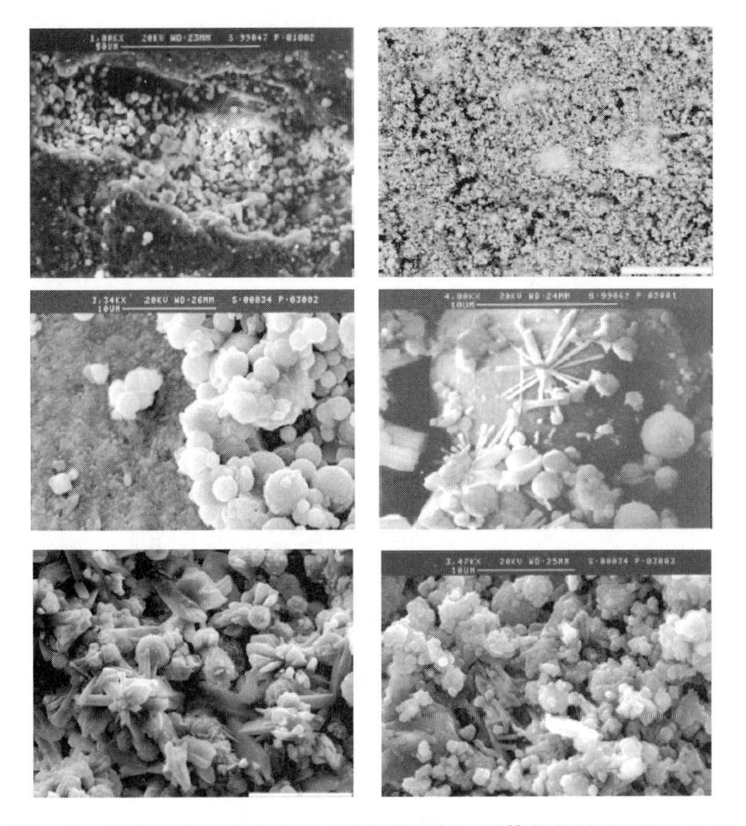

图 5-82 催化剂表面的致盲层（球状的是灰，晶体状的是 $CaSO_4$）（二）

（三）催化剂中毒物质的沉积

烟气中的碱金属、碱土金属、砷等重金属的大量沉积均会导致 SCR 催化剂的中毒。

1. 碱金属

对于 SCR 催化剂，碱金属是最强的毒物之一。燃煤、燃油、燃用生物质或废弃物均会释放出碱金属，碱金属在固定源燃烧烟气中普遍存在。碱金属氧化物对催化剂的中毒作用是通过与 V_2O_5 的活性酸性位结合，减少了催化剂上有效活性位的数量，从而使得催化剂表面氨吸附量减少，导致催化剂脱硝活性下降。

一般燃煤电厂 SCR 催化剂的寿命为 3～5 年，而对于燃用生物质或生物质与煤混烧的电厂，SCR 催化剂失活速率加快。瑞典一家燃用锯末的 75MW 电厂，当 SCR 催化剂运行了 2100h 后，催化剂的活性仅剩余初始活性的 20%，失活速率平均约为 1%/天。典型的化石燃料与生物质主要的不同之处在于生物质中碱金属的含量更高，碱金属（特别是钾）是造成催化剂失活速率加快的主要原因。当催化剂上的碱金属沉积量达到约 2%时，催化剂的活性损失约 40%。在不同的燃烧条件下，导致钾在烟气中的浓度和存在的形态不同。因而，在不同的应用场合 SCR 催化剂失活速率不同。

有学者采用湿式浸渍法以相应的硝酸盐或者醋酸盐作为各碱金属氧化物的前驱体，对 V_2O_5/TiO_2 催化剂的碱金属中毒机制进行了全面的研究。结果表明，催化剂的中毒程度与碱金属的碱度直接相关，碱金属氧化物的强度按以下顺序排列：$Cs_2O>Rb_2O>K_2O>Na_2O>Li_2O$，如图 5-83 所示。

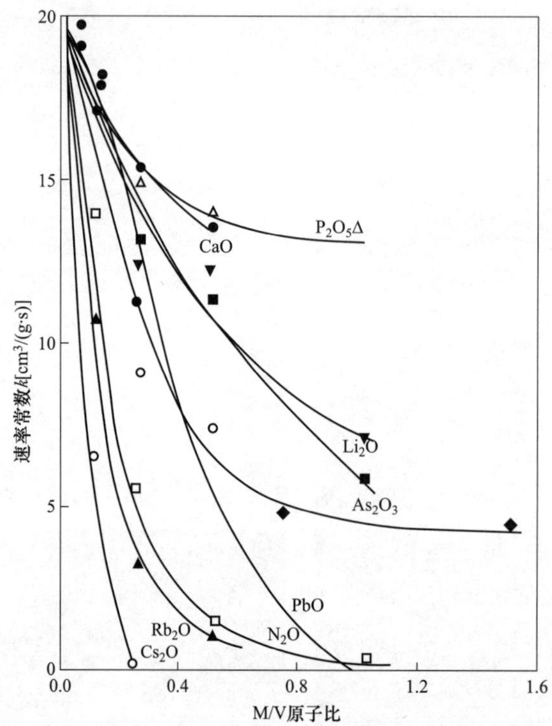

注：M=金属，反应温度为300℃，$\varphi(O_2)$=2%，$\varphi(NO)=\varphi(NH_3)$=0.1%，N2为平衡气，空速为15000$h^{-1}$。

图 5-83　V_2O_5/TiO_2 掺杂不同量金属氧化物毒物的活性

2. 碱土金属

SCR 烟气脱硝技术在美国应用的过程中，发现在燃用高钙煤的电厂，SCR 催化剂失活速率加快，研究发现煤中含有大量的 CaO 是催化剂脱硝活性降低的原因。

碱土金属对 SCR 催化剂的中毒影响比碱金属氧化物弱，这是因为 Ca^{2+} 对催化剂表面酸性位的影响相对较小。催化剂碱土金属失活的另一个机制是 CaO 富集在粒径小于 5μm 的颗粒上，这些颗粒易于迁移在催化剂的微孔上，与烟气中的 SO_3 反应形成硫酸钙。CaO 的硫酸盐化使得颗粒体积膨胀，堵塞催化剂的微孔，阻止反应物（NH_3、NO、O_2）在催化剂微孔内表面的扩散，反应物无法在催化剂微孔内表面上进行 SCR 反应，从而引起催化剂的失活，如图 5-84 所示。

3. 砷

砷对催化剂中毒的影响被广泛地研究。中毒机制大致存在 2 种看法：

（1）烟气中挥发性的气态砷分子相对于催化剂孔隙而言较小，容易进入催化剂的孔隙，与催化剂中的钒反应生成稳定的砷酸钒化合物，钒失去活性，从而使催化剂脱硝活性降低。

（2）气态砷堵塞催化剂微孔，阻止反应物到达活性位。对于飞灰完全再循环的液态排渣炉，砷的质量流量会明显增加，导致在气相中挥发性砷（As_2O_3）的增加。飞灰中的碱性物质如 CaO 也会影响气态砷氧化物的含量（如图 5-85 所示），原因是两者会反应生成盐。在美国的一些固态排渣锅炉的 SCR 系统中，由于碱性物质的含量很低（飞灰中 CaO＜2%），催化剂出现了明显的砷中毒。

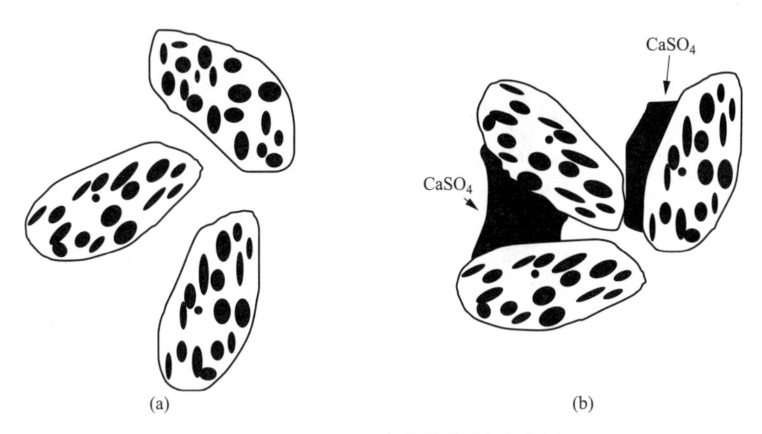

图 5-84 $CaSO_4$ 遮蔽催化剂示意图

（a）新鲜催化剂；（b）$CaSO_4$ 遮蔽催化剂

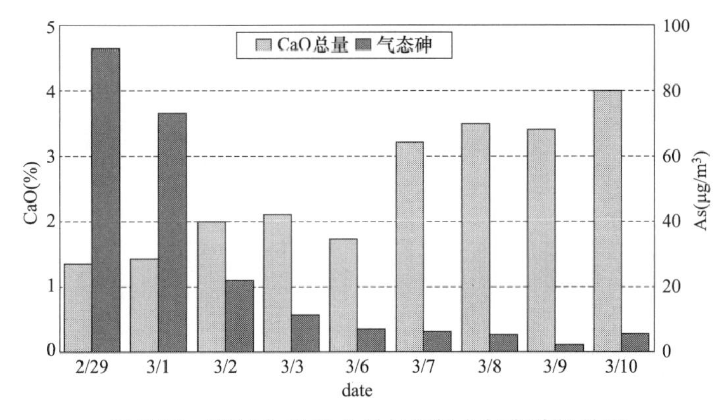

图 5-85 飞灰中 CaO 含量与烟气中气态砷的关系

砷附着于催化剂表面后就无法清除，可通过 X 射线荧光法测量催化剂表面的砷含量。催化剂中的砷含量取决于运行时间、催化剂的位置和烟气中的砷含量。在进入催化剂前，气态的砷是 As_2O_3。进入催化剂后，其被氧化为不挥发的 As_2O_5。在 SCR 系统的第一层催化剂中，砷的含量最高，而最后层催化剂中的砷含量最低，因此，不同层催化剂的失活速度也是不同的。当经过长时间运行后，催化剂材料会饱和，即每层催化剂的活性都相近。当砷中毒时，催化剂的剩余活性约有 30%～50%。

（四）催化剂高温烧结

当 SCR 催化剂长时间暴露在 450℃以上的高温时，易引起催化剂烧结，导致催化剂脱硝性能明显下降。烧结会引起锐钛矿 TiO_2 平均晶粒尺寸增大（如图 5-86 所示），比表面积降低，孔容减小，孔径增大。当烟气温度超过 500℃时，TiO_2 开始发生相变，从锐钛矿向金红石转化。催化剂的烧结是不可逆的，不能通过再生的方式使其恢复活性。图 5-87 所示为发生金红石化的催化剂，表 5-21 则显示了高温烧结对催化剂脱硝率和活性的明显影响。

V_2O_5 含量是影响 SCR 催化剂热稳定性的一个重要因素。当催化剂中 V_2O_5 含量低于 2%时，其热稳定性较好；当 V_2O_5 含量继续增大时，催化剂的热稳定性显著下降。这是因为钒也会加速锐钛矿 TiO_2 晶粒的长大，引起锐钛矿表面积的损失，导致低活性的多层钒物种的形成以及严重的孔堵塞，从而降低催化剂的脱硝性能。WO_3 能够提高 SCR 催化剂的热稳定性，适当增加 SCR 催化剂中 WO_3 含量，可以有效地提高催化剂的抗烧结能力。

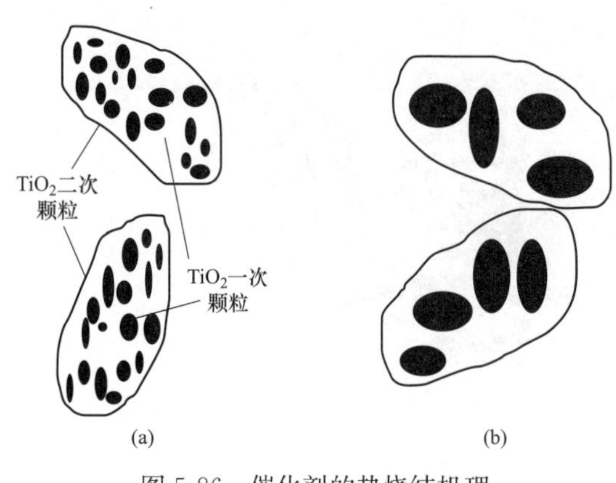

图 5-86　催化剂的热烧结机理

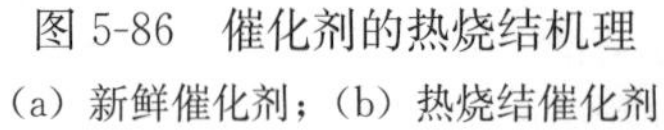
(a) 新鲜催化剂；(b) 热烧结催化剂

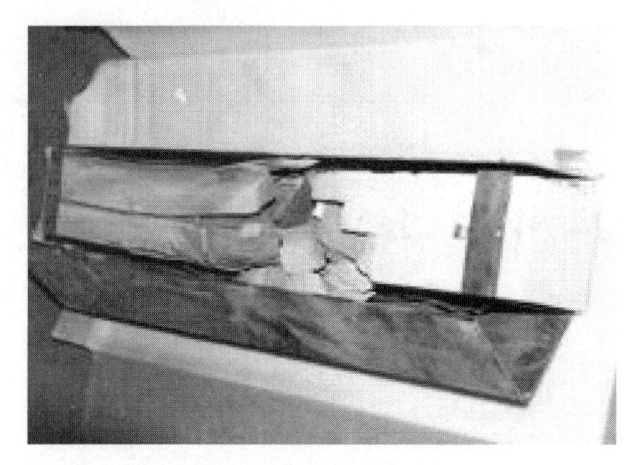

图 5-87　发生金红石化的催化剂

表 5-21　　　　高温烧结对催化剂性能的影响

催化剂样品	脱硝率（%）			活性（m/h）		
	原样	450℃焙烧 50h	500℃焙烧 6h	原样	450℃灼烧 50h	500℃焙烧 6h
新样	89.1	77.0	—	44.4	29.4	—
A 侧-B11	91.3	79.6	75.0	48.9	31.8	27.8
B 侧-E5	89.6	76.7	73.4	45.3	29.2	26.5

发生催化剂高温烧结的可能原因主要包括：

（1）锅炉设备异常（如受热面严重积灰）导致脱硝系统入口烟气温度过高。

（2）在锅炉启停机阶段，由于燃料（油、煤粉）的未完全燃烧，导致在催化剂区域发生二次燃烧。

（五）运行、检修因素的影响

机组运行或检修不当，均可能造成催化剂的失活。例如：

（1）催化剂蒸汽吹灰疏水不足或吹灰压力过高，会直接损坏催化剂。

（2）燃料的二次燃烧造成催化剂的损坏。

（3）催化剂的低温运行生成硫酸氢铵，导致催化剂失活。

（4）机组检修期间催化剂区域未能保持干燥，导致催化剂失活。

二、催化剂的检查与取样

（一）SCR 反应器的检查

SCR 反应器的检查对于掌握 SCR 反应器的性能及存在的问题具有重要的意义，通过现场检查，可以直观地发现反应器存在的各类问题。主要包括：

（1）催化剂的磨损。

（2）催化剂的堵塞。

（3）催化剂区域出现烟气旁路。

（4）导流板的脱落。

（5）喷氨喷嘴的堵塞。

SCR反应器现场情况示例如图5-88所示。

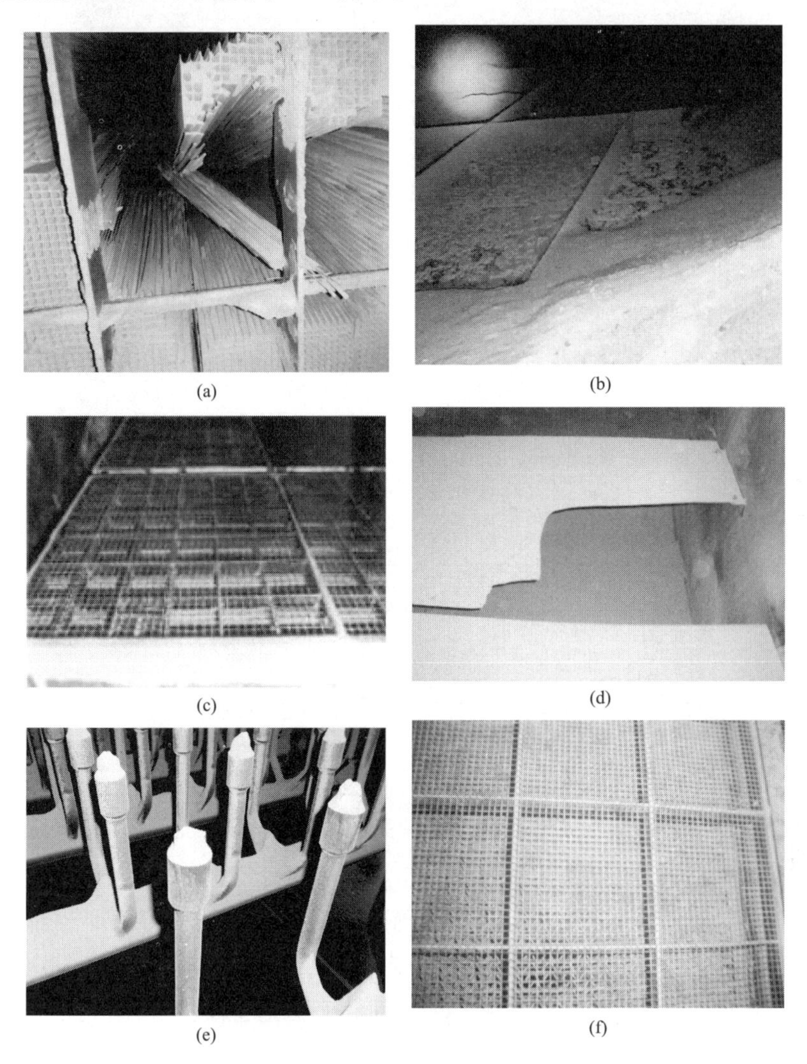

图5-88 SCR反应器现场情况示例

(a) 催化剂的磨损；(b) 催化剂的堵塞；(c) 烟气旁路；

(d) 导流板的脱落；(e) 堵塞的喷嘴；(f) 良好的催化剂

（二）催化剂的取样

图5-89所示为催化剂现场取样的示例。板式催化剂的取样十分便捷，只需在相应模块直接抽取2～3片即可。蜂窝催化剂的取样相对困难，通常需借助专用工具进行抽取。

催化剂的取样需具备代表性，并记录好取样的实际位置（如图5-90所示）。其试样的测试结果应具备可重复性（如图5-91所示）。

三、催化剂的性能检测

（一）催化剂反应性能的检测

1. 脱硝率及活性

催化剂的活性是指催化剂在还原剂与氮氧化物反应过程中所起到的催化作用的能力。催化剂的活性是催化剂最核心的性能指标，可通过在一定测试条件下测量催化剂的脱硝率计算得到。

(a)　　(b)

图 5-89　SCR 催化剂的现场取样

(a) 蜂窝催化剂的取样；(b) 板式催化剂的取样

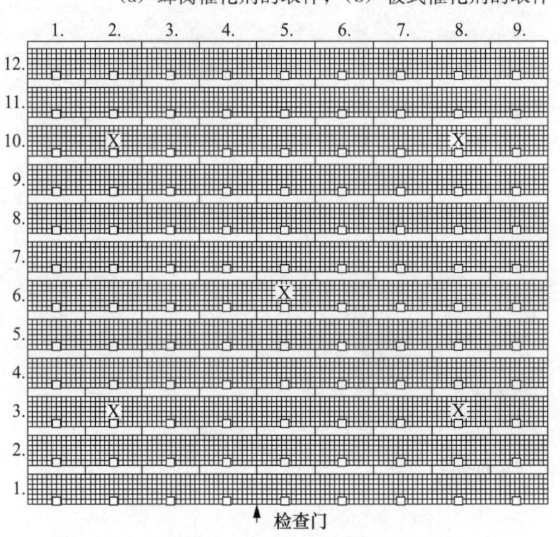

图 5-90　SCR 催化剂取样位置示意图

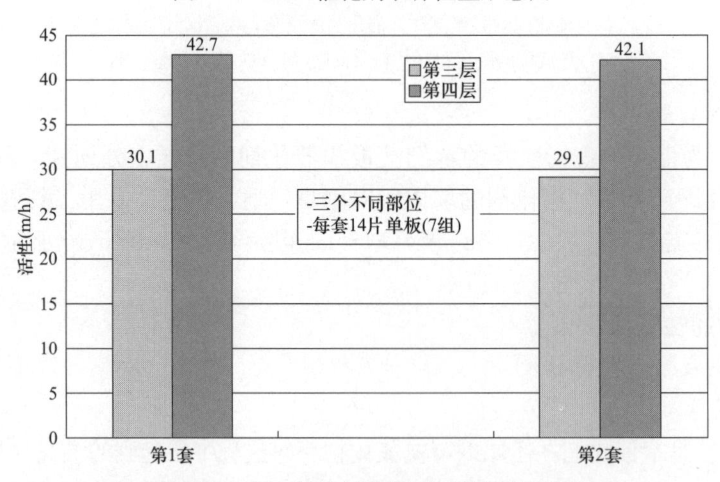

图 5-91　SCR 催化剂取样可重复性的验证

目前，行业内测量催化剂活性的装置主要有中试装置和小试装置两种，两者的差别主要体现在试样尺寸的选择及测试条件的设定两个方面。以蜂窝式催化剂的检测为例，中试装置直接选取催化剂单元体作为试样，即试样尺寸为 150mm×150mm，试样长度为催化剂单元体实际长度。因此，可实现以实际现场的烟气参数（包括面积速度、温度、烟气成分、氨氮摩尔比等）作为测试条件，即理论上可以得到催化剂脱硝率的绝对值，而小试装置是将催化剂单元体进一步裁切成长度为 200～400mm、截面约 50mm×50mm 至少包含 4 个孔的测试块。由于试样尺寸的限制，小试装置的面积速度设定会高于脱硝装置的实际设计值，因此，得到的催化剂脱硝率和活性为基于同一测试条件下的相对值，可以评价不同催化剂试样活性的相对水平。催化剂活性测试装置系统如图 5-92 所示，中试和小试装置实例分别如图 5-93 和图 5-94 所示。

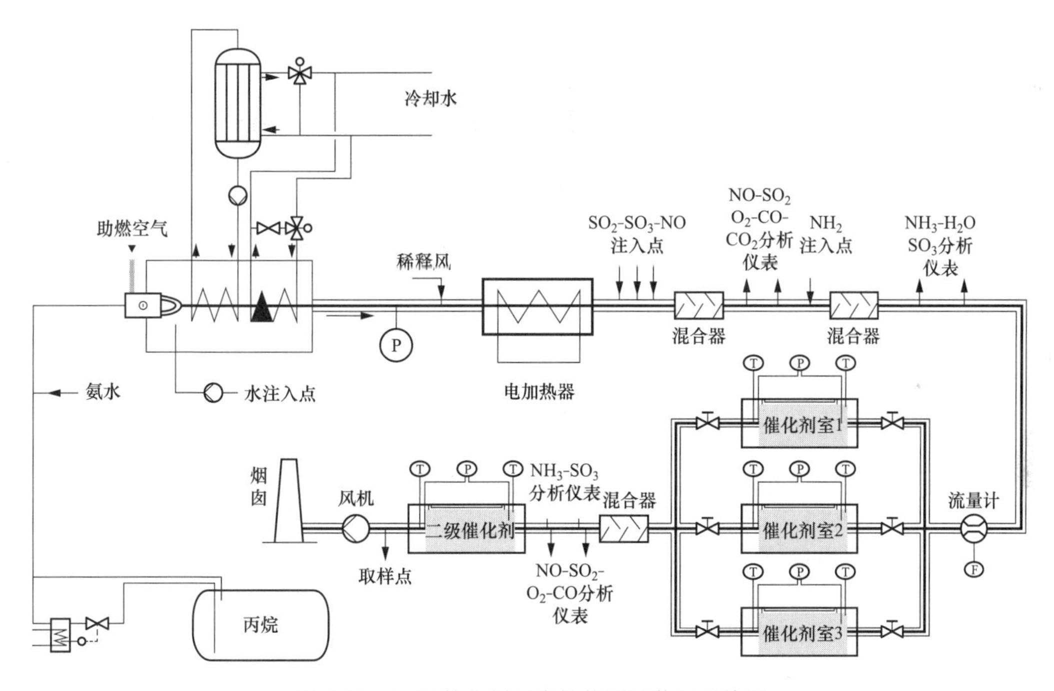

图 5-92　SCR 催化剂反应性能测试装置系统图

图 5-93　SCR 催化剂反应性能测试中试装置实例

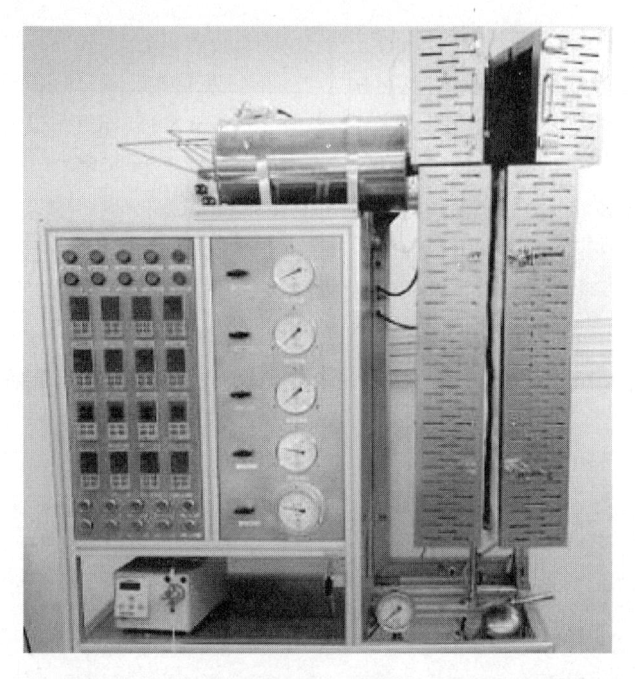

图 5-94　SCR 催化剂反应性能测试小试装置实例

相关计算公式如下：

（1）催化剂脱硝效率计算公式为

$$\eta=\frac{c_{NO_x,in}-c_{NO_x,out}}{c_{NO_x,in}}\times 100\%$$

式中　η——催化剂脱硝效率，%；

$c_{NO_x,in}$——反应器进口的 NO_x 浓度；

$c_{NO_x,out}$——反应器出口的 NO_x 浓度。

（2）活性计算公式为

$$K=-vA\cdot\ln(1-\eta)$$

式中　K——催化剂活性，m/h；

vA——面速度，m/h；

η——催化剂脱硝效率，%。

需要说明的是，无论是中试还是小试装置，测试条件的改变均会对脱硝率及活性的结果产生影响。因此，活性的测量必须基于某一特定的测试条件，包括具体的面积速度、烟气温度、烟气成分（NO_x、SO_2、O_2、H_2O）、氨氮摩尔比、催化剂尺寸等。

2. SO_2/SO_3 转化率

催化剂 SO_2/SO_3 转化率的测试装置和活性的中试测试装置相同，SO_3 取样采用蛇形冷凝管冷凝的方法。在 SO_2/SO_3 转化率测试过程中停止喷氨，其他测试条件和活性测试相同。

SO_2/SO_3 转化率计算公式为

$$\alpha=\frac{c_{SO_3,out}-c_{SO_3,in}}{c_{SO_2,in}}\times 100\%$$

式中　α——催化剂单元体 SO_2/SO_3 转化率，%；

$SO_{3,in}$——反应器进口 SO_3 浓度，μL/L；
$SO_{3,out}$——反应器出口 SO_3 浓度，μL/L；
$SO_{2,in}$——反应器进口 SO_2 浓度，μL/L。

（二）催化剂微观结构的检测

1. 比表面积和孔结构

（1）BET法测定比表面积。固体催化剂的比表面积和孔结构是表征催化剂催化性能的重要参数，两者均可通过物理吸附来进行测定。目前，绝大多数非均相固体催化剂均为多孔物质，其孔结构、尺寸以及孔容在很大程度上取决于催化剂的制备方法。根据国际纯粹与应用化学联合会（IUPAC）对孔结构的分类，孔一般分为以下三种：微孔（Micropore），$d \leqslant 2.0$nm；介孔（Mescopore），$2.0\text{nm} < d \leqslant 50$nm；大孔（Macropore），$d > 50$nm；其中 d 为孔径。孔结构的存在使得固体材料的总表面积远远大于其外表面积，如常见催化剂的总表面积处于 $1 \sim 1000\text{m}^2/\text{g}$，而其外表面积一般只有 $0.01 \sim 10\text{m}^2/\text{g}$。认知孔结构对于理解催化剂在制备过程中的变化以及为后续改性步骤提供有用的信息方面十分重要，而实际应用中反应试剂或反应原料扩散以及催化剂的失活等方面均与催化剂孔结构密切相关。因此，催化剂孔结构的表征分析对催化剂检测至关重要。

催化剂的孔结构表征主要包括比表面积、比孔容、不同孔径面积分布以及孔径分布等几个方面。对于SCR催化剂而言，催化剂比表面积一般采用BET法进行表征，因此，以下将对BET法进行详细的介绍。

BET比表面积是建立在1938年Brunauer、Emmet和Teller将Langmuir单分子层吸附理论加以发展而形成的多分子层吸附模型，即著名的BET方程的基础上，则

$$\frac{p}{V(p_0 - p)} = \frac{1}{V_m \cdot C} + \frac{C-1}{V_m \cdot C} \cdot (p/p_0)$$

式中 p——吸附质分压；
p_0——吸附剂饱和蒸汽压；
V——样品实际吸附量；
V_m——单层饱和吸附量；
C——与样品吸附能力相关的常数。

BET方程是建立在多层吸附的理论基础之上，与许多物质的实际吸附过程更接近，因此，测试结果可靠性更高。实际测试过程中，通常实测3～5组被测样品在不同气体分压下多层吸附量 V，以 p/p_0 为 X 轴，由BET方程做图进行线性拟合，得到直线的斜率和截距，从而求得 V_m 值，计算出被测样品比表面积，如图5-95所示。

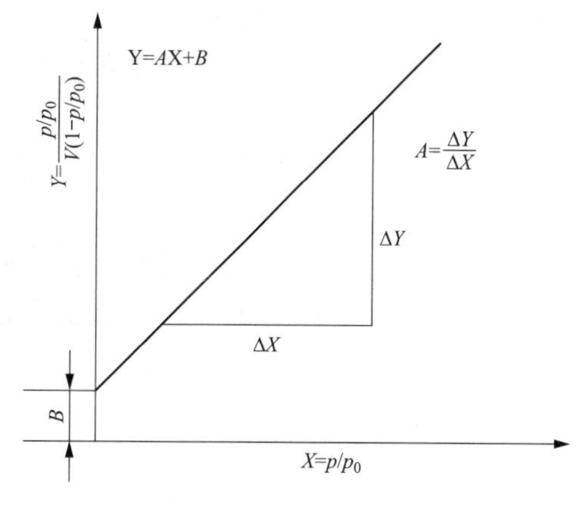

图5-95 BET方程做图计算示意

理论和实践表明，当 p/p_0 取点在 $0.05 \sim 0.35$ 范围内时，BET方程与实际吸附过程相吻合，图形线性也很好，因此，实际测试过程中选点需在此范围内。由于选取了3～5组 p/p_0 进行测定，通常称为多点BET。当被测样品的

吸附能力很强，即C值很大时，直线的截距接近于零，可近似认为直线通过原点，此时可只测定一组p/p_0数据与原点相连求出比表面积，称为单点BET。与多点BET相比，单点BET结果误差会大一些。

对于大多数氮气吸附体系而言，氮气达到单层饱和吸附时相对压力为0.05～0.35，因为在推导公式时，假定是多层的物理吸附，当相对压力小于0.05时，压力太小，建立不起多层吸附平衡，甚至连单分子层物理吸附也远未形成，表面的不均匀性就显得非常突出。在相对压力大于0.35时，由于毛细凝聚变得显著，因而破坏了多层物理吸附平衡。

BET公式有相应的适用范围。许多结果表明，低压时实验吸附量较理论值偏高，而高压时又偏低，造成理论与实验结果存在偏差的主要原因在于BET理论认为吸附剂表面是均匀的且吸附分子间无相互作用。BET等温式尽管在理论上有一定的争议，但至今仍是物理吸附研究中应用最多的等温式。采用BET方法得到的比表面积称为BET比表面积。

在GB/T 31587—2015《蜂窝式烟气脱硝催化剂》、GB/T 31584—2015《平板式烟气脱硝催化剂》和DL/T 1286—2013《火电厂烟气脱硝催化剂检测技术规范》中，脱硝催化剂比表面积的测定均要求按照多点BET法进行测试，GB/T 31587—2015中要求从蜂窝式催化剂表面上截取的试样不低于0.3000g；GB/T 31584—2015中要求从平板式催化剂表面上截取的试样为0.8000～1.2000g（不含基材），在300℃真空脱气处理至少30min；DL/T 1286—2013中对测试方法提出了更为具体的要求：

1）采样及预处理。从催化剂有效反应壁面截取一定质量的试样，放入样品管内进行真空脱气处理，以去除试验表面物理吸附的物质。平板式催化剂不应取基材部位。

2）测试。试样经真空脱气处理后，冷却至室温，按照GB/T 19587《气体吸附BET法测定固态物质比表面积》的规定，利用比表面积仪按照多点BET法进行测试。

BET比表面积仪为静态氮物理化学吸附仪，它采用稳态容积方法，在低于常温的恒定温度下，通过测量在某个平衡压力的情况下，进入多孔物质表面和内部孔隙的液氮量或者从多孔物质表面和内部孔隙排出的液氮量的大小来得到多孔物质的孔径分布等参数。当液氮分子进入多孔物质或者从多孔物质中排出的时候，样品的压力会发生改变直到达成新的平衡。比表面积及孔结构分析仪如图5-96所示。

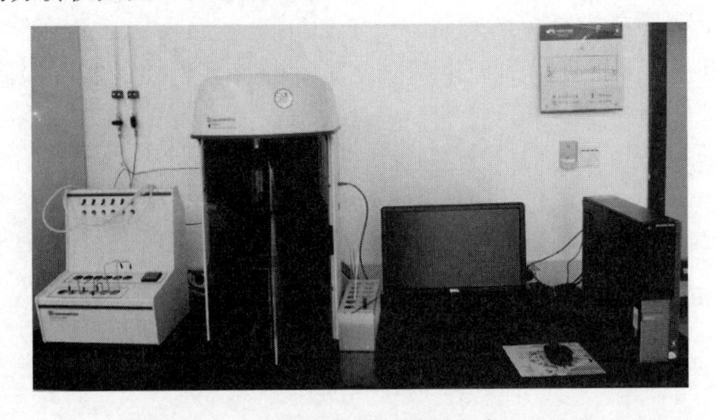

图5-96　比表面积及孔结构分析仪（BET）

（2）压汞法测定孔容、孔径及孔径分布。测量孔大小及分布的另一种常用方法是压汞法。压汞法是用于介孔物质分析仅次于物理吸附法的主要分析表征技术，更是大孔物质分析的首选方法。其基本原理是基于非润湿毛细原理推导出的Washurn方程，实验测量外压力作用下进入脱气处理后固体空间的进汞量，再换算为不同孔尺寸的孔体积、表面积。

在 GB/T 31587—2015《蜂窝式烟气脱硝催化剂》、GB/T 31584—2015《平板式烟气脱硝催化剂》和 DL/T 1286—2013《火电厂烟气脱硝催化剂检测技术规范》中，脱硝催化剂孔容、孔径及孔径分布的测定要求采用压汞法。DL/T 1286—2013 中对测试方法的具体要求如下：

1）采样及预处理。从催化剂有效反应壁面截取试样，放入坩埚并置于马弗炉内，在300℃条件下煅烧 1h，取出后置于干燥器中冷却至室温。从冷却后的样品中称取质量为0.62～0.68g的试样放入样品管，密封后装入压汞仪，开始抽真空，直至残压不高于 7Pa，以排除试验中的气体并确保汞从储存罐转移至样品管内。平板式催化剂不应取基材部位。

2）测试。测试应分为低压和高压两个步骤，均按照 GB/T 21650.1《压汞法和气体吸附法测定固体材料孔径分布和孔隙度　第 1 部分：压汞法》的规定进行。

物理吸附法的测量孔宽范围为 1～50nm，因为压汞法适用于测量孔宽大于 2nm 的孔，所以两种方法在 2～50nm 内交叉（最好在 3～50nm）。由此可见，物理吸附法和压汞法在介孔范围内应该具有很好的一致性，因而在此范围内这两种方法可以相互比较、校准、纠正。

与物理吸附法相比，压汞法具有速度快、测量范围宽和实验数据解释简单等优点。但是压汞法也存在很大的缺点和局限性：对于宽度不到 1nm 的微孔很难进行测量；测量孔大小分布的方法是基于理想化的孔形模型——球形、圆筒形或狭缝形孔之上的，但是此类模型并不能准确反映固体物质的真实情况；假设所有孔与试样的外表面连接，但是这并不总是真实的，而是由其造成的误差可能相当大；汞很难从多孔固体中全部回收，从这个意义讲，压汞法是有破坏性的。

2. 晶体结构

绝大多数催化剂都是晶体，因此，X 射线衍射（XRD）技术成为表征催化剂的基本手段，通过 XRD 表征可以获得催化剂的物相组成、晶体结构等信息。XRD 技术是揭示晶体内部原子排列状况最有力的工具，应用 XRD 方法研究催化剂，可以使催化剂的许多宏观物理化学性质从微观结构特点上找到答案。

（1）X 射线衍射原理。粉末样品中会有无数个小晶粒杂乱无章地堆积在一起，各种晶体随机分布。当一束单色 X 射线照到多晶样品上时，产生的多晶衍射图样和单晶不同。单晶中若有一簇平面点阵和入射 X 射线成 θ 角，而衍射角 θ 又满足布拉格方程，即

$$2dhkl\sin\theta_{hkl} = n\lambda$$

式中　d——晶面间距；

λ——入射线波长；

hkl——衍射指标，与 hkl 相对应的衍射角为 θ_{hkl}；

n——衍射级数，是有限的正整数，在同一组点阵平面上可以产生 n 级衍射，其数值应使 $\sin|\theta_{hkl}|\leqslant 1$。

θ_{hkl}——衍射方向，在和入射线成 2θ 处产生一个 hkl 衍射点，如果用粉末样品，在样品中同样一簇平面点阵具有和入射线成 θ 角的就有许多，它们都可以在与入射线成 2θ 角方向上产生衍射，这样的衍射线就可形成与入射线成 2θ 角的圆锥面。

晶体样品中有许多平面点阵簇可满足布拉格方程，相应形成许多夹角不同的衍射圆锥面。它们共同以入射线为中心轴，其圆锥的顶角为 4θ。根据布拉格方程，由入射线波长 λ 和试验测得的衍射角 θ 就可以得到晶体结构中的晶面间距 d。满足布拉格方程衍射示意图如

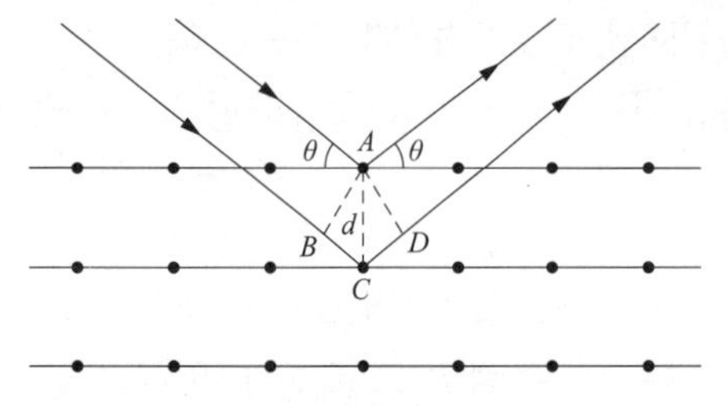

图 5-97 满足布拉格方程衍射示意图

图 5-97 所示。

收集 X 射线衍射图的常用方法有两种：照相法和衍射仪法，其中衍射仪法最为常用。使用衍射仪可自动记录多晶衍射线的衍射角和衍射强度。多晶衍射仪是将 X 射线源发出的单色 X 光照射在压成平板的粉末样品 Y 上，它和作为记录衍射强度 $I(2\theta)$ 的计数器由电动机带动，按 θ 和 2θ 角大小的比例由低角度到高角度同步转动，以保证可能的衍射线进入计数器。由 2θ 方向产生衍射的高能量 X 射线进入计数管后可使其中的气体电离，游离物质所产生的电流晶自动电子记录仪放大后的信号直接相当于该衍射的 X 射线强度 I。将 I 作为纵坐标、2θ 为横坐标，用扫描记录仪将所测数据作图就得到典型的衍射谱图，同样可从衍射角 2θ 求出相应晶面距 d 的数值。

衍射仪法和照相法相比，优点是准确度高、速度快、便于操作，近年来发展的原位 X 射线衍射法可以了解物质在反应过程的相变过程，对研究催化反应特别有用。

（2）脱硝催化剂的晶型结构表征。对于 SCR 脱硝催化剂而言，XRD 方法主要用于表征确定催化剂的晶型结构。作为 SCR 催化剂的主要载体 TiO_2 主要有锐钛矿型和金红石型两种晶型结构。早在 20 世纪 70 年代 SCR 催化剂的研究中就发现，以锐钛矿 TiO_2 为载体的钒类催化剂具有很好的 SCR 催化反应活性，这是因为 V_2O_5 的存在形态对其活性有很大的影响，聚合态的钒氧化物的活性比单体的钒氧化物活性高，而在锐钛矿的 TiO_2 表面更容易生成聚合态的钒氧化物。同时，现有商业用 SCR 脱硝催化剂中加入 WO_3，一方面可提高催化剂的热稳定性，另一方面可阻止锐钛矿的 TiO_2 向金红石型转化。另外，相关研究表明，以锐钛矿型 TiO_2 为载体的催化剂中 V^{4+} 可以还原为 V^{3+}，而不能氧化为 V^{5+}；而在金红石型的催化剂上 V^{4+} 可以被氧化为 V^{+}，这就表明在金红石型催化剂表面具有更强的氧化性，更容易将 SO_2 氧化为 SO_3。烟气中的 SO_2 被氧化为 SO_3，能够和氨气或催化剂表面成分反应生成硫氨化合物，如 $(NH_4)_2SO_4$ 和 NH_4HSO_4。这些副产物沉积在催化剂表面堵塞催化剂孔道，同时可以进入催化剂孔道内部与 NO、NH_3 形成对活性位的竞争吸附。因此，SCR 脱硝催化剂的最佳晶型结构为锐钛矿型，若催化剂运行温度过高造成催化剂烧结，可能导致其晶型向金红石型转化，从而导致其脱硝性能下降。SCR 催化剂的晶型结构表征一般采用 X 射线衍射仪，如图 5-98 所示。

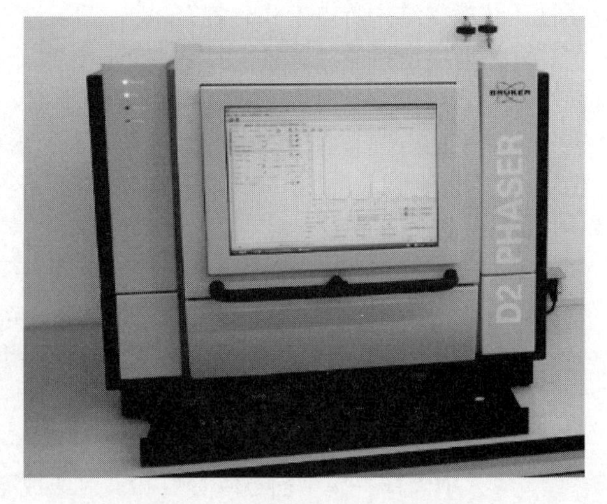

图 5-98 X 射线衍射仪（XRD）

通过 XRD 表征，可准确判断催化剂的晶型结构。典型的 SCR 脱硝催化剂 XRD 谱图如图 5-99 所示。从图 5-99 中可以看出，谱线在 2θ 为 25.55°、37.15°、48.35°、54.15°和 55.35°出现强衍射峰（图中 A 标注），与典型锐钛矿晶型 TiO_2 出峰位置完全吻合，说明催化剂晶型为锐钛矿型。

如果催化剂使用过程中运行温度过高，导致催化剂烧结，则催化剂的晶型会由锐钛矿型向金红石型转化，如图 5-100 中，谱线衍射峰依然在锐钛矿型 TiO_2 特征出峰位置出现较强衍射峰，如图 5-100 中标识 A，但同时也出现了金红石相 TiO_2 在 2θ 为 27.4°、36.0°、54.3°位置的特征衍射峰，如标识 R，这说明催化剂中已经含有部分金红石相 TiO_2。由此可见，通过 XRD 方法对催化剂晶型的判别，可准确掌握催化剂的晶型状态，可判断是否由于晶型转化造成催化剂性能的下降。

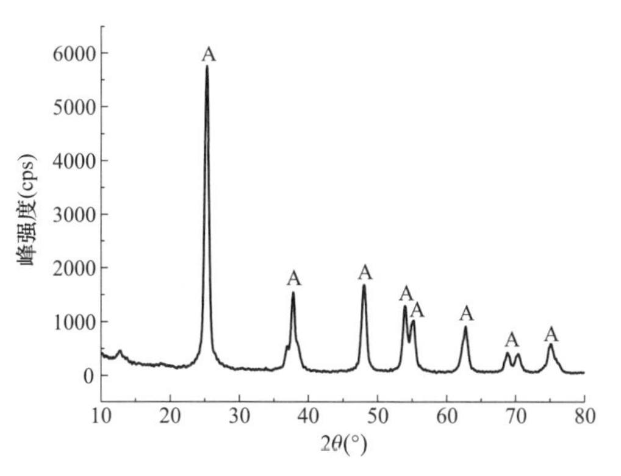

图 5-99 典型的 SCR 催化剂 XRD 谱图

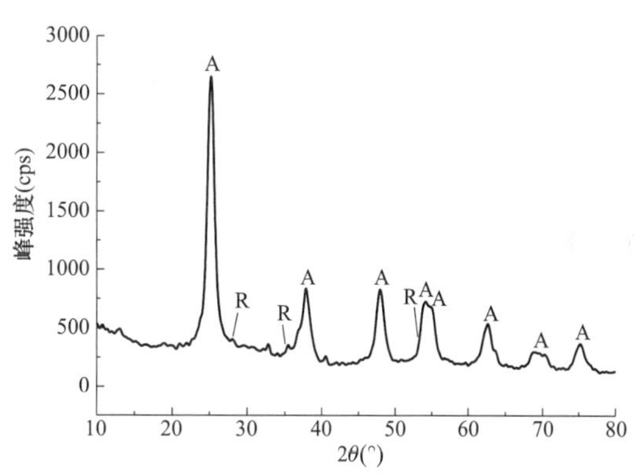

图 5-100 锐钛矿和金红石型混合的 SCR 催化剂 XRD 谱图

一般 SCR 脱硝催化剂的理想运行温度范围为 300～400℃，目前商业用 SCR 脱硝催化剂均呈现锐钛矿型，实际运行过程中很少出现催化剂晶型转化等问题的发生。因此，在 GB/T 31587—2015《蜂窝式烟气脱硝催化剂》、GB/T 31584—2015《平板式烟气脱硝催化剂》和 DL/T 1286—2013《火电厂烟气脱硝催化剂检测技术规范》中均未将 XRD 表征列为催化剂性能检测项目。目前，XRD 表征主要应用于催化剂制备研究，在催化剂失活原因分析过程中，XRD 表征也可作为一种辅助手段使用。

3. 扫描电镜

（1）扫描电镜的原理及特点。

1）扫描电镜的工作原理与组成。扫描电镜（Scanning Electron Microscope，SEM）是将一束细聚焦的电子束在样品表面上逐点扫描成像。扫描电镜的试样为块状或粉末颗粒，成像信号为二次电子、背散射电子或吸收电子。其中二次电子是最主要的成像信号。由电子枪发射的能量为 5～35keV 的电子，以其交叉斑作为电子源，经二级聚光镜及物镜的缩小形成具有一定能量、一定束流强度和束斑直径的微细电子束，在扫描绕组驱动下，于试样表面按一定时间、空间顺序作栅网式扫描。聚焦电子束与试样相互作用，产生二次电子发射（以及其他物理信号），二次电子发射量随试样表面形貌而变化。二次电子信号被探测器收集转换成电信号，经视频放大后输入到显像管栅极，调制与入射电子束同步扫描的显像管亮度，得到反映试样表面形貌的二次电子像。

扫描电镜包括电子光学系统、信号收集和显示系统、真空系统和电源系统。电子光学系统由电子枪、电磁透镜、光栅、样品室等部件组成，它的作用是得到具有较高的亮度和尽可

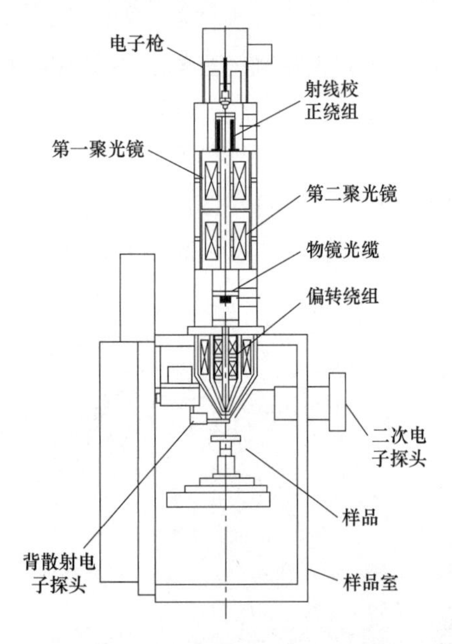

图 5-101　扫描电镜的工作原理图

能小的束斑直径的扫描电子束。在光学系统中扫描电镜的最后一个透镜的结构有别于透射电镜，它是采用上下极靴不同孔径不对称的磁透镜，这样可以大大减少下级靴的圆孔直砸，从而减少样品表面的磁场，避免磁场对二次电子轨迹的干扰，不影响对二次电子的收集。另外，末级透镜中要有一定的空间，用来容纳扫描绕组和消像散器。扫描绕组是扫描电镜的一个十分重要的部件，它使电子作光栅扫描，与显示系统的 CRT 扫描绕组由同一锯齿波发生器控制，以保证镜筒中的电子束与显示系统 CRT 中的电子束偏转严格同步。扫描电子显微镜的样品室要比透射电镜复杂，它能容纳大的试样，并在三维空间进行移动、倾斜和旋转。信号收集和显示系统包括二次电子和背反射电子收集器、吸收电子检测器、X 射线检测器、显示系统等。扫描电镜工作原理及构造组成如见图 5-101 所示。

扫描电镜具有以下特点：

a. 可以观察直径为 0～30mm 的大块试样，制样方法简单。

b. 场深大，三百倍于光学显微镜，适用于粗糙表面和断口的分析观察，图像富有立体感、真实感，易于识别和解释。

c. 放大倍数变化范围大，一般为 15～200000 倍，最高可达 10～1000000 倍，对于多相、多组成的非均匀材料，便于低倍下的普查和高倍下的观察分析。

d. 具有相当高的分辨率，一般为 2～6nm，最高可达 0.5nm。

e. 可以通过电子学方法有效地控制和改善图像的质量，如通过调制可改善图像反差的宽容度，使图像各部分亮暗适中，采用双放大倍数装置或图像选择器，可在荧光屏上同时观察不同放大倍数的图像或不同形式的图像。

f. 可进行多种功能的分析，与 X 射线谱仪配接，可在观察形貌的同时进行微区成分分析，配有光学显微镜和单色仪等附件时，可观察阴极荧光图像和进行阴极荧光光谱分析等。

g. 可使用加热、冷却和拉伸等样品进行动态试验，观察在不同环境条件下的相变及形态变化等。

2）扫描电镜的主要性能。扫描电镜的主要性能指标有放大倍数、景深、分辨率。

a. 放大倍数 M 定义为显像管中电子束在荧光屏上最大扫描距离和镜筒中电子束针在试样上最大扫描距离的比值，即

$$M = l/L$$

式中　l——荧光屏长度；

L——电子束在试样上扫过的长度。

这个比值是通过调节扫描绕组上的电流来改变的。

b. 景深、分辨率也是扫描电镜的主要性能指标。扫描电镜的景深比较大，成像富有立体感，特别适用于粗糙样品表面的观察和分析。在理想情况下，二次电子像分辨率等于电子束斑直径。

（2）催化剂扫描电镜测试。扫描电镜可以直接观察物体的表面，因此，通过催化剂表面形貌分析可以对催化剂的表面晶粒形状大小、活性表面的结构与催化剂的关系、催化剂的制备、催化剂的失活等方面进行研究。图 5-102 所示为新、旧催化剂的 SEM 扫描电镜图，从图中可以看出，新鲜催化剂表面颗粒分布均匀，没有出现大面积的抱团和板结现象。而运行后的催化剂则出现了明显的团块和板结。抱团和板结后的催化剂会发生明显的孔隙率降低和比表面积减小的现象，不能为催化剂表面的催化反应提供良好的空间条件，不利于催化反应的进行。

(a)

(b)

图 5-102 SCR 催化剂 SEM 扫描电镜图

（a）新催化剂；（b）旧催化剂

但是，由于扫描电镜的分辨率较低导致其在许多应用方面受到了一定的限制。目前，还没有任何一项催化剂性能必须专门由 SEM 测试，也不可能单由 SEM 测试对催化剂进行研究。在 GB/T 31587—2015《蜂窝式烟气脱硝催化剂》、GB/T 31584—2015《平板式烟气脱硝催化剂》和 DL/T 1286—2013《火电厂烟气脱硝催化剂检测技术规范》中均未将 SEM 测试列为催化剂性能检测项目。目前，SEM 测试主要应用于催化剂制备研究，在催化剂失活原因分析过程中，SEM 测试也可作为一种辅助手段使用。

（三）催化剂的化学成分分析

SCR 脱硝催化剂的主要成分视其配方不同一般包括二氧化钛（TiO_2）、三氧化钨（WO_3）、三氧化钼（MoO_3）、五氧化二钒（V_2O_5）、氧化钡（BaO）等。催化剂的化学成分分析是催化剂性能检测的重要手段，通过化学成分分析，一方面可判断催化剂的主要成分（TiO_2、WO_3、V_2O_5 等）是否有流失、是否处于正常范围内，另一方面通过分析催化剂中碱金属、碱土金属、重金属等元素的含量可一定程度上判断催化剂的失活状态。

1. 催化剂的主要化学成分

根据 GB/T 31587—2015《蜂窝式烟气脱硝催化剂》、GB/T 31584—2015《平板式烟气脱硝催化剂》和 DL/T 1286—2013《火电厂烟气脱硝催化剂检测技术规范》的要求，催化剂的主要化学成分分析应采用 X 射线荧光光谱仪（XRF）进行表征，如图 5-103 所示。具体分析方法可参照 GB/T 31590—2015《烟气脱硝催化剂化学成分分析方法》开展。GB 31590—2015 规定了烟气脱硝催化剂中钒、钛、钨、钼、硅、铅、钡、钙等主要元素质量分数的测定方法。

XRF 方法测量的原理是各元素的原子受到高能辐射激发而引起内层电子的跃迁，同时发出具有一定特征波长的 X 射线，根据测得的谱线的波长和强度进行元素定性和定量分析。

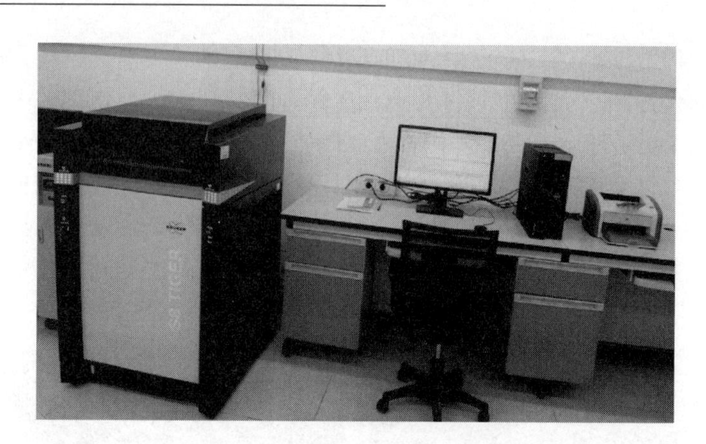

图 5-103　X 荧光光谱仪（XRF）

测量过程主要包括试样取样、制备和测量等步骤。试样取样时应避开催化剂单元体的硬化部位，从催化剂的前、中、后端分别取样进行混合制样，如图 5-104 所示。取适量的样品置于瓷研钵内破碎研磨，用孔径为 75μm 的试验筛筛分，取 15～20g 粒度小于 75μm 的试样置于烘箱中，105℃干燥 2h，取出放入干燥器中冷却备用。

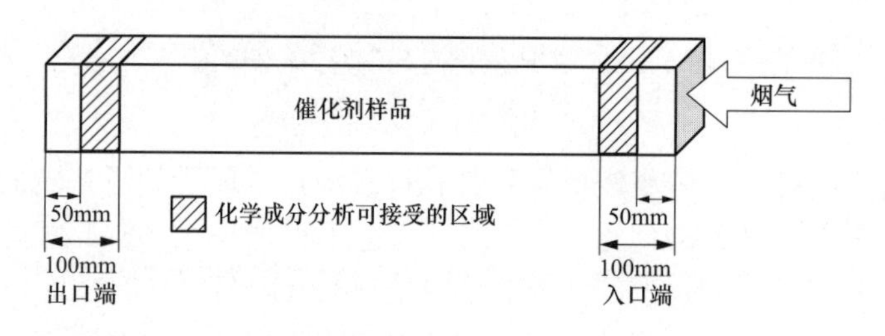

图 5-104　脱硝催化剂化学成分分析取样部位示意图

催化剂试样的制备可采用熔融法或压片法。熔融法为仲裁法，制备过程如下：称取约 1.0g 试样置于预先在 1150℃恒量的瓷坩埚内，将瓷坩埚连同试样一起放入马弗炉内，于 1150℃灼烧恒量；称取试样与偏硼酸锂或无水四硼酸锂混合后置于铂金坩埚中，加入 1mL 溴化锂溶液或碘化铵溶液。将铂金坩埚移至马弗炉内，1150℃下熔融 15min 后取出置于耐火材料上冷却，熔融时需转动或振动铂金坩埚以保证熔融均匀。制得的试样应是均匀的玻璃体，无气泡或未熔小颗粒，下表面平整、光滑。

图 5-105　压片法制样示意

压片法与熔融法相比最大的优点在于操作简单，实际检测过程中最为常用。压片法制备过程如图 5-105 所示，称取一定量的试样倒入模具中，用压片机加压至 25MPa 以上，并保持 15s，取出置于干燥器内待用。制得的样片表面应平整、光滑，无裂缝或松散。

样品制备完成后可直接使用 X 荧光光谱仪进行测试分析，主要测试钒、钛、钨、钼、硅、铝、钡、钙等元素质量分数，根据 GB/T 31587—2015《蜂窝式烟气脱硝催化剂》和

GB/T 31584—2015《平板式烟气脱硝催化剂》的要求，催化剂中 TiO_2 质量分数应大于或等于 75%。对于其他元素成分，一般要求对新催化剂进行测试，并记录、存档，随后对运行后的相同催化剂进行化学成分分析，可直观反映催化剂主要化学成分的变化情况，便于催化剂性能的评价。

2. 其他微量元素

随着催化剂运行时间的增加，烟气中的各种成分会在催化剂表面沉积或发生化学反应，导致催化剂性能下降，也称为催化剂中毒。一般 SCR 脱硝催化剂的化学中毒分为碱及碱土金属中毒（K、Na、Ca 等）、砷中毒（As）、重金属中毒（Hg、Pb 等）。因此，通过对催化剂微量元素的测试分析，可进一步深入分析催化剂的状态，分析催化剂失活的原因。

在 DL/T 1286—2013《火电厂烟气脱硝催化剂检测技术规范》中，催化剂的微量元素（包括钾、钠、钙、铁、磷、砷等）可采用电感耦合等离子发射光谱仪进行测试。测试仪器具体要求如下：波长为 160～820nm，反射功率不大于 10W，功率波动不大于 0.1%，频率稳定性不大于 0.1%。电感耦合等离子体（Inductive Coupled Plasma Emission Spectrometer，ICP）是目前用于原子发射光谱的主要光源。ICP 为环形结构，具有温度高、电子密度高、惰性气氛等特点，用它做激发光源具有检出限低、线性范围广、电离和化学干扰少、准确度和精密度高等优点。采用 ICP 对 SCR 脱硝催化剂的微量元素进行检测时，首先要对催化剂进行消解，一般使用微波消解仪进行消解。ICP 检测过程中使用的主要仪器如图 5-106～图 5-108 所示。

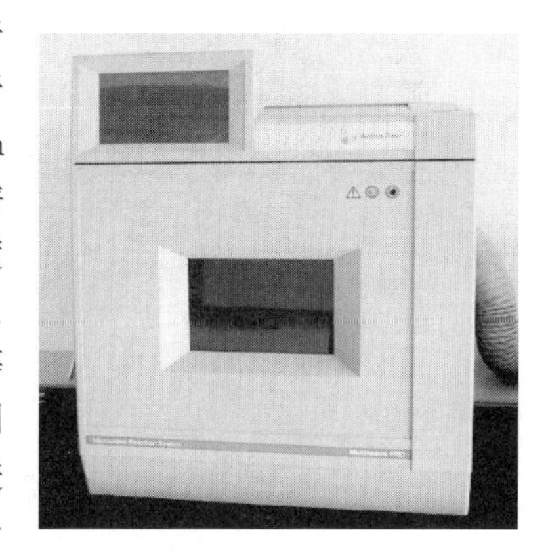

图 5-106 微波消解仪

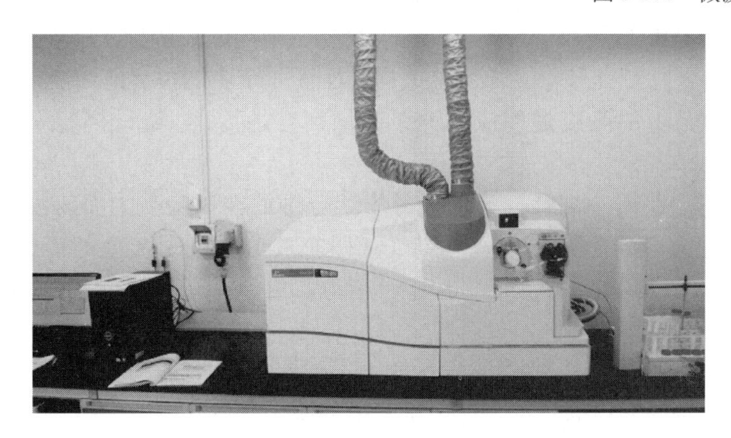

图 5-107 电感耦合等离子质谱仪（ICP-MS）

3. 催化剂表面沉积物

烟气中的水溶性离子随飞灰堆积在 SCR 催化剂表面，会对催化剂产生毒害作用。其中水溶性阳离子如 K^+、Na^+ 等碱金属离子的存在会使得催化剂活性位 B 酸位（V-OH 和 W-OH）的数量明显减少，同时也削弱了 B 酸位的酸性，从而影响催化剂对 NH_3 的吸附，导致脱硝效率的降低；而碱土金属 Ca^{2+}、Mg^{2+} 等和水溶性阴离子反应会结合生成碱土金属化合物，如 $CaSO_4$、$CaCO_3$、$Ca_3Mg(SiO_4)_2$ 等，这些物质会导致催化剂孔道的堵塞。

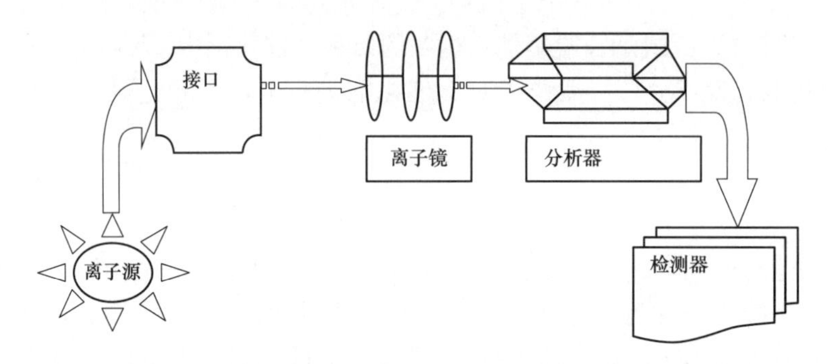

图 5-108　电感耦合等离子质谱仪（ICP-MS）测量原理示意图

图 5-109　离子色谱仪（IC）

一般可采用离子色谱仪（如图 5-109 所示）进行催化剂表面水溶性离子的测试分析，取一定量的催化剂并加入适量的超纯水，通过搅拌、超声震荡等使水溶性离子完成溶解，取上清液进行测试分析，通过水溶性离子含量可一定程度上判定催化剂的失活情况及失活原因。

（四）催化剂的机械性能

1. 抗压强度

抗压强度是蜂窝式脱硝催化剂机械性能的主要指标，抗压强度测试包括径向抗压强度和轴向抗压强度。根据 GB/T 31587—2015《蜂窝式烟气脱硝催化剂》，抗压强度的测试方法如下：

（1）试样的制备。在催化剂单元体的未经硬化部位，截取 6 个长度为 150mm±2mm 的试样。试样应保持结构完整且无裂纹，切割面应平整、光滑并与催化剂孔壁垂直。测量试样受压面 4 个不同位置的高度以检验受压面的平行度，任何两个测量点的高度之差应不大于平均高度的 2%。将试样装入塑料袋中折叠封好，待用。

（2）测试过程。将两片高岭棉或陶瓷纤维纸分别放在试验受力面的顶部和底部，再将试样置于压力试验及两块压板的中心位置（试样应被试验机压板全部覆盖）。开启压力试验机并以 1125N/s 的加压速率连续均匀施加压力，直至试验完全破损或压力试验机完全停止。对于新催化剂，轴向和径向各测试 3 个试样，取 3 次测定结果的平均值作为测定结果。

（3）催化剂的轴向和径向抗压强度 p 的计算式为

$$p = F/(LW)$$

式中　p——轴向和径向抗拉强度，MPa；

F——最大压力示值的数值，N；

L——试样顶部或底部长度的数值，mm；

W——试样顶部或底部宽度的数值，mm。

DL/T 1286—2013《火电厂烟气脱硝催化剂检测技术规范》中抗压强度的测试方法与 GB/T 31587—2015《蜂窝式烟气脱硝催化剂》、GB/T 31584—2015《平板式烟气脱硝催化剂》相同，试验仪器主要是压力试验机，要求量程不大于1125kN，示值误不大于±2%。计算机控制压力试验机如图5-110所示。

2. 磨损强度

磨损强度也是脱硝催化剂机械性能的主要指标之一，对于蜂窝式催化剂和平板式催化剂，磨损强度的测试方法有所不同。催化剂磨损强度的测试方法如下：

(1) 蜂窝式催化剂磨损强度的测定。蜂窝式催化剂的磨损强度采用加速试验方法测试。测试装置由风机、风量调节阀、自动给料机、对比样品仓和磨损剂收集装置、除尘装置等主要部分组成。测试样品和对比样品可以采用串联或并联方式，测试装置示意图如图5-111和图5-112所示。

图5-110 计算机控制压力试验机

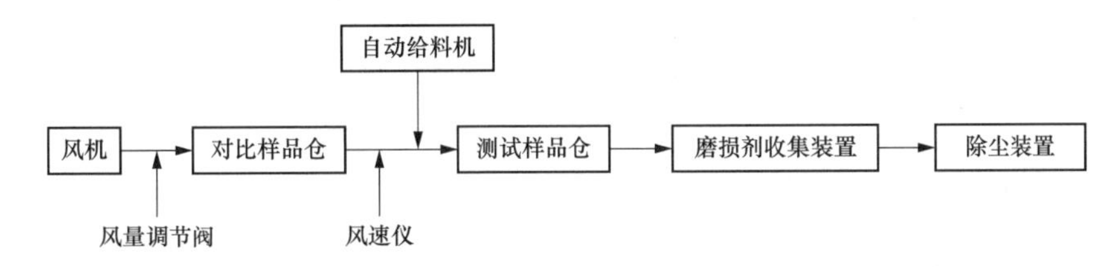

图5-111 样品仓串联布置的磨损强度测试装置流程图

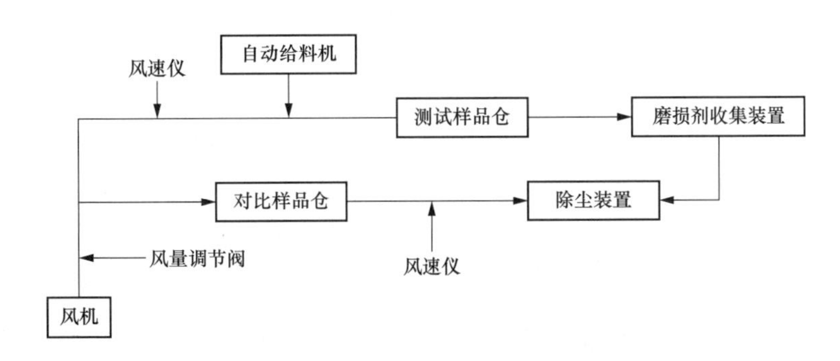

图5-112 样品仓并联布置的磨损强度测试装置流程图

具体测定步骤为：将试样用海绵或高岭棉包裹后，置于样品仓中，若样品经过硬化处理，应将硬化端作为迎风面。保持样品外壁与仓壁之间完全密封，使空气和磨损剂完全从试样的通道中流过。控制并调节催化剂通道内风速为（14.5±0.5)m/s（标准状态），进入样品仓前的风管直径为65mm，磨损剂（干燥，粒径为0.300～0.425mm的高硬度石英砂）浓度为（50±5)g/m^3，2h后停止。取出试样，置于烘箱中105℃下干燥2h，取出并自然冷却至室温后称重。通过对测试前后试样质量的变化计算催化剂磨损率。

(2) 平板式催化剂磨损强度的测定。平板式催化剂的磨损强度用旋转式磨耗测试仪进行测定。首先用切割机截取长度和宽度均为90mm（不包括褶皱部分）且表面平整的试样，用锥钻在试样中心钻孔。将钻孔后的试样放入烘箱中，60℃干燥30min，取出放入干燥器中冷却 30min，密闭称重，待用。

具体测定步骤如下：在温度为 10～30℃、相对湿度为 15%～75%的环境条件下，将试样固定在磨耗测试仪中，吸尘管与试样之间距离为（6±0.5)mm，吸尘管管口内径为（7.5±0.5)mm。测试时采用硬度为（90±5)HA 的橡胶磨轮，宽度为（13±1)mm；单个磨轮的附加砝码质量为 750g，磨轮转速为 60r/min，转数为 300r。研磨结束后，将试样再次放入烘箱中，60℃干燥 30min，置于干燥器中冷却 30min，密闭称重。通过测试前、后试样质量的变化计算催化剂磨损率。

四、催化剂优化管理软件

随着 SCR 脱硝系统在我国火力发电厂的广泛应用，SCR 催化剂及脱硝系统的运行管理问题日益突出。但与此相矛盾的是当前我国 SCR 烟气脱硝技术尚处于起步阶段，主要依靠引进国外技术，国内运行经验积累较少，相关的运行优化技术和优化支持软件开发比较欠缺。以下介绍作者单位在借鉴国外催化剂管理经验基础上，开发的催化剂综合分析管理系统。该系统将已成功应用于催化剂和脱硝系统优化设计中的数值模拟技术引入催化剂及脱硝系统运行特性的模拟分析中，通过对服役过程中催化剂及脱硝系统性能的模拟计算，得到不同服役期的 SCR 脱硝系统氨氮比的运行调节曲线，为现场脱硝系统的优化运行提供依据。在催化剂更新方案评估上，提出了一套催化剂活性修正方法，得到了催化剂在现场 SCR 反应器中的表观活性，提升了基于活性的反应器性能计算准确度，从而提高了催化剂更新方案评估的可靠性和实用性。利用催化剂活性检测历史数据，确定了催化剂钝化函数，进行了催化剂活性和脱硝系统潜能预测，然后利用基于活性的反应器性能计算方法，预测了服役过程中脱硝系统的性能变化曲线，并根据当前的环保标准确定了催化剂更新周期。另外，还建立了催化剂产品数据库，可以对选用不同型号催化剂时脱硝系统的运行特性、催化剂更新周期、更新方案成本效益进行计算，从而为催化剂选型提供了依据。

（一）催化剂优化管理内容

SCR 催化剂及脱硝系统运行管理内容如图 5-113 所示，包括日常管理、脱硝系统运行、催化剂更新、催化剂选型 4 个部分。其中，日常管理的内容有催化剂活性评价、脱硝系统现场性能试验和脱硝系统运行记录；脱硝系统运行管理包括催化剂反应动力学测定、催化剂及脱硝系统运行特性模拟、脱硝系统运行调节曲线计算；催化剂更新管理包括催化剂活性及反

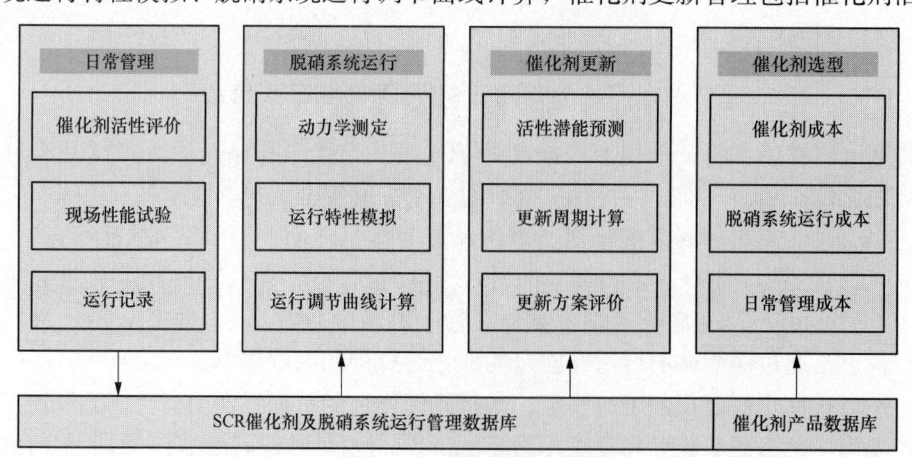

图 5-113　SCR 催化剂及脱硝系统运行管理主要内容

应器潜能预测、催化剂更新周期计算、催化剂更新方案成本效益评价；催化剂选型管理包括基于各项成本计算的催化剂造型优化。以上各项管理工作的有效开展必须基于大量的实际运行数据积累，因此需要建立运行管理数据库及催化剂产品数据库。

（二）催化剂管理系统开发

SCR催化剂寿命管理系统开发的目标是研发SCR催化剂管理系统，积累总结催化剂的相关运行数据，建立SCR催化剂特征数据库。最终达到利用SCR催化剂管理系统指导电厂进行脱硝系统的优化运行、催化剂的管理和维护以及催化剂层的再生、更换及增加的目的。

1. 总体规划

催化剂寿命管理系统属于火力发电厂企业管理信息系统范畴，提供对涵盖SCR脱硝系统设计、催化剂使用、更换或再生，直至报废整个寿命期内的信息收集与管理过程的支持，以满足电厂对SCR催化剂全生命周期管理的需要。从电厂催化剂寿命管理业务的需求出发，系统分为以下功能：

（1）机组基础信息管理。包括机组、燃料、SCR脱硝系统设计、反应器、催化剂信息的管理。

（2）运行记录及性能检测。其中运行记录包括燃料、性能指标、故障及启停、催化剂更新记录，性能检测包括现场性能试验、实验室活性检测。

（3）催化剂性能预测。包括催化剂活性预测、系统脱硝潜能预测。

（4）催化剂更新计划评估。包括催化剂添加或更换计划的制定、更新效果及成本评估。

（5）催化剂产品库及排污收费标准。

2. 功能设计

根据系统总体规划，催化剂寿命管理系统分为系统登录、机组选择、机组信息管理、催化剂性能检测、催化剂性能预测、催化剂管理计划、脱硝系统运行记录、基础信息管理、用户和帮助十个功能模块，分别完成用户合法性验证、机组选择、机组基础信息管理、催化剂现场及实验室性能试（实）验信息管理、催化剂活性及潜能预测、催化剂更新方案效果评估、脱硝系统运行记录管理、催化剂产品信息库及NO_x排污收费标准信息管理、用户密码管理及操作指导等功能。系统功能结构如图5-114所示。

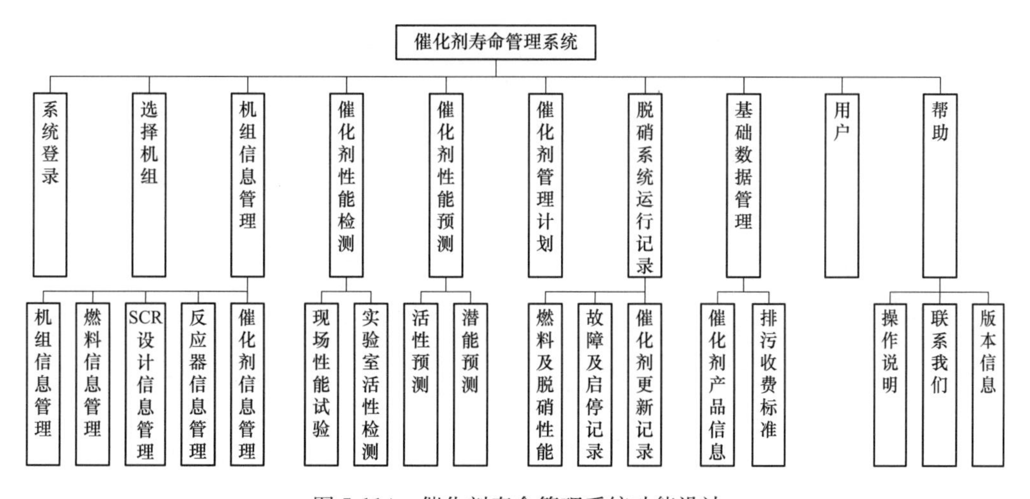

图5-114 催化剂寿命管理系统功能设计

3. 系统开发示例

以下为某催化剂管理软件的实例。包括机组选择、机组信息模块、检测数据信息、催化剂活性预测模块、催化剂更新计划管理模块等。图 5-115～图 5-123 为部分相应的模块界面示例。

图 5-115　机组选择界面

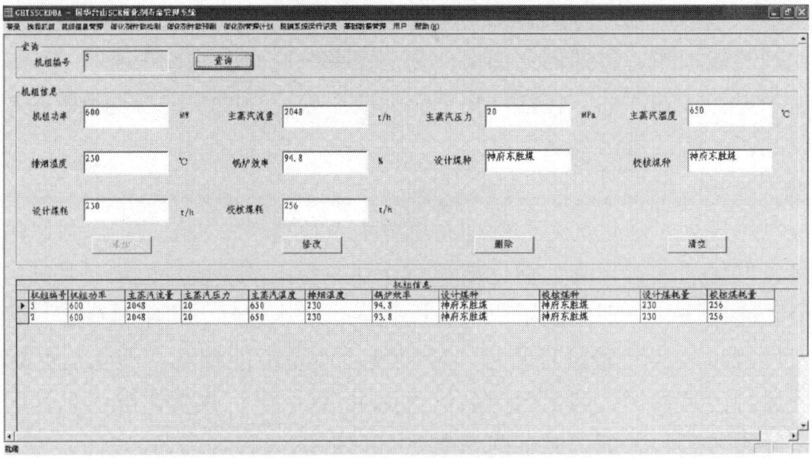

图 5-116　机组信息管理界面

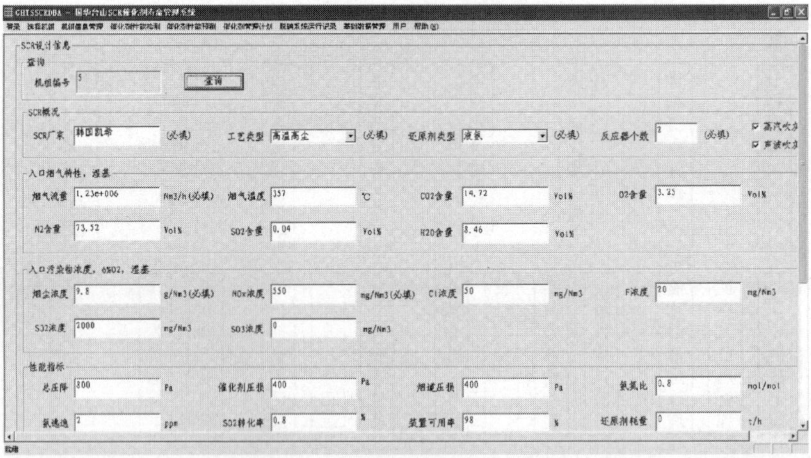

图 5-117　SCR 设计信息管理界面

GHTSSCRDBA － 国华台山SCR催化剂寿命管理系统

登录 选择机组 机组信息管理 催化剂性能检测 催化剂性能预测 催化剂管理计划 脱硝系统运行记录 基础数据管理 用户 帮助(H)

反应器信息

查询

机组编号 5　反应器编号 A　查询

结构性能指标

催化剂层数 2 (必填)　催化剂体积 483　反应器宽度 0 m3　反应器深度 0 m

反应器高度 0 m　运行温度范围 320 － 400 ℃　最高运行温度 480 ℃　最低运行温度 290 ℃

烟气流速 0 m/s　烟气阻力 0 Pa　附加层体积 0 m3

投运至安装附加层的年数 3.5 年　安装附加层至第一次更换的年数 2 年

添加　修改　删除　清空

反应器设计信息

	机组编号	反应器编号	催化剂层数	催化剂体积	反应器深度	反应器宽度	反应器高度	运行温度范围下线	运行温度范围上线	最高运行温度	最低运行温度	烟气流速	烟气
▸	5	B	2	483				320	400	480	290		
	5	A	2	483				320	400	480	290		

就绪

图 5-118 SCR 反应器信息管理界面

GHTSSCRDBA － 国华台山SCR催化剂寿命管理系统

登录 选择机组 机组信息管理 催化剂性能检测 催化剂性能预测 催化剂管理计划 脱硝系统运行记录 基础数据管理 用户 帮助(H)

催化剂信息

查询

机组编号 5　反应器编号 A　催化剂层号 1　安装日期 2011-12-24　查询　上一条记录　下一条记录

催化剂基本信息

催化剂编号 50HSD10BT001 (必填)　催化剂类型 波纹板 (必填)　催化剂型号 DNX-864 (必填)　生产厂家 托普索 (必填)

催化剂体积 120 m3 (必填)　催化剂重量 20 t　催化剂基材 TiO2　活性成分1 V2O5

活性成分2 WO3　活性温度范围 290 － 480 ℃　模块长度 1878 mm　模块宽度 946 mm

模块高度 1435 mm　催化剂模块数 15 x 10 块　催化剂节距 6.8 mm　催化剂壁厚 0.7 mm

空隙率 76 %　比表面积 470 m2/m3(必填)

蜂窝催化剂结构

模块孔道数 0 x 0 孔

内框宽度 0 mm

外框宽度 0 mm

板式化剂结构

模块板数 10 片

棱 宽 0 mm

棱 高 0 mm

棱展长 0 mm

波纹板催化剂结构

模块板数 30 片

峰 高 8 mm

峰间距 20 mm

斜边长 12 mm

夹 角 90 °

就绪

图 5-119 催化剂信息管理界面

GHTSSCRDBA － 国华台山SCR催化剂寿命管理系统

登录 选择机组 机组信息管理 催化剂性能检测 催化剂性能预测 催化剂管理计划 脱硝系统运行记录 基础数据管理 用户 帮助(H)

现场性能试验

查询

机组编号 5　试验日期 2009- 7-23　反应器编号 A　工况序号 1　查询　上一条记录　下一条记录

试验结果

试验编号 GHTD-SCR-20090723 (必填)　试验者 广东电科院　机组负荷 600 MW (必填)　燃料耗量 0 t/h

烟气量(干) 0 Nm3/h(6%O2)　水分含量 0 %　CO2含量 0 %　SO2含量(干基) 0 mg/Nm3(6%

Cl含量(干) 0 mg/Nm3(6%O2)　稀释风量 3300 m3/h(必填)　喷氨量 92 m3/h(必填)　入口烟气量 1.73918e+006 Nm3/h(必填

入口烟温 340 ℃(必填)　入口烟气压力 0 Pa　入口NOx量 230 ppm(必填)　入口O2量 0 %

入口SO3量 0 mg/Nm3　入口SO2量 0 mg/Nm3　入口NH3量 178 ppm(必填)　出口烟气量 0 Nm3/h

出口烟温 0 ℃　出口烟气压力 0 Pa　出口NOx量 46 ppm(必填)　出口O2量 0 %

出口SO3量 23 mg/Nm3(必填)　出口SO2量 0 mg/Nm3　出口NH3量 0.3 ppm(必填)　反应器压损 356 mmH2O(必填

氨逃逸率 0.3 ppm(必填)　锅炉SO2转化率 0 %　反应器SO2转化率 0.2 %(必填)　脱硝效率 80 %(必填)

添加　修改　删除　清空

就绪

图 5-120 现场性能试验数据管理界面

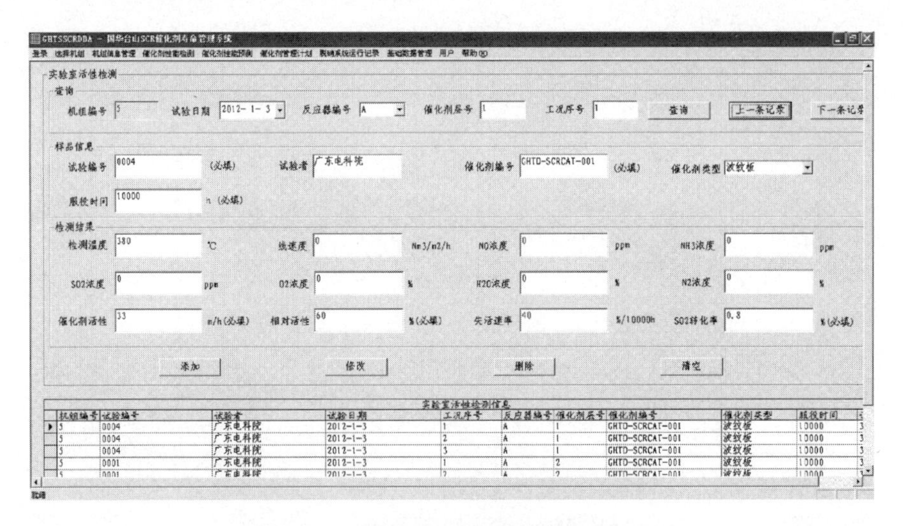

图 5-121　催化剂活性检测数据管理界面

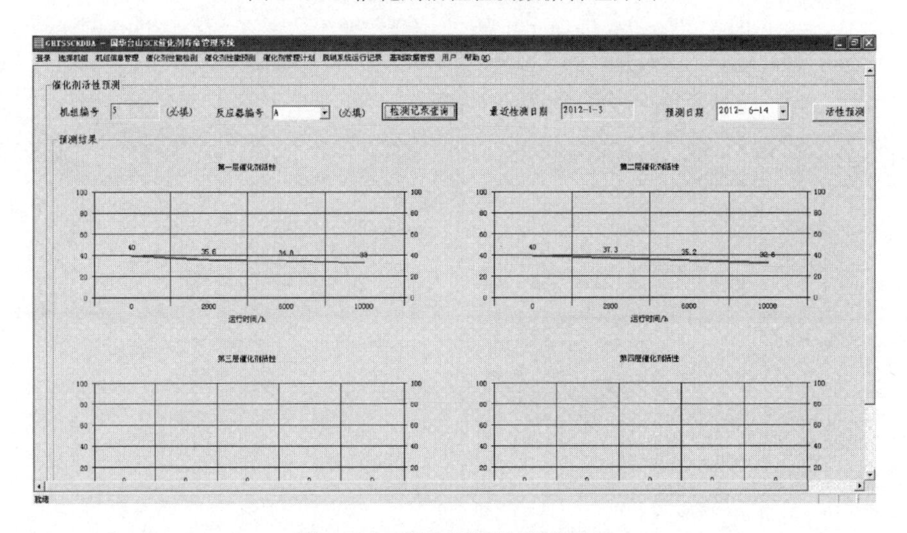

图 5-122　催化剂活性预测界面

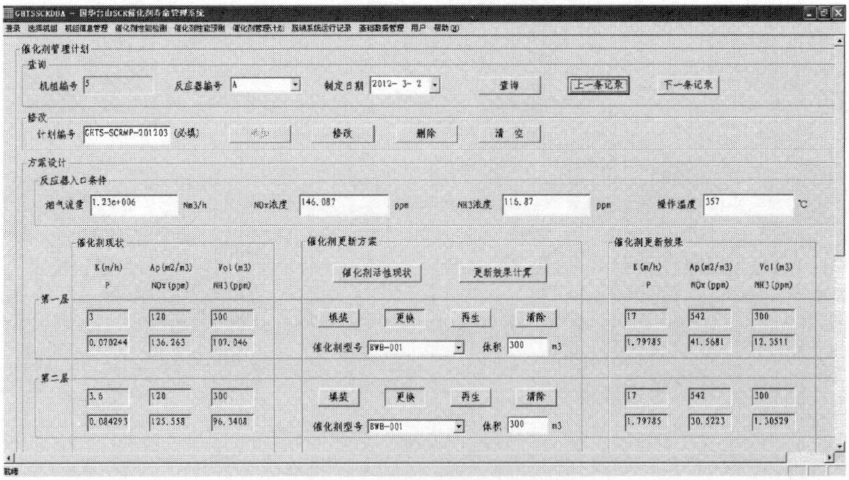

图 5-123　催化剂管理计划界面

应用催化剂管理系统对某机组SCR脱硝系统进行分析。

首先，将实验室测得的催化剂活性输入系统，如图5-124所示。

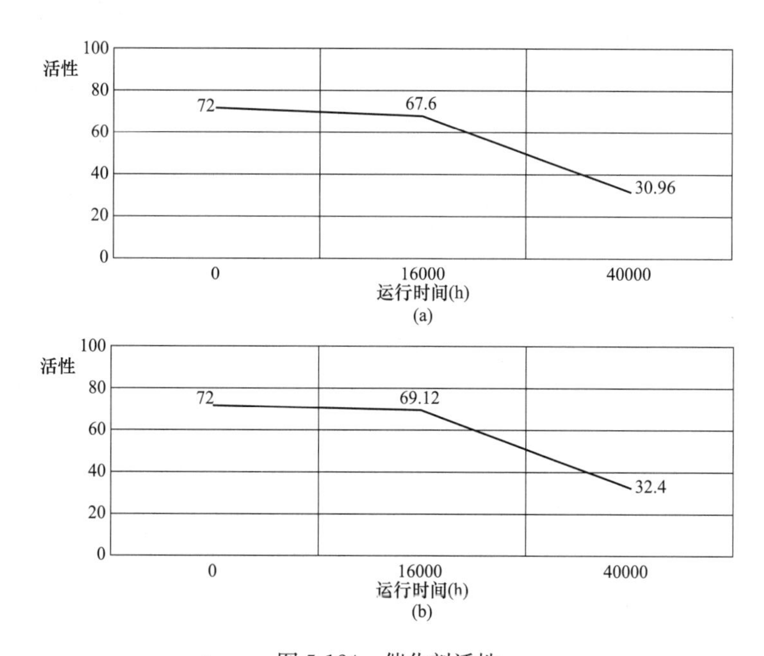

图5-124 催化剂活性

(a) 第一层催化剂活性（修正后）；(b) 第二层催化剂活性（修正后）

然后，计算SCR反应器潜能，发现已低于临界值，提示更新催化剂，如图5-125所示。

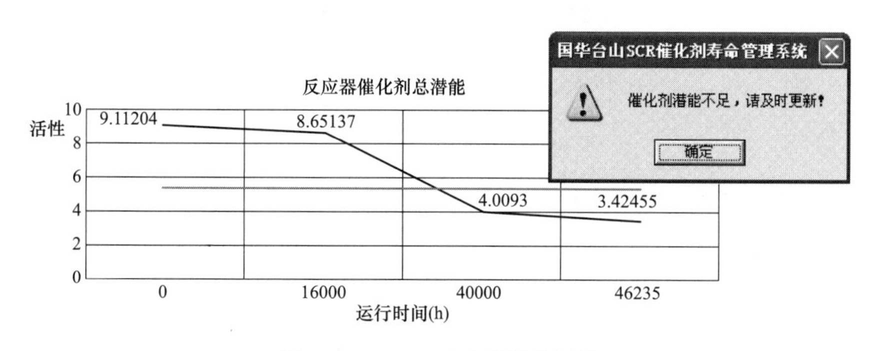

图5-125 SCR反应器潜能计算

为了满足NO_x排放要求，并保证氨逃逸低于3μL/L，必须添加新的催化剂，如图5-126所示。

五、催化剂更换周期及策略优化

催化剂管理就是根据催化剂的失活速率、性能要求和系统能力来预测何时需要加装、替换或者再生催化剂层。但是催化剂管理也不仅仅是简单地规划未来的催化剂更换或者添加。有效的催化剂管理是一个长期的计划，需要全面考虑计划停机安排、污染物排放法律法规、可利用的污染物控制技术和电厂的设备运行调整等各方面因素，制定合理的管理方案，优化

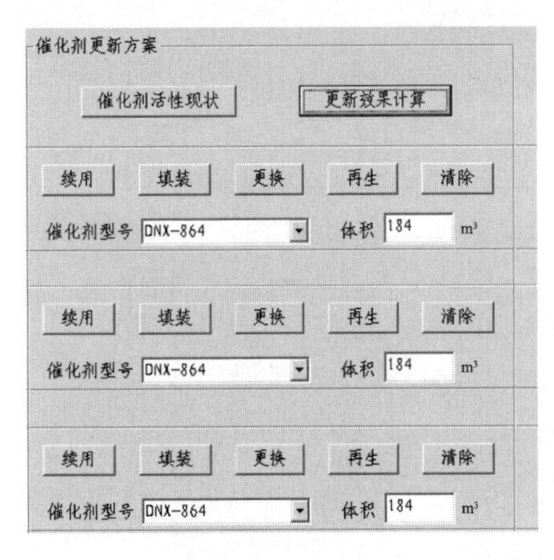

图 5-126　添加第三层降低 NO_x 排放方案

设备运行状况，从而实现最低的发电成本。

（一）催化剂更换发生

每个 SCR 脱硝反应器都有规定的性能保证，在设计工况下，在催化剂使用寿命内，脱硝效率不低于最低保证值，氨逃逸率不超过最大保证值。一旦催化剂达到使用寿命后，其性能就无法保证运行要求了，此时就必须更换部分催化剂或者向反应器中添加更多的催化剂。

1. 更换全新催化剂

国内大部分火力发电厂 SCR 脱硝反应器都设计有 3 层催化剂位置，开始运行时安装 2 层催化剂，第 3 层留空，如图 5-127（a）所示。运行一段时间后，厂家通常保证为 3 年，催化剂活性下降到不能满足运行要求了，加装第 3 层催化剂，如图 5-127（b）所示。等到催化剂活性再一次不能满足要求时，再更换催化剂。此时第 1 层和第 2 层催化剂虽然服役时间相同，但是第 1 层催化剂更接近反应器入口，烟气条件比较恶劣，一般活性衰减得更快。因此，通常是从上到下依次更换催化剂，先更换第 1 层，如图 5-127（c）所示，随后再依次更换第 2 层、第 3 层催化剂。

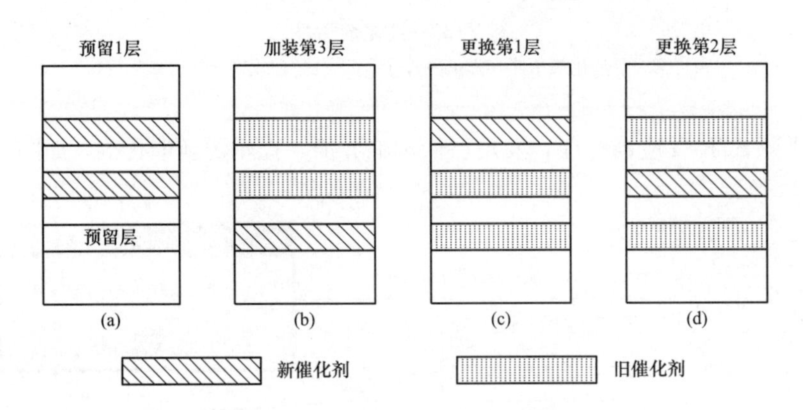

图 5-127　更换全新催化剂的顺序

先添加备用层，再依次更换催化剂层的催化剂更换策略广泛应用于国内外火力发电厂，是目前最主要的催化剂更换策略。这种方法成熟、稳定可靠，需要考虑的因素相对较少，但是由于每次都更换一层新催化剂，催化剂消耗量很大。另外，由于反应器填满了三层催化剂，系统压降会比较大。

2. 更换再生催化剂

随着催化剂再生技术的成熟，各大厂商和电厂也开始进行更换再生催化剂的研究。更换再生催化剂其中的一个方法就是每次保持反应器内留有一层空催化剂层，从上到下依次更换活性最低那一层催化剂，更换顺序如图 5-128 所示。

脱硝系统投入运行后，当催化剂活性第一次下降到最低允许值时，在第 3 层位置加装新催化剂，同时把第 1 层催化剂拆走送去再生，如图 5-128（b）所示。当下一次再需要更换催化剂时，在第 1 层位置安装上次再生好的催化剂，把原来第 2 层催化剂拆走送去再生，如图 5-128（c）所示。接着下一次更换催化剂时，在第 2 层位置安装上次再生好的催化剂，把原来第 3 层催化剂拆走送去再生，如图 5-128（d）所示。

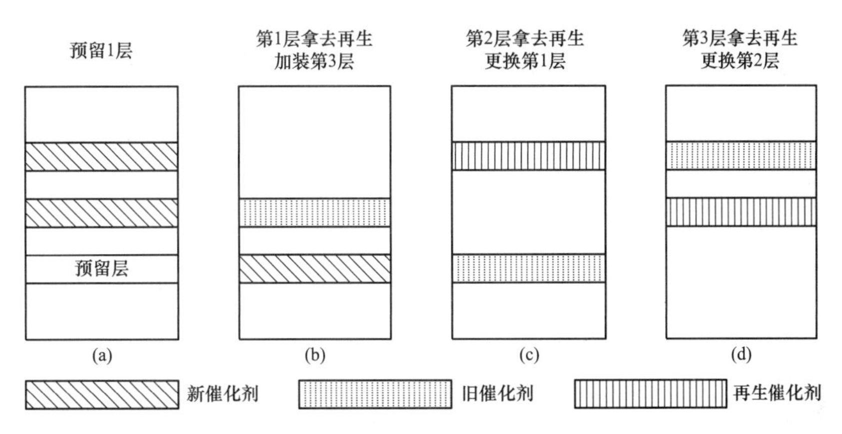

图 5-128　更换再生催化剂的顺序

催化剂再生成本大约相当于新催化剂的 60%，其运送和安装成本与新催化剂基本一样，因此，更换再生催化剂消耗的催化剂成本要比更换全新催化剂少很多。由于反应器里面同时只有 2 层催化剂，留有一空层，系统压降少，比较适用于燃用高灰分煤种。但是这样催化剂更换周期要比全部装满时短，一般不到 3 年就需要更换一次，这对停机计划提出了更高的要求。另外，再生催化剂要求催化剂的物理结构基本完整，如果损坏比较严重，则不能通过再生恢复活性，必须更换新的催化剂。

（二）催化剂活性预测模型

在脱硝系统运行过程中，由于中毒、堵塞等原因，催化剂的活性会随着时间推移而不断降低，称为催化剂失活。催化剂失活是一个十分复杂的物理化学过程。要准确描述反应器的性能，就必须研究催化剂活性随时间的变化规律，建立失活数学模型。对于一个具体的反应过程，目前还无法完全从理论上确定合适的失活方程类型及其中的关键参数。一般的做法是在催化剂使用的过程中定期测量催化剂的活性，再根据实际测量的数据来确定失活方程类型及其参数。对于 SCR 脱硝催化剂，通常是定期取样，在实验室模拟烟气条件下测量试样的活性，作为催化剂的真实活性。

根据国内外有关的工程测量数据，对于商业 SCR 烟气脱硝催化剂，失活方程一般具有指数型特征。假设催化剂失活速率为常数，指数型失活方程为

$$r_{\mathrm{k}} = -\mathrm{d}_{k}/\mathrm{d}_{t_c} = Ak$$

$$k = k_0 \exp(-At)$$

式中　r_{k}——催化剂的失活速率；

t_c——催化剂与反应物的累计接触时间；

A——失活速率；

k_0——催化剂初始活性。

（三）反应器脱硝性能计算

反应器是 SCR 脱硝系统的核心部件，是烟气中 NO_x 与 NH_3 在催化剂表面上反应生成

N_2 和 H_2O 的场所。SCR 脱硝反应器有两项最重要的性能指标：脱硝效率和氨逃逸率（出口氨浓度）。电厂也主要是根据这两项性能指标来制定催化剂管理计划，决定什么时候加装催化剂或者更换催化剂。

国内电厂 SCR 脱硝反应器的催化剂大多采用了“2+1”的布置形式。刚开始时运行时安装 2 层催化剂，预留第 3 层作预备层，等到运行一段时间后催化剂性能不能满足运行要求时再加装。

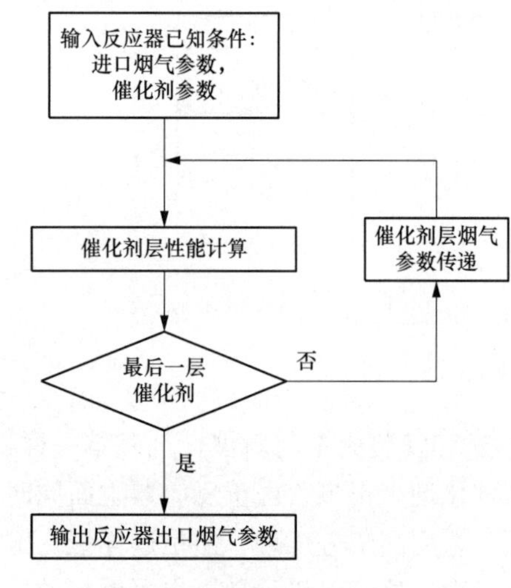

图 5-129　反应器性能计算逻辑

烟气从反应器进口流进，从上到下依次经过各层催化剂，发生脱硝反应，最后从反应器出口流出。进行 SCR 脱硝反应器性能计算时，采用逐层催化剂计算的方法，并且作以下几点简化处理：

（1）上一层催化剂的出口烟气参数作为下一层催化剂的入口烟气参数。

（2）反应器进口烟气参数作为第一层催化剂的进口烟气参数。

（3）最后一层催化剂的出口烟气参数作为整个反应器的出口烟气参数。

获得反应器已知条件如进口烟气参数、催化剂参数之后，从第 1 层催化剂开始计算，SCR 脱硝反应器性能计算逻辑如图 5-129 所示。

单层催化剂的脱硝效率表示为

$$\eta_i=\begin{cases}1-e^{-\frac{K_i}{V_{Ai}}} & (\gamma_i\geqslant 1.0)\\ \gamma_i\cdot(1-e^{-\frac{K_i}{V_{Ai}}}) & (\gamma_i<1.0)\end{cases}$$

式中　η_i——第 i 层催化剂的脱硝效率；

γ_i——第 i 层催化剂入口氨氮比；

K_i——标准状态下第 i 层催化剂活性，m/h；

V_{Ai}——标准状态下第 i 层催化剂的面速度，m/h。

其中，单层催化剂的面速度为

$$V_{Ai}=\frac{v_i}{A_i}$$

式中　v_i——标准状态下第 i 层催化剂进口烟气流量，m^3/h；

A_i——第 i 层催化剂表面积，m^2。

催化剂的潜能表示为

$$RP_i=\frac{K_i}{V_{Ai}}$$

式中　RP_i——第 i 层催化剂的潜能；

K_i——标准状态下第 i 层催化剂活性，m/h；

V_{Ai}——标准状态下第 i 层催化剂的面速度，m/h。

在逐层催化剂计算完成之后，所有催化剂层的潜能累加起来，就等于反应器的潜能

RP。同时，也可以得到SCR脱硝反应器出口的NO_x浓度和氨逃逸率为

$$c_{NO_x,out} = c_{NO_x,in} \prod_{i=1}^{n} (1-\eta_i)$$

$$c_{NH_3,out} = \gamma \cdot c_{NO_x,in} \prod_{i=1}^{n} (1-\eta_i)$$

式中 $c_{NO_x,in}$——NO_x进口浓度，$\mu L/L$；

$c_{NO_x,out}$——NO_x出口浓度，$\mu L/L$；

γ——反应器进口氨氮比。

（四）催化剂更新效益评估模型

催化剂的性能直接影响着反应器的运行状况，在估算催化剂更换成本时，不能仅考虑催化剂消耗的成本，还应该包括脱硝系统日常运行成本及环保成本等。脱硝系统日常运行的主要成本不仅包括液氨的，还需要考虑电耗等，对于采用液氨做还原剂的SCR脱硝系统，其系统阻力增加引起的引风机电耗是主要的。

在一定时间t内，催化剂更新的成本为$F(t)$，那么

$$F(t) = C(t) + P(t) + E(t) + \cdots$$

式中 $C(t)$——催化剂相关成本；

$P(t)$——脱硝系统日常运行成本；

$E(t)$——环保成本。

在时间t内，催化剂更新平均每小时的成本为

$$f = F(t)/t$$

通过催化剂失活函数预测各种更新策略的SCR脱硝系统的潜能及催化剂的寿命，使用反应器性能计算公式计算出各种更新策略的脱硝性能指标值，包括出口NO_x含量及氨逃逸，在确保SCR运行的安全性的条件下结合电厂停机计划制定各种更新策略的更新时间，从而估算出催化剂更新的各项成本，但由于现场SCR运行状况非常复杂，与其相关的费用繁多，故作以下简化与假设：

（1）SCR运行工况为习惯工况。

（2）SCR系统入口NO_x保持不变。

（3）再生催化剂的初始活性与新鲜催化剂活性一致，但再生后催化剂的失活速率加快20%。

（4）催化剂更新成本主要考虑催化剂相关成本、脱硝系统日常运行成本和环保成本。其中催化剂相关成本又包括购买新催化剂的费用、再生催化剂费用、安装催化剂费用、处置废弃催化剂的费用；脱硝系统日常运行成本包括液氨费用、引风机增加的电耗，环保成本为NO减排成本。

因此，在一定时间t内，催化剂更新的成本为

$$F(t) = C(t) + P(t) + E(t)$$

$$C(t) = C_1(t) + C_2(t) + C_3(t) + C_4(t)$$

$$P(t) = P_1(t) + P_2(t)$$

$$E(t) = E_1(t)$$

式中 $C_1(t)$——购买新催化剂的费用；

$C_2(t)$——再生催化剂费用；

$C_3(t)$——安装催化剂费用；

$C_4(t)$——处置废弃催化剂的费用；

$P_1(t)$——液氨费用；

$P_2(t)$——引风机增加的电耗；

$E_1(t)$——NO 减排成本。

（五）催化剂更新策略及效益评估

反应器性能满足运行要求是指出口氮氧化物不超出限值 50mg/m^3（标准状态），并且氨逃逸率不超过 3μL/L。当反应器性能不满足运行要求时就需要更新催化剂，但催化剂更新必须在大小修停机期间进行，当反应器不足以支持到下一个大小修时间，就必须提前更新催化剂，以保证 SCR 运行的安全性。按照先增加备用层，再依次更换活性最低层催化剂的顺序的更新方法，简称为优化方案一。

一般而言，催化剂的寿命为 3～5 年，3～5 年后需要进行更换，由于催化剂价格非常昂贵，并且其中含有 V_2O_5 和 WO_3 等重金属，更换后需要进行无害化处理。而催化剂再生无需处理废弃催化剂，而且其费用为购买新催化剂成本的一半左右，因此催化剂再生具有很高的经济价值。按照先增加备用层，再依次再生活性最低层催化剂的顺序的更新方法，简称为优化方案二。

SCR 催化剂各层处于不同的烟气条件，一般来说，第 1 层催化剂层的烟气条件最恶劣，其堵塞、中毒等情况最严重，失活速率也最快；第 2 层、第 3 层的烟气条件依次改善，失活速率也依次减小。按照先增加备用层，以后更换催化剂后同时进行各层之间的调整，使第 3 层催化剂活性最高，第 2 层次之，第 1 层最差，此方案简称为优化方案三。

利用反应器性能计算公式和催化剂失活函数可以得到 SCR 潜能、氨逃逸随着运行时间的变化曲线，结合催化剂预测寿命及活性、污染物排放法律法规规定的 NO 排放限值及电厂停机计划对在 100000h 内的催化剂更新时间制定了三种方案，见表 5-22。

表 5-22　各方案催化剂更换时间

方案	运行时间（h）	第 1 层	第 2 层	第 3 层
传统方案	21600（小修）	—	—	增加
	64800（小修）	更换	—	—
	86400（小修）	—	更换	—
优化方案 1	21600（小修）	—	—	增加
	64800（小修）	再生	—	—
	86400（小修）	—	再生	—
优化方案 2	21600（小修）	—	—	增加
	64800（小修）	上一次第 2 层催化剂	上一次第 3 层催化剂	增加
	97200（小修）	上一次第 2 层催化剂	上一次第 3 层催化剂	增加

图 5-130～图 5-132 是氨逃逸及潜能随运行时间的变化曲线，上部分是反应器潜能随时间的变化曲线，潜能警戒线为 4.31，即 SCR 运行过程中，最低潜能不能低于 4.31；下部分是氨逃逸随时间变化曲线，氨逃逸警戒线为 3μL/L，即 SCR 运行过程中最高氨逃逸不能超

过 3μL/L。在运行时间为 64800h 内，三种方案的更新方案都一致，都是先运行两层新催化剂，再添加第 3 层催化剂。从图 5-130～图 5-132 中可以看出 SCR 潜能随着运行时间的推移而不断减小，这是因为每层催化剂的活性因堵塞、烧结、中毒等因素随时间的推移而减小，从而导致每层催化剂的潜能减小，SCR 整体潜能减小；氨逃逸随着运行时间的推移不断增大，这是因为活性下降使脱硝能力下降，需要投入更多氨以保证 SCR 出口 NO 浓度不超过 $50mg/m^3$（标准状态）。

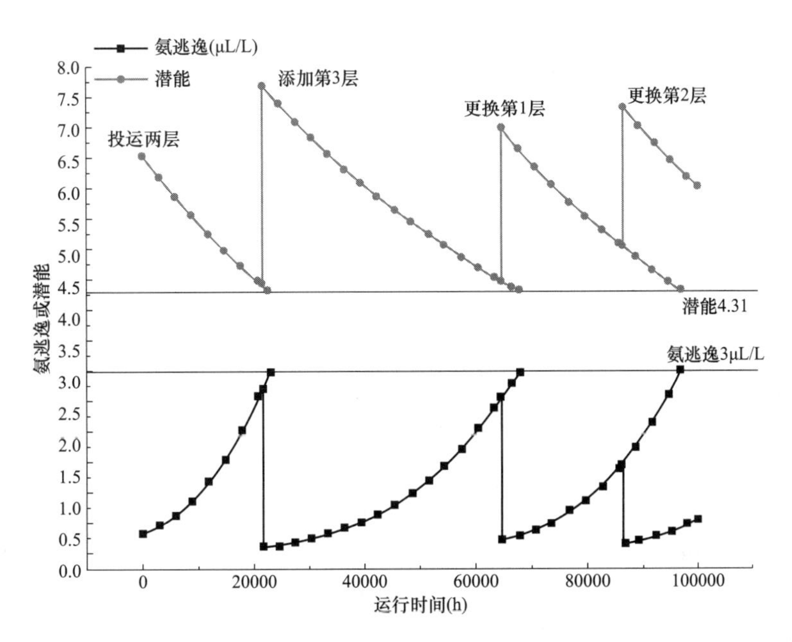

图 5-130　传统方案氨逃逸及潜能随运行时间的变化

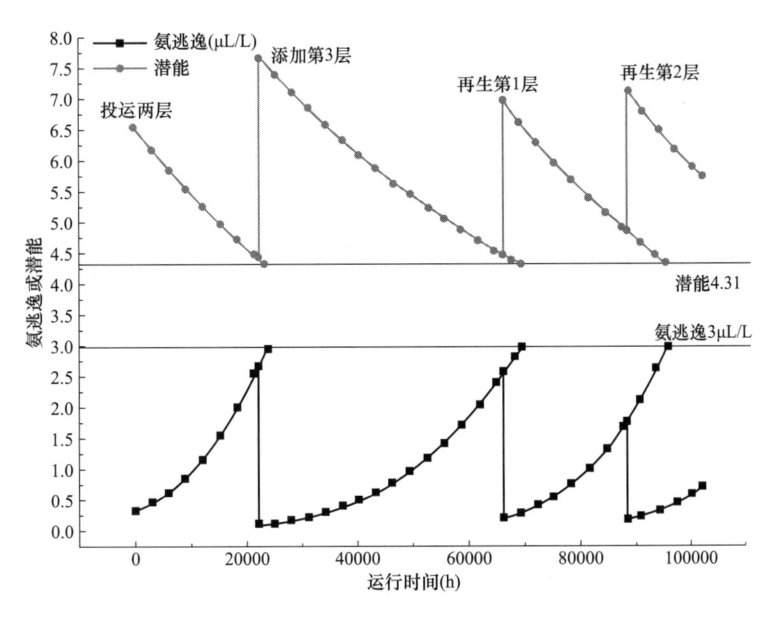

图 5-131　优化方案 1 氨逃逸及潜能随运行时间的变化

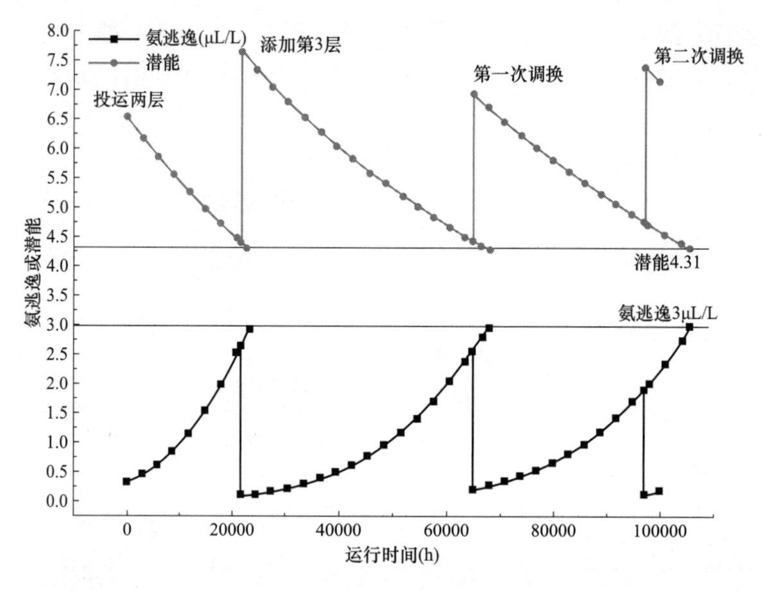

图 5-132 优化方案 2 氨逃逸及潜能随运行时间的变化

三种方案在第三次（即 64800h）更新前，其所有成本都是一样的，为了分析和评估三种方案的效益，对每个方案第三次更新期间的成本进行估算，计算出此期间每小时更新方案的成本。计算结果如表 5-23 所示。在第三次更新运行期间，优化方案 1 预期的每小时更新成本最小，为 1914.23 元；优化方案 2 次之，为 1998.89 元；传统方案最大，为 2227.89 元；优化方案 1 较更新方案的传统方案预期每小时节约 315.66 元，较优化方案 2 预期每小时节约 86.66 元。优化方案 1 成本低的主要原因是催化剂相关成本最低，其中再生催化剂的成本是新催化剂成本的 60%，因此，催化剂再生方案在催化剂更新方案中的经济性优势最明显。而优化方案 2 成本较传统方案低的原因是通过合理的调换催化剂延长了 SCR 系统的整体寿命，第三次更新后传统方案和优化方案 1 运行时间为 21600h，而优化方案 2 的运行时间为 32400h，从而使优化方案 2 每小时的更新成本比传统方案低。

表 5-23　　各方案主要成本

类别	内容	传统方案	优化方案 1	优化方案 2
运行时间 t(h)	—	21600	21600	32400
催化剂相关成本 C(t)（元）	新催化剂 C_1(t)	13569200	0	13569200
	安装催化剂 C_2(t)	50000	50000	100000
	再生催化剂 C_3(t)	0	8141540	0
	处置废弃催化剂 C_4(t)	1357000	0	1357000
	小计	14976240	8191544	15026240
SCR 运行消耗品 P(t)（元）	液氨耗量 P_1(t)	21103800	21113400	31674000
	电耗 P_2(t)	9379800	9379800	14069700
	小计	30483600	30493200	45743700
环保成本 E(t)（元）	NO_x 排污收费 E_1(t)	2662736	2662736	3994042
总计（元）	—	48122576	41347480	64763982
每小时成本 f（元）		2227.89	1914.23	1998.89

第六章

SCR拓宽负荷适应性

在第四章中可知，目前SCR技术的一个突出问题是由于燃煤烟气中二氧化硫和水的存在，所以在烟气温度较低时产生硫酸氢铵，导致脱硝系统必须退出运行。为了拓宽脱硝系统的负荷适应性，近年来在硫酸氢铵生成机理的研究、机组提高烟气温度的改造和运行优化、中温催化剂的研发等方面，开展了大量的工作。

第一节　硫酸氢铵生成机理的研究

一、SO_2 的催化氧化特性

（一）SO_2 的催化氧化过程

为探究 SO_2 在催化剂表面的吸附和氧化行为，本节采用原位红外技术，通过 SO_2 常温吸附及程序升温氧化试验进行研究。试验将预处理后的催化剂降至室温，以40mL/min的流量通入5714mg/m³ 的 SO_2，进行40min吸附反应至稳态，采集样品谱图；随后，停止通入 SO_2，并以20℃/min的升温速度升高催化剂表面反应温度，并以40mL/min的流量通入5% O_2，分别采集相应温度的原位红外谱图，结果如图6-1所示。

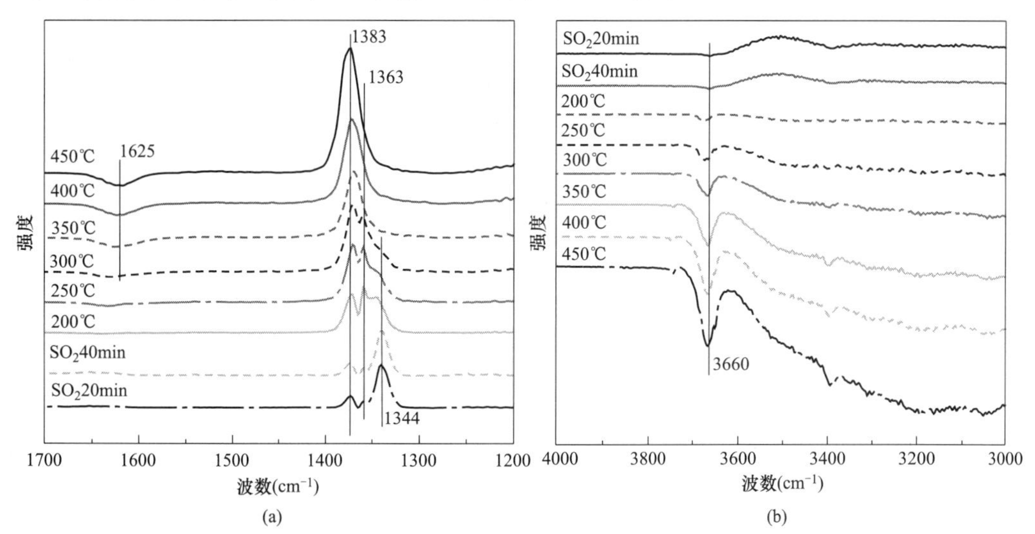

图6-1　脱硝催化剂 SO_2 常温吸附及 O_2 中程序升温氧化原位红外谱图

（a）中低波段；（b）高波峰段

1. 中低波段（1200～1700cm^{-1}）

常温下，SO_2 充分吸附在催化剂表面，在1344cm^{-1}处出现了归属于吸附态 SO_2 的特征

吸附峰，主要以 SO_3^{2-} 的形式存在；随着温度升高及 O_2 通入，吸附态的 SO_2（SO_3^{2-}）逐渐消失，红移至 $1363cm^{-1}$（短时间存在，迅速转化成 $1383cm^{-1}$）与 $1383cm^{-1}$处，出现了归属于典型 O═S═O 共价基团的非对称性振动特征吸附峰（SO_4^{2-}），有学者通过试验（将 SO_2+O_2 预硫化处理的 V 基催化剂和负载了纯 $VOSO_4$ 的 V 基催化剂的红外谱图进行对比）证明该 O═S═O 非对称性共价基团主要属于 $VOSO_4$ 物种，从而说明吸附在催化剂表面的 SO_2 与催化剂中的 V_2O_5 反应生成了 SO_2 催化氧化的中间产物 $VOSO_4$ 物种；除此之外，吸附态 SO_2（SO_3^{2-}）的特征吸附峰会在 350℃左右完全消失，而 $VOSO_4$ 物种的特征吸附峰的强度随温度的升高变得更强，说明反应温度能够促进 SO_2 与 V_2O_5 的作用。

2. 高波峰段（$3000\sim4000cm^{-1}$）

$3660cm^{-1}$处出现归属于 V^{5+}—OH 基团中—OH 的特征负峰。常温下，SO_2 吸附饱和也没有该特征负峰出现；但当温度升高后，特别是在 SO_2(SO_3^{2-}）向 O═S═O 非对称性共价基团（SO_4^{2-}）转化的过程中，开始出现—OH 的特征负峰，并且随着温度的升高，该—OH 特征负峰的强度也逐渐增强。表明随着温度的升高，SO_2 可能与催化剂表面的 V^{5+}—OH 发生了反应，使 V^{5+}向 V^{4+}转变，且该反应随着温度的升高而变得剧烈，从而导致该负峰的出现并且越来越强烈。

综上所述，SO_2 在催化剂表面的氧化过程如下：SO_2 先吸附在催化剂表面的 V_2O_5 活性位上，转化为 SO_3^{2-} 的形式存在，随着反应温度的升高，SO_2 与催化剂表面的 V^{5+}—OH 发生反应，生成金属硫酸盐（$VOSO_4$）中间产物，导致谱图中 O═S═O 非对称峰的出现。且该反应的强度随着反应温度的升高而增加，不仅表现在非对称性 O═S═O 特征峰的增强作用，也表现在高波段 V^{5+}—OH 负峰迅速增强的作用上，表明催化剂表面 V^{5+}—OH 中羟基的减少可能是与 SO_2 发生反应的结果。

（二）O_2 在 SO_2 催化氧化中的作用

O_2 在 SO_2 催化氧化中的作用结果如图 6-2 所示。

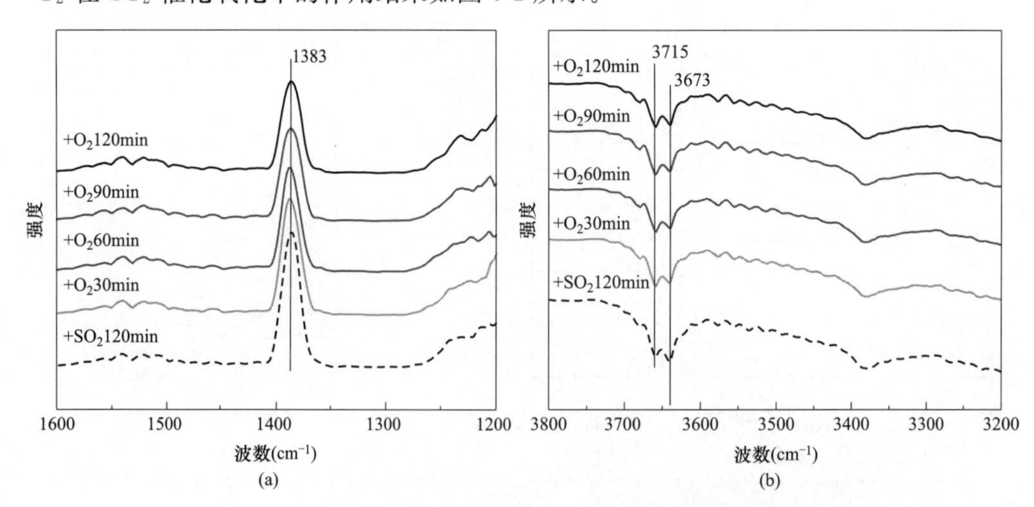

图 6-2 350℃下 O_2 对 SO_2 催化氧化的影响

(a) 中低波段；(b) 高波峰段

在中低波峰段，经 SO_2 预吸附处理后出现的 $1383cm^{-1}$处归属于典型的 O═S═O 共价基团的非对称性振动特征吸附峰，随着 O_2 的加入，强度有逐渐减小的趋势，表明 O_2 对于金属硫酸盐（$VOSO_4$）中间产物向 SO_3 转化存在明显促进作用；而在高波峰段，随着 5% O_2 的通入，在 3715、3671cm^{-1}处归属于 $V_2O_5-WO_3/TiO_2$ 催化剂表面 $V^{5+}-OH$ 基团中 $-OH$ 的特征负峰强度随着 O_2 通入时间的延长呈逐步衰减的趋势，表明催化剂表面 $-OH$ 经与 SO_2 的硫酸盐化作用后，经 O_2 的重氧化作用有部分恢复的现象。

（三）温度对 SO_2 催化氧化的影响

1. 温度对 SO_2 催化氧化影响试验

设置试验反应温度分别为 200、250、300、350、400℃，烟气成分为 $SO_2=0.2\%$、$NO=0.08\%$、$O_2=5\%$、$H_2O=8\%$、$NH_3/NO=1.0$，空速（烟气流量与催化剂体积之比）为 20000h^{-1}，试验结果如图 6-3（a）所示。由图 6-3（a）可知，随着反应温度升高，SO_2 氧化率逐渐升高。

2. 原位红外微观试验

采用工业用 V_2O_5-WO_3/TiO_2 催化剂，用高纯 N_2 吹扫预处理催化剂后，在 300℃条件下，通入 10mL/min 的 0.2% $SO_2+5\%O_2$ 做 120min 稳态试验；后经高纯度 N_2 吹扫，去除弱吸附态 SO_2 至稳定，采集样品的原位红外谱图；并分别设置温度为 350℃与 400℃，重复以上稳态原位红外试验。试验结果如图 6-3（b）所示，随着反应温度的升高，SO_2 对催化剂的毒化作用增强，并且生成的金属硫酸盐中间产物 $VOSO_4$ 特征峰强度增强，表明温度升高对于 SO_2 的催化氧化有促进作用。

综上可见，SO_2 与催化剂反应生成的中间产物是 SO_2/SO_3 转化的主要途径，也表明温度对于中间产物产生的促进作用加快了 SO_2/SO_3 转化反应的进程，从而导致随着温度升高氧化率的上升。

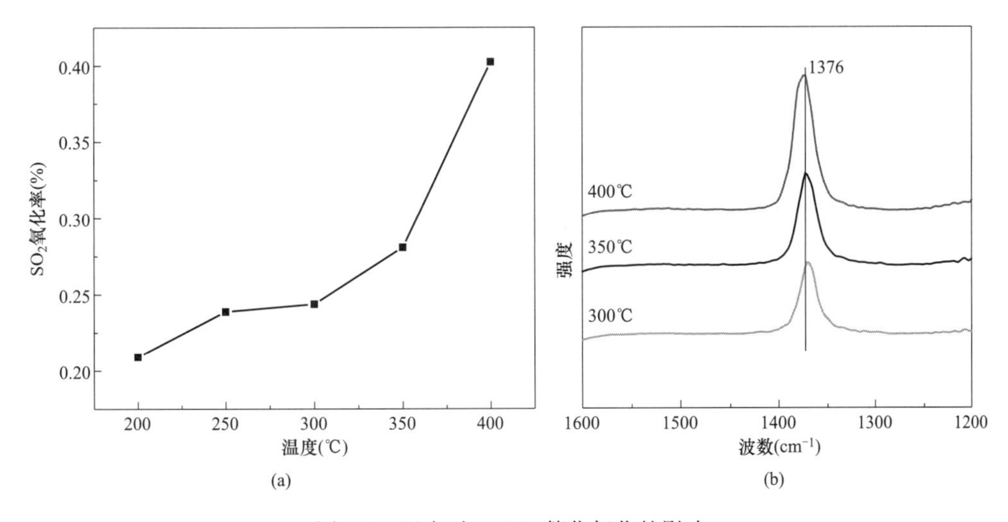

图 6-3 温度对于 SO_2 催化氧化的影响

（a）温度对 SO_2 氧化的宏观影响；（b）温度影响的原位红外分析图

二、催化剂中 ABS 的生成特性

（一）ABS 的生成机理

图 6-4 所示为 NH_3 在 V_2O_5-WO_3/TiO_2 催化剂上呈吸附活化态后，通入 SO_2 运行的原位红外谱图随时间的变化特性曲线。图 6-4 中（a）所示为催化剂在 350℃条件下 NH_3 充分

吸附 60min 后，用 N_2 吹扫 40min 至稳定态的原位红外谱图。1448cm^{-1}处吸收峰归属于催化剂表面 Brönsted 酸中心吸附的 NH^{4+} 中 N—H 键的变形振动，1254cm^{-1}处归属为催化剂表面 Lewis 酸吸附位配位结合的 NH_3 中 N—H 键的弯曲振动，1334cm^{-1}处归属为氨基化合物（NH_2）的弯曲振动，1376cm^{-1}的负峰是由于 NH_3 覆盖催化剂 V═O 基团造成的。当 SO_2 加入反应系统后，如图 6-4 中 b～h 曲线所示，特征吸附峰随时间发生变化。原本 1254cm^{-1}处与 Lewis 酸吸附位配位结合 NH_3 的 N—H 弯曲振动吸附峰逐渐消失，并分别红移、蓝移至 1284cm^{-1} 与 1242cm^{-1} 处，生成新的吸附峰；原本 1448cm^{-1} 处的吸附峰也蓝移至 1425cm^{-1}处，表明 Brönsted 酸中心吸附的 NH^{4+} 的 N—H 键由变形振动改变为对称性变形振动；除此之外，随着反应时间增加，1376cm^{-1}处归属于 V═O 基团的负峰强度逐渐减弱，表明吸附在催化剂表面 V═O 基团上的 NH_3 逐渐减少，被覆盖住的 V═O 基团重新逐渐显现。

为了验证特征峰的分布及归属，采用负载了 1%（质量分数）纯 NH_4HSO_4 的 V_2O_5-WO_3/TiO_2 催化剂，在 350℃条件下，在 N_2 气氛中，采集催化剂样品的原位红外谱图进行对比。如图 6-5 所示，1425cm^{-1}出现归属于 Brönsted 酸中心吸附的 NH^{4+} 中 N—H 键的对称性变形振动的吸附峰，1309、1284、1257cm^{-1}处出现归属于 NH_4HSO_4 中 HSO^{4-} 的吸附峰，这与 $NH_3 \longrightarrow SO_2+O_2$ 暂态试验谱图的特征峰一致。因此可得到，吸附在催化剂表面 V═O 基团上的 NH_3 在 O_2 条件下，与 SO_2 发生反应，生成 NH_4HSO_4，沉积在催化剂的活性吸附点位上。负载 1%（质量分数）NH_4HSO_4 的 V_2O_5-WO_3/TiO_2 催化剂的红外谱图如图 6-5 所示。

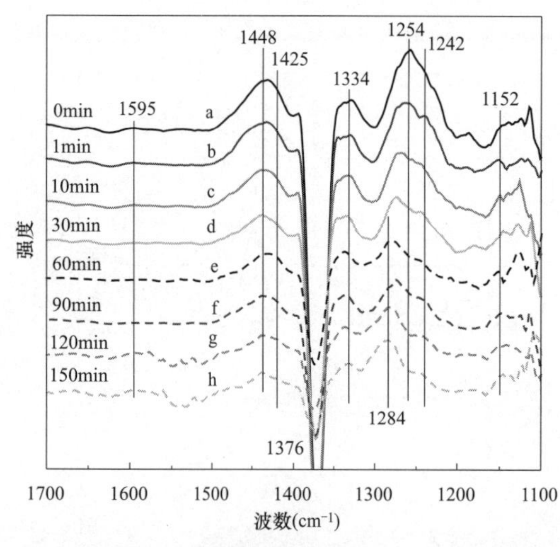

图 6-4　350℃下催化剂上通入 $NH_3+O_2 \longrightarrow SO_2$ 的原位红外谱图

a—无 SO_2 稳态 NH_3+O_2 反应 60min；b～h—加入 SO_2 反应 1、10、30、60、90、120、150min

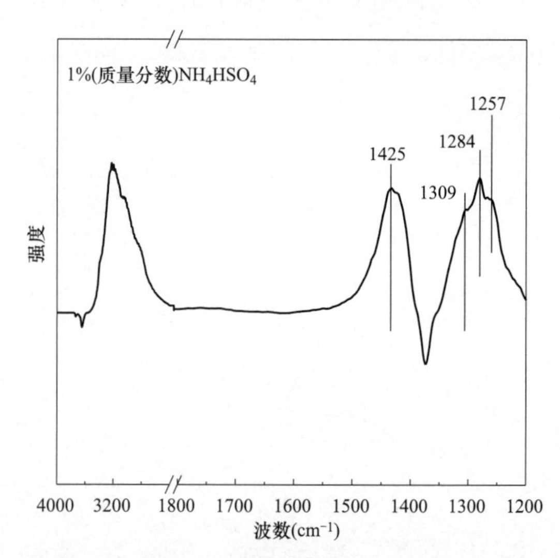

图 6-5　负载 1%（质量分数）NH_4HSO_4 的 V_2O_5-WO_3/TiO_2 催化剂的红外谱图

图 6-6 所示为催化剂上 $SO_2+O_2 \longrightarrow NH_3$ 暂态反应的原位红外光谱图，1383cm^{-1}处出现了归属于典型 O═S═O 共价基团的非对称性振动特征吸附峰（SO_4^{2-}），该 O═S═O 非对称性共价基团主要属于 $VOSO_4$ 物种，从而说明吸附在催化剂表面的 SO_2 与催化剂中的 V_2O_5 反应生成了 SO_2 催化氧化的中间产物 $VOSO_4$ 物种。当通入 NH_3 反应 30min 后，该吸

收峰消失，而在1425cm^{-1}出现归属于Brönsted酸中心吸附的NH^{4+}中N—H键的对称性变形振动的吸附峰，1309、1284cm^{-1}与1257cm^{-1}处新出现的吸收峰通过与图6-5比较显然归属于NH_4HSO_4中HSO^{4-}的吸附峰。综上所述，该部分谱图说明：SO_2吸附在催化剂表面形成金属氧化物硫酸盐（$VOSO_4$物种），与NH_3发生反应生成了NH_4HSO_4，并吸附在催化剂表面。

（二）ABS的生成与分解温度

程序升温原位红外试验：由图6-7可知，试验过程中，随着反应温度的升高，谱图不断发生变化。首先，可以看出反应过程中ABS的形成温度在250℃左右，在该温度及以后，原本1448cm^{-1}处属于活性态吸附NH_3的特征吸附峰逐渐蓝移至1425cm^{-1}处成为ABS中NH^{4+}的特征吸附峰，并且在1309、1257cm^{-1}处逐渐出现归属于ABS中HSO^{4-}的特征吸附峰；由图6-7可知，ABS的分解温度高至450℃左右，1425、1309、1257cm^{-1}处的特征吸附峰都逐渐消失。

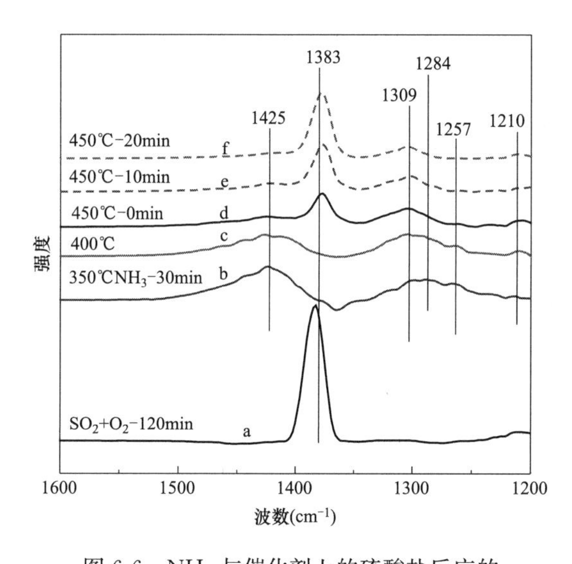

图6-6 NH_3与催化剂上的硫酸盐反应的原位红外光谱图

a—350℃下SO_2+O_2共吸附120min；
b—350℃下在a之后NH_3吸附30min；
c—N_2在400℃下吹扫；d～f—在450℃下N_2吹扫0、10、20min

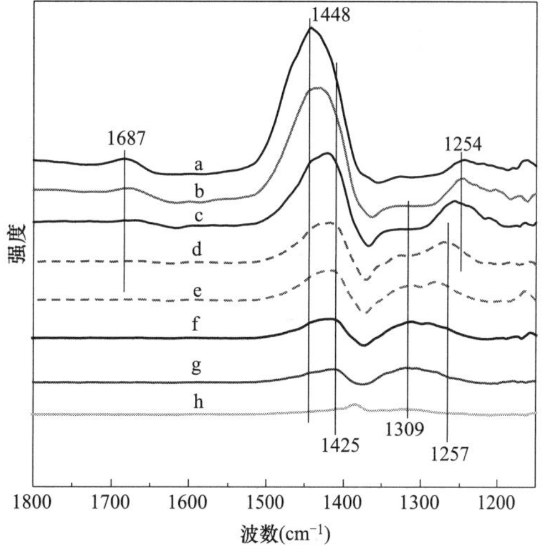

图6-7 ABS生成温度试验原位红外谱图

a～h—程序升温采样温度点位：100、200、300、350、400、450、500℃

第二节 机组运行对SCR烟气温度的影响

通过机组运行优化提高SCR系统的进口烟气温度，有必要对烟气温度的影响因素进行分析。

一、煤质的影响

燃煤锅炉运行过程煤质参数对炉内各受热面处烟气温度会产生影响，其参数变化将使耗煤量变化，导致烟气量以及烟气流速改变，从而影响炉内各受热面的换热，使得SCR入口烟气温度发生变化。煤质参数包括发热量、挥发分、灰分和水分，其中发热量和水分的含量影响尤其明显，当煤的低位发热量 $Q_{net,ar}$ 降低时，在锅炉负荷不变的情况下，燃料量增加，则总烟气量增加，而含水量增加，则煤质热值下降，理论燃烧温度会大幅降低，同时还将导致耗煤量上升，同样产生烟气量会大幅升高；烟气量增加以及燃烧温度的降低，导致对流受热面传热效果降低，烟气流程整体温降变化幅度减小，受热面平均温差降低。

为研究不同水分含量对 SCR 入口烟气温度的影响，以某锅炉设计煤种为对象，如表 6-3 中煤种 1 所示，其收到基水分为 15%，热值为 17507.69kJ/kg，以此为标准，增加、减少水分，取不同水分为 15%、20%、25%、30%、35%，其他成分相应变化，得到煤种 2 和煤种 3，其中发热量变化可由下式计算，计算结果见表 6-1。

$$Q_{ar0,net,p}=(Q_{ar1,net,p}+25M_{ar1})\frac{(100-M_{ar0})}{(100-M_{ar1})}-25M_{ar0}$$

式中：$Q_{ar0,net,p}$——原煤收到基低位发热量，kJ/kg；

$Q_{ar1,net,p}$——改变水分后煤质的低位发热量，kJ/kg；

M_{ar0}——原煤收到基水分，%；

M_{ar1}——改变水分后煤质的水分，%。

表 6-1　煤的元素分析与工业分析成分

煤质	水分（%）	碳（%）	氢（%）	氧（%）	氮（%）	硫（%）	灰（%）	低位发热量（kJ/kg）
煤种 1	15.00	44.92	3.73	13.92	0.92	1.42	20.10	17507.69
煤种 2	20.00	42.28	3.51	13.10	0.86	1.34	18.91	16330.77
煤种 3	25.00	39.64	3.29	12.28	0.81	1.25	17.73	15153.85
煤种 4	30.00	37.00	3.07	11.46	0.75	1.17	16.55	13976.92
煤种 5	35.00	34.35	2.85	10.64	0.70	1.08	15.37	12800.00

为研究煤中发热量对 SCR 入口烟气温度的影响，选择煤种 1、煤种 3、煤种 5 以及三种煤种的混合（按 1∶1 混合）为研究对象，计算燃料低位发热量分别为 13976.92、15153.84、16330.77J/kg，同时选择生物质燃料如表 6-2 所示进行热力计算。主要采用锅炉热力计算的方法进行相关的计算，锅炉热力计算方法参照苏联《锅炉热力计算（标准方法）》(1973 版)，分析不同燃料的发热量对 SCR 入口烟气温度的影响。

表 6-2　生物质燃料的元素分析与工业分析成分

生物质	水分（%）	碳（%）	氢（%）	氧（%）	氮（%）	硫（%）	灰（%）	低位发热量（kJ/kg）
木屑	3.86	45.83	4.94	39.41	0.92	0.12	3.07	17400.00
辣椒杆	4.44	44.04	3.94	41.19	0.91	0.31	5.17	16320.00
麦秆	3.88	43.92	4.47	40.98	0.44	0.3	6.01	14770.00

（一）水分的影响

图 6-8 所示为不同水分煤质燃烧时的 SCR 入口烟气温度、理论燃烧温度与排烟温度，可以看出，随着煤质水分的下降，SCR 入口烟气温度与各受热面出口烟气温度相同，为下

降趋势，水分从35%下降到15%，SCR入口烟气温度下降约10℃；煤质水分从35%下降到15%，理论燃烧温度从1814℃上升到1954℃，上升了约140℃，而排烟温度从150℃降低到128℃，下降了约22℃。出现上述变化趋势是由于水分的增加，煤质热值下降，理论燃烧温度会大幅降低，同时还将导致耗煤量上升，故产生烟气量会大幅升高；烟气量增加以及燃烧温度的降低，导致对流受热面传热效果降低，烟气流程整体温降变化幅度减小，受热面对数平均温差降低，故沿烟气流程，温降变低，致使SCR入口烟气温度相对提高，排烟温度升高。

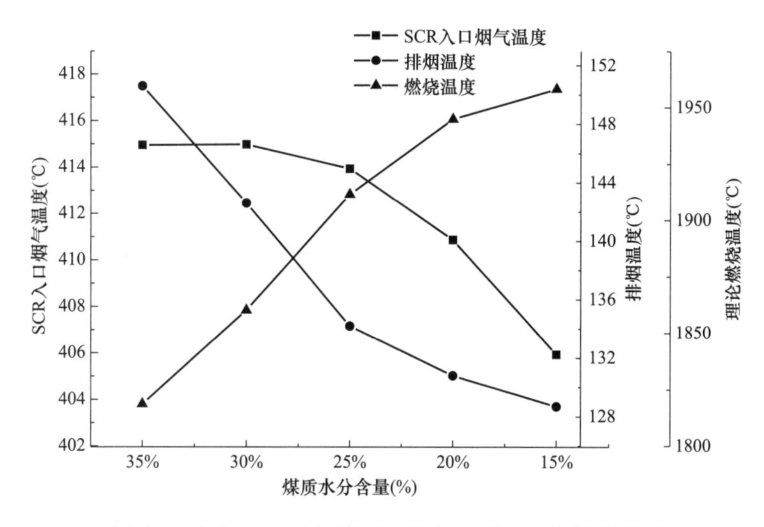

图6-8 SCR入口烟气温度、排烟温度、理论燃烧温度

（二）发热量的影响

图6-9（a）、图6-9（b）、图6-9（c）分别是三种单煤、三种混煤及三种生物质低位发热量对SCR入口烟气温度的影响，其影响规律一致，脱硝进口温度均随着发热量的升高而降低，这是由于当煤的低位发热量$Q_{net,ar}$升高时，在锅炉负荷不变的情况下，燃料量减少，则总烟气量减少，炉膛出口烟气温度降低，直接导致省煤器出口烟气温度降低，SCR入口烟气温度降低。

二、锅炉负荷的影响

图6-10所示为不同锅炉负荷和SCR入口烟气温度对应关系的实例，显然，SCR入口烟气温度随负荷的变化而变化，呈正相关关系。这是由于锅炉燃料增加时，炉内燃烧放热增加，使得烟气热容量增大，炉膛最高温度和炉膛出口温度均升高。

三、过量空气系数的影响

图6-11显示了不同机组负荷下SCR入口烟气温度与过量空气系数的关系，其中，图6-11（a）、图6-11（b）所示为某300MW机组在50%、60%负荷下系统实际的运行数据，图6-11（c）、图6-11（d）是某600MW机组热力计算的结果。可以看出，无论是理论计算还是实际数据，均显示脱硝进口的烟气温度变化是随着过量空气系数的增加而降低的。因此，对于一些过量空气系数偏高的机组，可通过调整过量空气系数增加SCR入口烟气温度，实现SCR脱硝系统负荷适应性范围的增加。

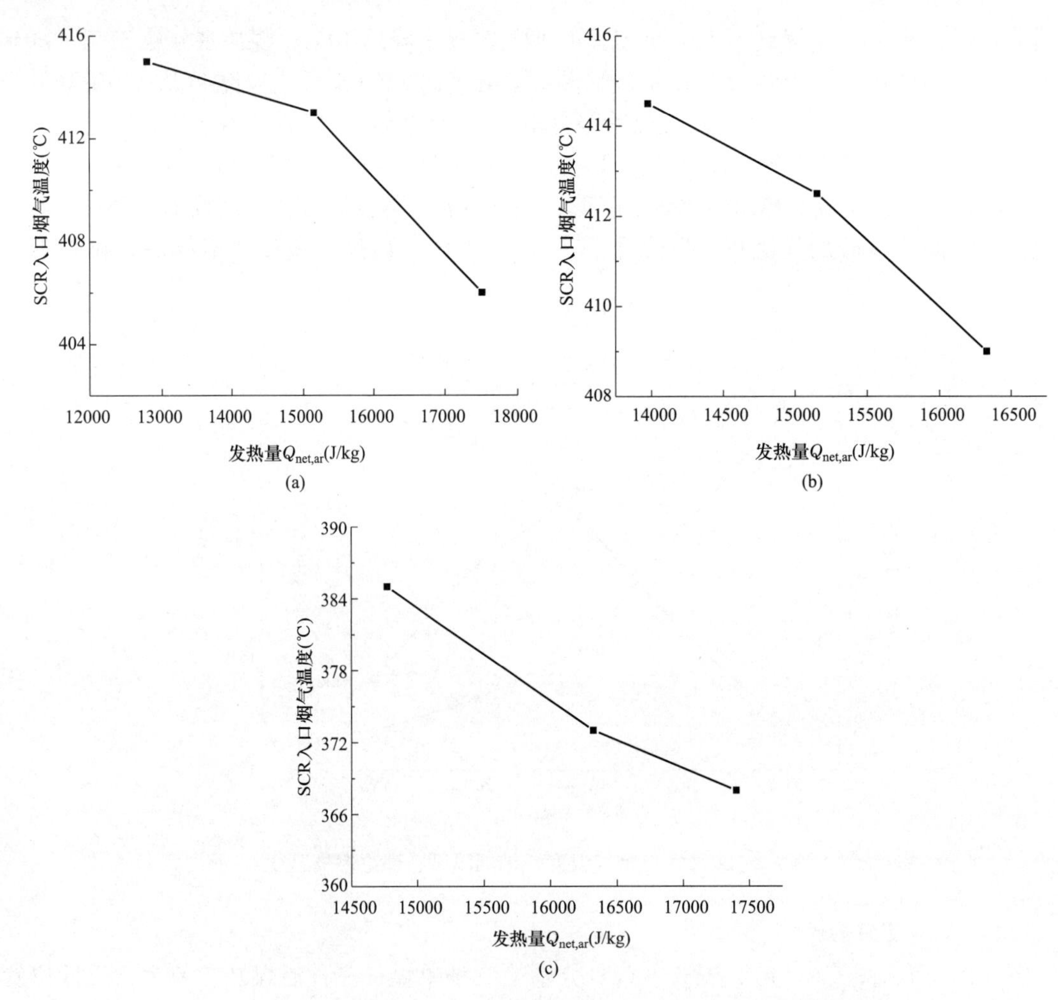

图 6-9　SCR 脱硝入口烟气温度随燃料发热量的变化关系

(a) 单煤；(b) 混煤；(c) 生物质

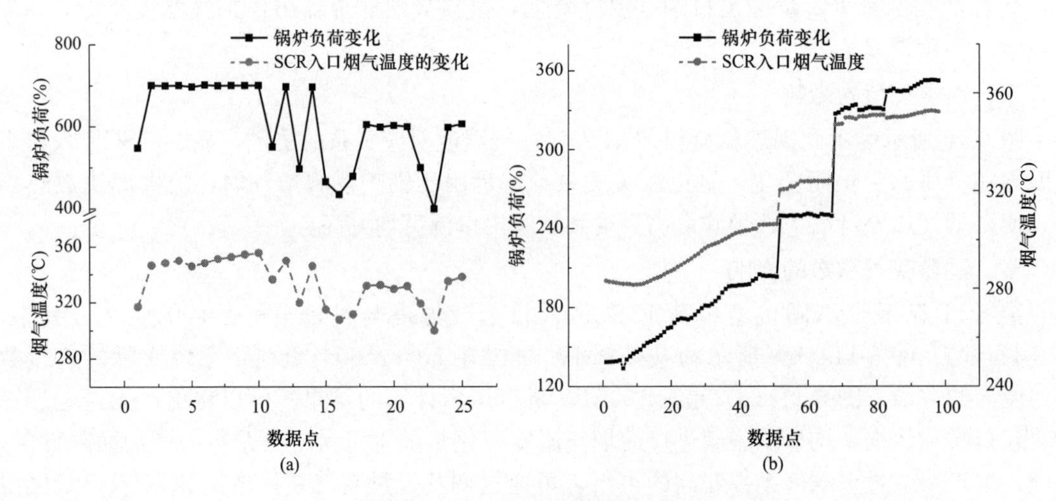

图 6-10　SCR 入口烟气温度随锅炉负荷的变化关系

(a) 某 700MW 锅炉；(b) 某 330MW 锅炉

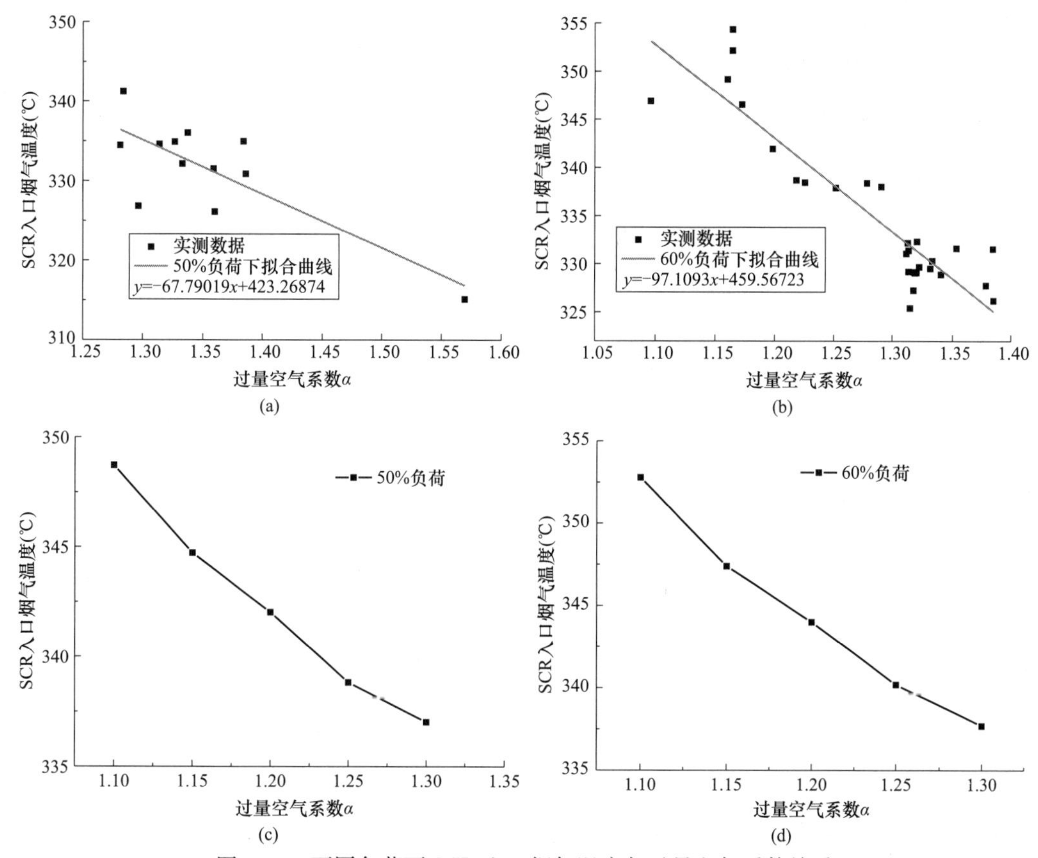

图 6-11 不同负荷下 SCR 入口烟气温度与过量空气系数关系

(a) 某 300MW 机组 50%负荷下过量空气系数 α 与 SCR 入口烟气温度关系拟合曲线图；
(b) 某 300MW 机组 60%负荷下 SCR 脱硝系统入口过量空气系数 α 与入口烟气温度关系拟合曲线图；
(c) 某 600MW 机组 50%负荷下过量空气系数 α 与 SCR 入口烟气温度关系拟合曲线图；
(d) 某 600MW 机组 60%负荷下 SCR 脱硝系统入口过量空气系数 α 与入口烟气温度关系拟合曲线图

四、给水温度的影响

锅炉给水由高压加热器来，大型锅炉的给水温度通常在 280℃左右，然后流经省煤器。锅炉的省煤器布置在锅炉尾部竖井烟道下部，给水经过省煤器止回阀和省煤器电动闸阀进入省煤器入口导管，再经过省煤器入口集箱进入蛇形管。水在蛇形管中与烟气成逆流向上流动，以此达到有效的热交换。

对锅炉尾部受热面进行换热计算，其烟气侧热平衡方程为

$$Q_d=\varphi(h_y'-h_y''+\Delta\alpha h_{lk}^0)$$

式中 Q_d——烟气侧放热量；

φ——保热系数；

h_y'、h_y''——烟气在省煤器入口及出口的平均焓值；

$\Delta\alpha$——省煤器受热面的漏风系数；

h_{lk}^0——冷空气焓值。

工质侧热平衡方程为

$$Q_g=\frac{D\ (h_g''-h_g')}{B_j}$$

式中 Q_g——工质侧吸热量；

D——锅炉给水流量；

h'_g、h''_g——省煤器出口及入口的给水焓值；

B_j——计算燃料消耗量。

由于烟气侧与工质侧换热量相等，当给水温度升高时，如果维持燃料量不变，即工质侧入口给水焓 h' 增大，故其工质侧吸热量减小，对应的烟气侧放热量减小，省煤器出口烟气焓 h''_y 增大，省煤器出口烟气温度升高，即对应的 SCR 入口烟气温度升高。

图 6-12 显示了不同工况 SCR 入口烟气温度与给水温度的变化关系。从图 6-12（a）可以看出，SCR 入口烟气温度随给水温度的变化而变化，呈正相关关系。图 6-12（b）是通过热力计算得到机组 50%、60%THA 和 70%THA 负荷下锅炉给水温度提升 10、20、30℃下对应的 SCR 入口烟气温度。可以看出，给定工况下锅炉给水温度每提升 10℃，排烟温度也随之上升 4℃，降低锅炉效率，但其脱硝进口的烟气温度是相应增加的，在 50%额定负荷下给水温度提升 30℃，对应的 SCR 入口烟气温度提升了 22℃，60%和 70%额定负荷下则分别增加了 19℃和 20℃，具有较好的烟气温度调节能力，可通过提升锅炉给水温度增加 SCR 入口烟气温度，实现 SCR 脱硝系统负荷适应性范围的增加。

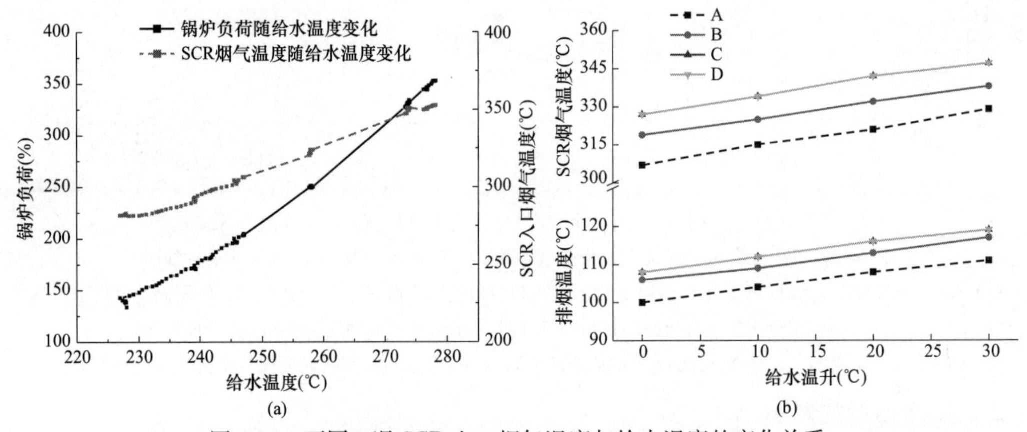

图 6-12 不同工况 SCR 入口烟气温度与给水温度的变化关系

A—50%额定负荷全开抽汽工况；B—60%额定负荷全开抽汽工况；C—70%额定负荷全开抽汽工况；D—70%额定负荷节流抽汽工况（在抽汽口设置调节阀）

五、燃烧器投运方式的影响

锅炉配风方式和火焰中心调节会对受热面的烟气温度产生重要影响。可通过调整燃烧器喷口位置、燃烧器摆角等参数实现锅炉运行优化的同时，提高脱硝进口烟气温度，拓宽 SCR 脱硝系统适应性。当锅炉内燃烧火焰中心上移时，炉膛出口烟气温度升高，导致省煤器出口烟气温度升高；当火焰中心下移时，炉膛出口烟气温度降低，导致省煤器出口烟气温度降低。为定量确定燃烧器投运方式对烟气温度的影响，采用 CFX-TASCFLOW 软件平台对一台 1000MW 超超临界机组锅炉进行了数值模拟。根据数值模拟结果分析了燃烧器投运方式和燃烧器摆角对锅炉燃烧特性的影响，分别得出了不同燃烧器投运方式和燃烧器摆角下炉膛出口烟气温度的变化规律，并结合锅炉热力计算，计算出对应的省煤器出口烟气温度，讨论了给定工况下 SCR 入口的变化情况，并给出最佳的燃烧器投运模式和燃烧器摆角的运行方案，实现 SCR 脱硝系统负荷适应性的运行优化。

该1000MW机组锅炉是采用Π形布置、单炉膛、低NO_x PM型燃烧器和MACT型低NO_x分级送风燃烧系统、反向双切圆燃烧方式的超超临界直流锅炉，该锅炉炉膛结构尺寸的深、高、宽（X、Y、Z）分别为15670mm×66600mm×34220mm，设计煤种为神府东胜煤。该锅炉燃烧器共48只，布置于前后墙上，形成两个反向双切圆，以获得沿炉膛水平断面较为均匀的空气动力场。燃烧器共6层，从上至下分别为F、E、D、C、B、A层，每层与1台磨煤机相配，主燃烧器采用低NO_x的PM型燃烧器，每只煤粉喷嘴由中间间隔装置沿高度方向分成浓淡两相。主燃烧器的上方为OFA喷嘴，在距上层煤粉喷嘴上方7.2m处布置有四层附加燃尽风喷嘴。主燃区横截面图如图6-13所示，沿高度方向燃烧器喷口布置如图6-14所示。

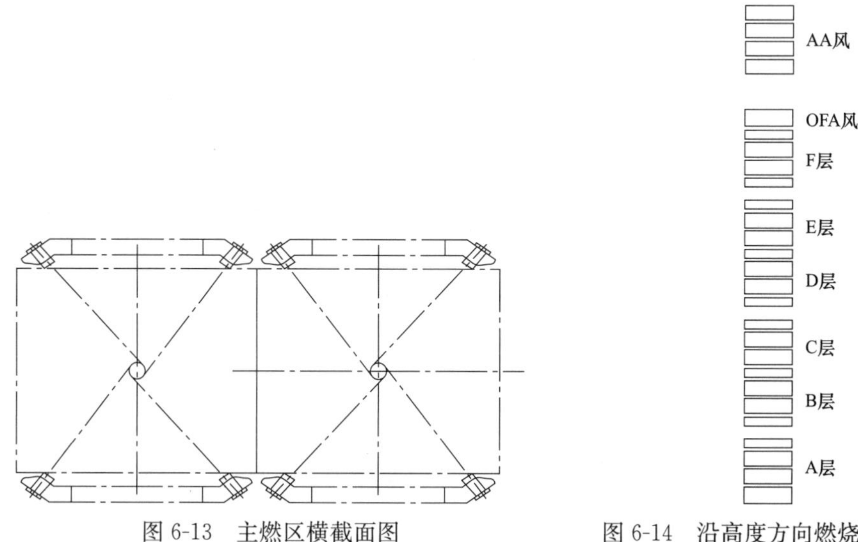

图6-13 主燃区横截面图

图6-14 沿高度方向燃烧器喷口布置图

采用锅炉热力计算的方法，得到50%、75%、100%额定负荷下燃烧器不同运行方式和100%额定负荷不同燃烧器摆角下省煤器出口烟气温度即SCR系统入口烟气温度的变化规律，如图6-15所示。

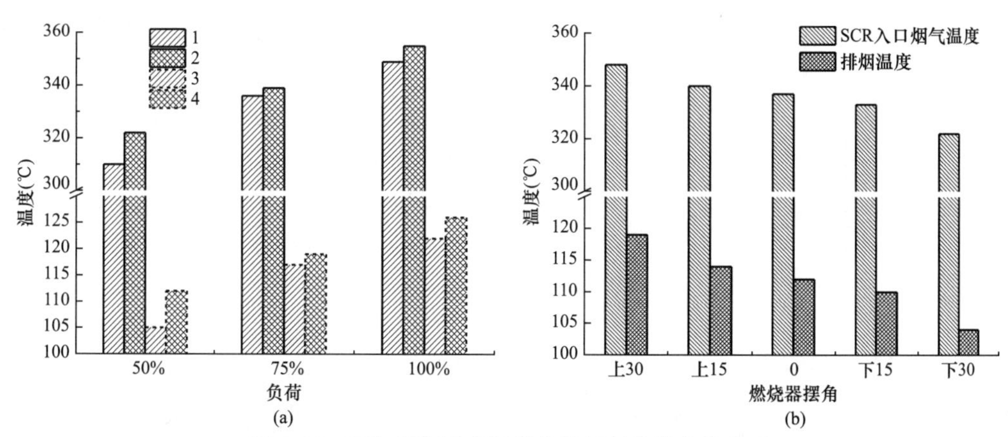

图6-15 SCR烟气温度随燃烧器运行参数变化关系

1、2—不同燃烧器投运下SCR入口烟气温度；3、4—不同燃烧器投运下排烟温度，其中50%负荷下1、3表示ABC投运，2、4表示DEF投运；75%负荷下1、3表示ABCD投运，2、4表示CDEF投运；100%负荷下1、3表示ABCDE投运，2、4表示BCDEF投运

(a) 燃烧器投运方式；(b) 燃烧器摆角

如图 6-15（a）所示，给定工况下投运下层燃烧器较上层 SCR 入口烟气温度较低点高，如在 50％BMCR 负荷下，投运上三层脱硝进口烟气温度比投运下三层高 12℃，这是因为投运下层燃烧器炉膛火焰中心较上层下移，使得炉膛出口烟气温度降低的缘故，因此，针对低负荷 SCR 入口烟气温度低的问题，可选择投运上层燃烧器。而如图 6-15（b）所示，在额定负荷下，SCR 入口烟气温度是随着燃烧器往上摆和摆角的增大而增大的，当燃烧器由下摆 30°到水平，SCR 烟气温度上升了 12℃；然后由水平变为上摆 30°，SCR 烟气温度又上升了 11℃，这主要是由于随着燃烧器摆角的上摆，炉膛内火焰中心上移，使得炉膛出口烟气温度上升，直接导致尾部受热面出口烟气温度的增加。因此，当锅炉处于低负荷下 SCR 烟气温度低，可通过燃烧器的上摆及摆角的增大实现 SCR 烟气温度的提高。

但通过改变燃烧器运行参数增加 SCR 烟气温度，排烟温度也会增加，对于改变燃烧器投运方式，当 50％工况下燃烧器由下层改为上层时，排烟温度增加约为 7℃，而燃烧器摆角由下摆 30°到上摆 30°，排烟温度上升明显，约增加了 16℃，直接影响锅炉运行的经济性。

通过改变锅炉燃烧器运行参数，主要是改变燃烧器投运方式和燃烧器摆角来提升 SCR 烟气温度，在不同负荷下，投运上层燃烧器较下层燃烧器烟气温度可大幅提高，同时在某一负荷下，燃烧器摆角由下往上摆或摆角度数增大，均有较好的烟气温度调节能力，但排烟温度也会随时增加，且增加幅度与 SCR 烟气温度提升幅度呈正相关关系，因此，针对低负荷下 SCR 脱硝系统无法投运机组，可采用上层燃烧器投运方式或燃烧器摆角增大且上摆，但同时应该考虑排烟温度升高对锅炉运行经济性的影响。

第三节　提高 SCR 烟气温度的设备改造

一、设备改造方法简介

1. 省煤器分级布置

省煤器分级是目前常见的一项满足脱硝系统全负荷投运的技术，即将原来的单级省煤器拆成两级，一级布置在 SCR 装置之前，一级布置在 SCR 装置之后，不需要额外增加省煤器的换热面积，只需增设两级省煤器间的集箱、连接管道等，具有系统简单可靠、运行方便等特点，已广泛应用于国内各类型燃煤锅炉提高 SCR 入口烟气温度的改造中，不存在技术门槛。省煤器分级布置示意图如图 6-16 所示。

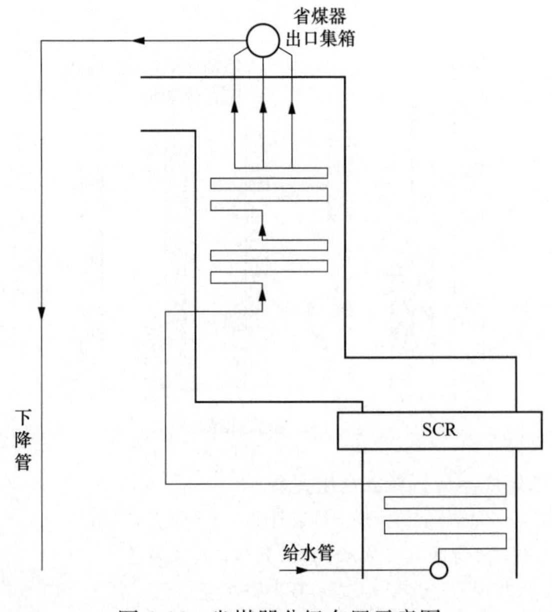

图 6-16　省煤器分级布置示意图

省煤器分级布置后，原布置在 SCR 之前的省煤器换热面积将减少，SCR 入口烟气温度提高，烟气流经 SCR 装置后，与布置在 SCR 出口的省煤器进行换热，可保证空气预热器入口烟气温度基本不变，因此，省煤器分级布置在有效提高 SCR 入口烟气温度的同时并不会影响锅炉热效率，既能保证 SCR 装置的正常投运，又确保锅炉运行经济性不受影响。

2. 省煤器给水旁路

如图 6-17 所示，通过采用给水旁路减少省煤器的主流水量，减小省煤器吸热量，达到提高 SCR 入口烟气温度的目的。此方案中省煤器进口联箱给水管路上设置一条支管，该省煤器支管与省煤器出口联箱相连，支管上设置单通阀、截止阀和调节阀。在低负荷工况下调节阀门开度，使得主流水量进入省煤器中吸热升温，旁路水量则绕过省煤器，最终两者在省煤器出口混合后进入汽包。本方案可通过调节旁路水量来调整省煤器吸热量，从而调节烟气温度。

但是必须注意的是，给水旁路调节对于省煤器的换热系数影响较小，尽管省煤器吸热量有所变化，但是从热平衡角度看，烟气放热量变化不明显，导致需要调节大量的旁路给水才能提高一定温度的 SCR 入口烟气温度。根据以往经验来看，尽管 SCR 反应器入口烟气温度经过给水旁路的调节，有一定的提升，但是提升的幅度较小，一般在 20℃以内，且给水旁路对省煤器出口水温影响很大，经过省煤器的给水减少，而省煤器进口的烟气量及温度不变，严重时会使省煤器出口产生汽化现象，省煤器无法正常运行甚至烧坏。

因此，省煤器给水旁路方案虽然是一项实施、运行都非常简洁的方案，但由于水侧换热系数远大于烟气侧换热系数，对烟气温度的调节能力有限，仅适用于 SCR 入口烟气温度提升需求较小的锅炉，或与其他改造方法结合使用。

3. 省煤器烟气旁路

图 6-18 所示为省煤器外部烟气旁路示意图。在省煤器入口与省煤器出口这段烟道区域外部设置旁路烟道，外部旁路烟道出口处设置旁路烟气挡板，通过调节旁路烟气挡板的开度来调节外旁路烟气和省煤器出口烟气的混合比例，进而达到调节 SCR 反应器入口烟气温度的目的。

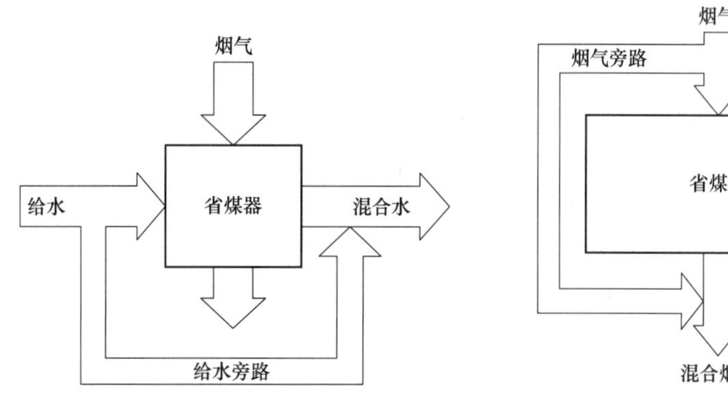

图 6-17 省煤器给水旁路流程图

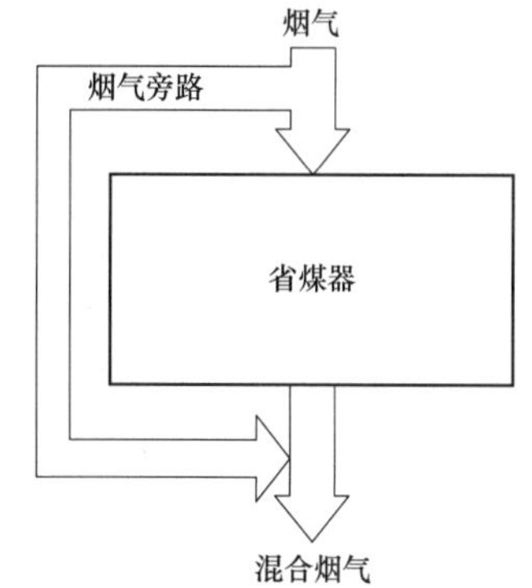

图 6-18 省煤器烟气旁路流程图

当旁路烟气份额为 0 时，省煤器出口烟气温度等于 SCR 反应器入口烟气温度，随着旁路烟气份额的增加，SCR 反应器入口烟气温度直线上升，省煤器出口烟气温度和水温则直线下降，该方案对烟气温度的影响幅度较大，能满足全部负荷条件下对 SCR 入口烟气温度的调整要求。

该方案结构较简单，实施、运行也非常简洁。但是 SCR 入口烟气温度的大幅度提高必然导致排烟温度的提高，从而致使锅炉效率降低。

4. 零号高压加热器

为提高低负荷下 SCR 入口烟气温度，保证 SCR 正常投运，可增设 1 台高压给水加热器，简称零号高压加热器，以提高给水温度。零号高压加热器系统疏水逐级自流至 1 号高压加热器，同时在抽汽管道上安装一道抽汽调节阀，对抽汽进行调节，在低负荷段保持抽汽调节阀后的压力基本不变，实现对锅炉最终给水温度的控制。在低负荷段，保证锅炉省煤器出口烟气温度保持在合理的区间，保证采用选择性催化还原法的脱硝装置正常投运。

零号高压加热器系统如图 6-19 所示，将零号高压加热器设置在 1 号高压加热器至省煤器之间，串联在主给水管路中，通过阀门开关可实现补汽阀与零号高压加热器之间的自由切换。

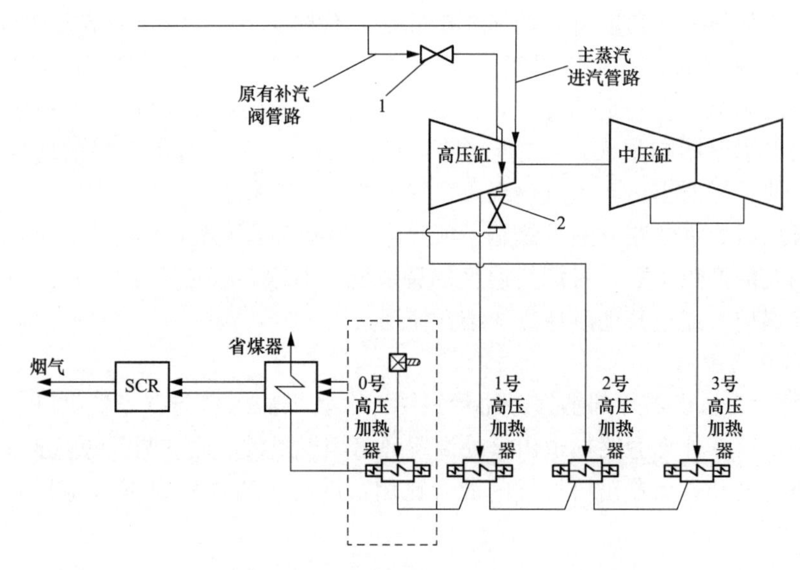

图 6-19 零号高压加热器回热系统示意图

1—补汽管路隔离阀，高压缸需补汽时，打开此阀，否则关闭；2—零号高压加热器抽气调节阀，投入零号高压加热器时，打开此阀，否则关闭

零号高压加热器的主要功能是提高省煤器入口水温，减小水侧与烟气侧温差，从而达到减少省煤器换热量的作用，换热量的减少将直接导致省煤器出口烟气温度的增高。在高负荷时可通过调节阀关闭抽气，在低负荷时再开启调节阀来提高给水温度。该技术已在上海外三电厂的上汽西门子技术生产的 1000MW 超超临界汽轮机组上成功应用。该机型带补汽阀，用于机组调频或过负荷。由于外三采用了凝结水调频，补汽阀处于停用状态。为提高低负荷下 SCR 入口烟气温度，保证 SCR 正常投运，将补汽阀进汽口（即对应的高压缸第 5 级后）作为抽汽口，在 75%、50%、40%THA 工况下采用零号高压加热器锅炉最终给水温度分别升高了 19.9、38.5、35.4℃；SCR 入口烟气温度分别升高了 8.3、16.0、13.0℃；SCR 入口烟气温度分别达到 346.9、338.7、327.0℃；锅炉排烟温度分别升高了 4.5、9.1、9.1℃。

5. 省煤器热水再循环

亚临界锅炉炉膛后下水包与省煤器进口管道之间设有 1 根省煤器再循环管，管道上配有 1 只省煤器再循环阀（电动截止阀）及再循环泵。在锅炉启动时，再循环阀打开，再循环泵从下水包抽取一部分水（约 4%MCR 流量），经过省煤器再循环管送至省煤器，以防止省煤器中的水汽化，直至建立一定的给水量该阀才关闭。

如图 6-20 所示，省煤器热水再循环是 ALSTOM 公司提出的解决 SCR 入口烟气温度较低的方案。在省煤器入口烟气温度较低时，打开再循环阀，下水包提供一部分热水与给水混合，从而加大省煤器的水量，提高省煤器入口水温，降低水温和烟气温度差，达到降低省煤器吸热量、提高省煤器出口烟气温度的目的。

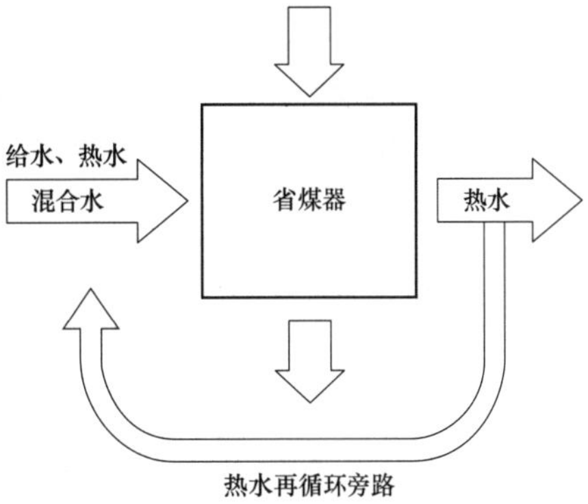

给水、热水
混合水
省煤器
热水
热水再循环旁路

图 6-20 热水再循环系统示意图

二、设备改造方法技术经济性分析

以某 600MW 机组为对象，分别采用增加零号高压加热器、省煤器烟气旁路和省煤器分级改造方案，对其技术经济性进行分析。

（一）增设 No.0 高压加热器

1. 烟气温度提升效果

图 6-21 所示为 50%、60%和 70%负荷下增设 No.0 高压加热器后不同的给水温升对应的 SCR 入口烟气温度。可以看出，负荷越高，拟合直线的斜率就越大，说明抽汽量增加幅度也越大，这主要是因给水流量增大所致。不同负荷下同样的给水温升虽然导致 SCR 烟气温度升也并不相同，当给水温升提高 30℃均可将 SCR 烟气温度至少提升 20℃，具备较好的烟气温度调节能力，但同时 No.0 所需的抽汽量增加。70%额定负荷下，与全开抽汽工况相比，给水温升相同的工况时节流抽汽工况的抽汽量会降低 1.5%左右，其原因是节流抽汽的抽汽级数和抽汽焓略高。增设零号高压加热器提高给水温度，会导致排烟温度的增加，而且也会对机组运行经济性产生影响，若采用该方案提升 SCR 烟气温度，需同时考虑零号高压加热器的增加对脱硝成本以及整体经济性方面的影响。

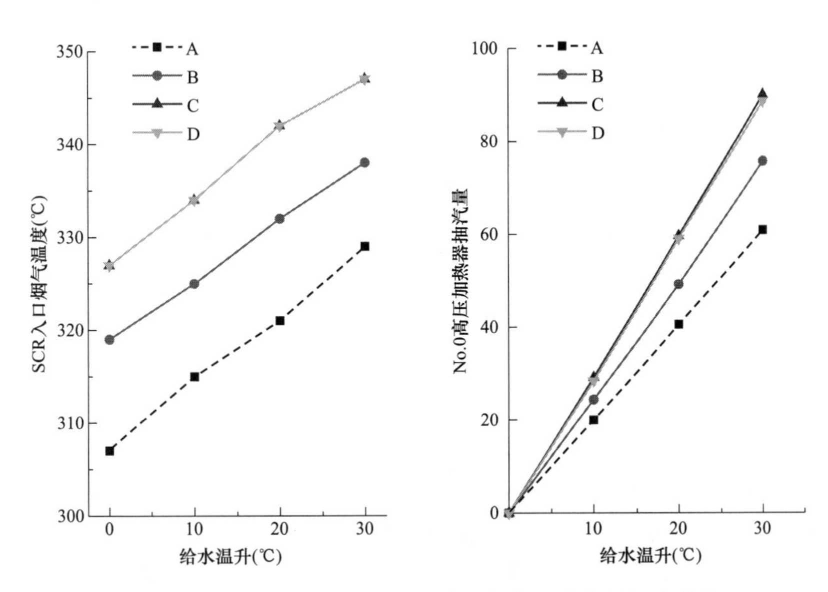

图 6-21 给定负荷下增设 No.0 高压加热器方案的调节特性

A—50%额定负荷全开抽汽工况；B—60%额定负荷全开抽汽工况；C—70%额定负荷全开抽汽工况；D—70%额定负荷节流抽汽工况（在抽汽口设置调节阀）

2. 经济性分析

为确定增设零号高压加热器后给水温度的提升对锅炉效率、汽轮机效率以及循环热效率的影响规律，以分析给水温升对机组运行的经济性影响，对机组在增设零号高压加热器前后分别进行了整体热力计算，得到 50%、60%以及 70%额定负荷下给水温度分别提高 0、10℃、20℃、30℃时锅炉效率、汽轮机效率以及循环热效率，其中给水温度提高 0℃为原机组未增设零号高压加热器时的情况。热力计算的结果如图 6-22～图 6-24 所示。

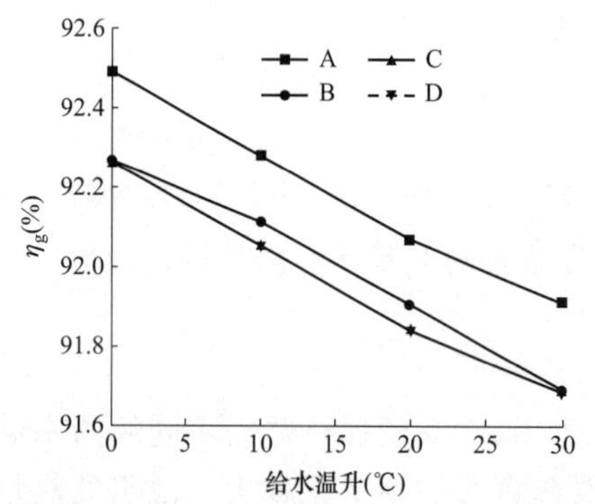

图 6-22　给水温升对锅炉效率 η_g 影响曲线

A—50%额定负荷全开抽汽工况；B—60%额定负荷全开抽汽工况；C—70%额定负荷全开抽汽工况；D—70%额定负荷节流抽汽工况（在抽汽口设置调节阀）

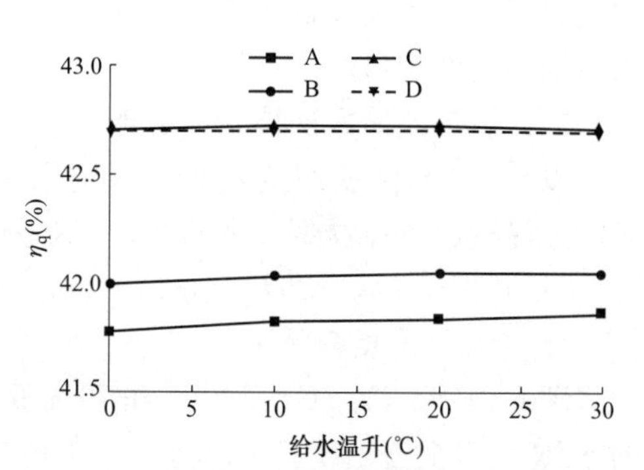

图 6-23　给水温升对汽轮机效率影响曲线

A—50%额定负荷全开抽汽工况；B—60%额定负荷全开抽汽工况；C—70%额定负荷全开抽汽工况；D—70%额定负荷节流抽汽工况（在抽汽口设置调节阀）

图 6-22 展示不同负荷下锅炉给水温度与锅炉效率的关系。可以看出，锅炉效率随着给水温度的提高而降低，主要是由锅炉排烟温度升高导致的。在 70%额定负荷的全开抽汽与节流抽汽 2 种方式下，给水温升相同时，锅炉效率相同，说明不同的抽汽方式对锅炉效率不会产生影响。根据机组热力计算的结果，增设零号高压加热器以后，在给定负荷工况下，给水温度每提高 10℃，排烟温度大概增加 4℃，锅炉效率会下降 0.2%左右。

由图 6-23 可知，未增设零号高压加热器时，根据设计工况下校核计算，50%、60%和 70%额定负荷下的汽轮机效率分别为 41.78%、41.99%和 42.70%，70%额定负荷下汽轮机效率最大。增设零号高压加热器以后，汽轮机效率得到了微小的提高，原因是回热抽汽量的增加使得汽轮机冷源损失减少。若给水温升由 10℃到 30℃，机组在 50%、60%和 70%额定负荷下，汽轮机效率分别提高了约 0.04%、0.02%和 0.01%，可以看出，在 50%额定负荷下提高幅度最大。

在 70%额定负荷下，采用阀门全开从高压缸第五级后抽汽来提升给水温度 10℃；若从更高级如第四级后抽汽提升相同的温度，则需采用节流抽汽方式。根据汽轮机热力计算结果，对比发现，节流抽汽工况时汽轮机效率为 42.70%，而全开抽汽工况时汽轮机效率为 42.72%，说明采用节流抽汽方式的汽轮机效率是下降的。

图 6-24 展示了不同负荷下锅炉给水温度与循环热效率的关系，不难看出其基本呈线性关系，循环热效率随着给水温度的提高而降低，且随着负荷升高下降越明显。未增设零号高压加热器时，当机组在 50%、60%和 70%额定负荷下，其循环热效率分别为 38.64%、38.74%和 39.39%。增设零号高压加热器后，在全开抽汽工况下给水温升由 10℃到 30℃时，对应 3 个负荷的循环热效率分别下降了 0.12%、0.16%和 0.17%。这是因为零号高压加热器的增设提高了给水温度，在一定程度上增加了汽轮机效率，但增幅较小，而锅炉排烟

温度的提高，使得锅炉效率的降低更明显，对整个机组来说，其循环热效率是下降的。例如，当机组处于70%额定负荷全开抽汽工况下，给水温升由10℃到30℃，排烟温度的增加使得锅炉效率下降了0.35%，而汽轮机效率仅升高了0.01%，合计导致机组循环热效率下降约0.17%。

当给水温升为30℃时，在50%、60%和70%额定负荷下全开抽汽工况时，循环热效率下降，机组供电煤耗率分别增加了1.49、1.74g/kWh和2.07g/kWh，则燃煤成本将分别增加156.7、219.8元/h和304.4元/h，如图6-25所示。结果表明：零号高压加热器的增设在提升给水温度的同时会增加燃煤成本；同样的给水温升在不同的负荷下，因循环热效率下降幅度不同使得燃煤成本增加不同。增设零号高压加热器后，70%额定负荷下，与全开抽汽方式相比，采用节流抽汽方式提高给水温升30℃时其燃煤成本将增加27.9元/h，这主要是由于汽轮机效率的下降导致循环热效率下降。因此，若采用零号高压加热器技术，宜耦合使用低温省煤器来降低排烟温度，以消除增设零号高压加热器对机组经济性的影响。

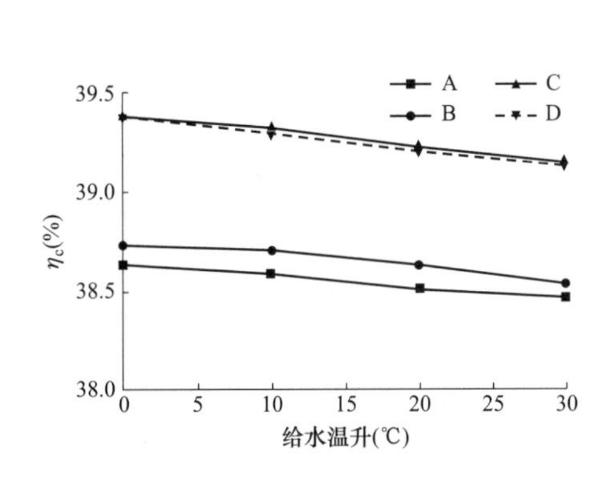

图6-24 给水温升对循环热效率影响曲线
A—50%额定负荷全开抽汽工况；B—60%额定负荷全开抽汽工况；C—70%额定负荷全开抽汽工况；D—70%额定负荷节流抽汽工况（在抽汽口设置调节阀）

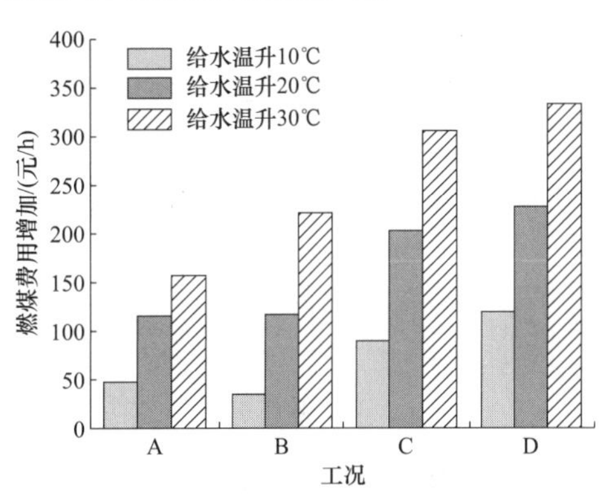

图6-25 不同工况下给水温升与燃煤成本增加的关系

（二）省煤器改造

1. 烟气温度提升效果

图6-26分别为省煤器改造方案三种工况下的调节特性，可以看出，省煤器烟气旁路和省煤器分级改造均具有较好的烟气温度调节能力。图6-26（a）图6-26（b）为50%、60%THA和70%THA负荷下省煤器烟气旁路方案的调节特性，在50%THA工况下，旁路烟气份额从0增加到50%时（可通过旁路烟气挡板来控制），SCR反应器入口烟气温度提高了39.5℃（60%THA时为38.5℃，70%THA时为44℃），具有一定的烟气温度调节能力，但50%THA下排烟温度提高了12.5℃（60%THA时为12.5℃，70%THA时为14.6℃），影响了锅炉运行的经济性。

图6-26（c）图6-26（d）所示为50%、60%THA和70%THA负荷下省煤器分级改造方案的调节特性，在50%THA工况下，当省煤器A占原省煤器的份额为100%时，即省煤器没有进行分级改造，则省煤器出口烟气温度等于原始设计下的省煤器出口烟气温度301℃（60%THA时为312℃，70%THA时为328℃），当现省煤器A占原省煤器的份额下降到50%时，即省煤器A和省煤器B各占原省煤器的受热面的一半，此时SCR反应器入口烟气

温度比改造前提高了39.4℃（60%THA时为38.5℃，70%THA时为43℃），此方案具有很好的调节能力。同时，需考虑若机组在高负荷下运行，经省煤器分级改造后其进口烟气温度是否会超过允许的最高温度（420℃）。原省煤器移除50%份额后，在BMCR工况下进行了热力计算，SCR入口烟气温度由364℃增加到了405℃，未超过允许的最高温度（<420℃），因此，省煤器移除面积少于50%时，该SCR脱硝系统仍可在高负荷下运行。

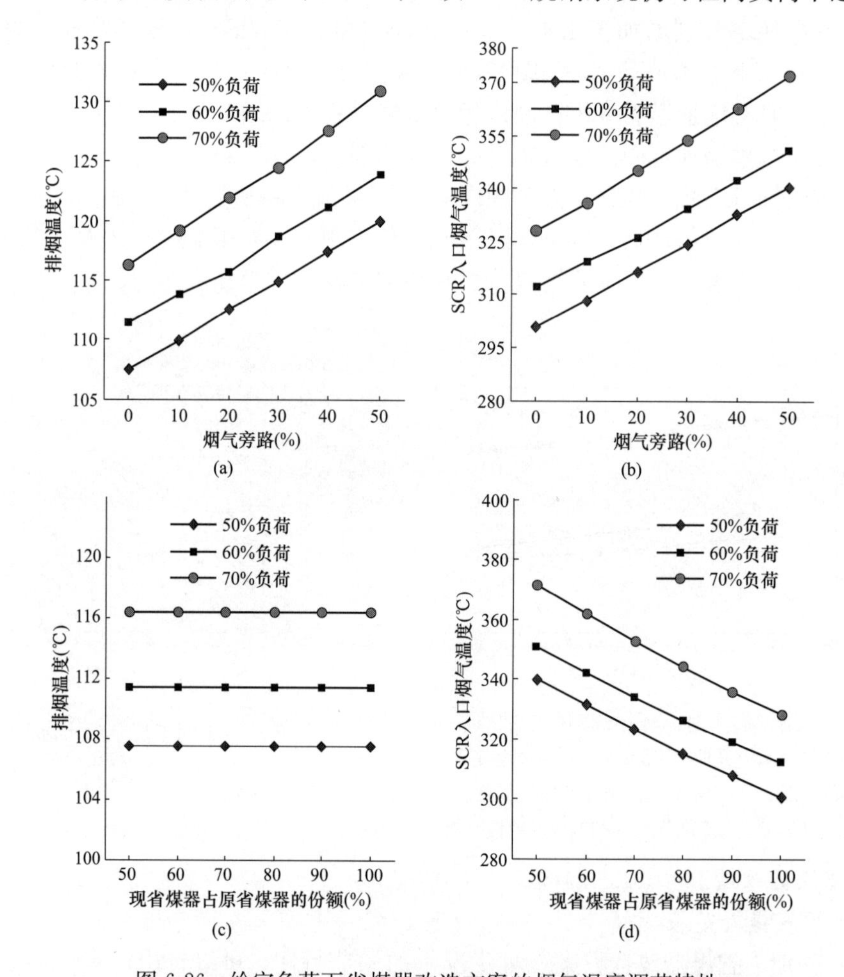

图6-26　给定负荷下省煤器改造方案的烟气温度调节特性

（a）省煤器烟气旁路与排烟温度的关系；（b）省煤器烟气旁路与SCR入口烟气温度的关系；

（c）省煤器分级改造后现省煤器占原省煤器的份额与排烟温度的关系；

（d）省煤器分级改造后现省煤器占原省煤器的份额与SCR入口烟气温度的关系

2. 经济性分析

如果改造导致锅炉排烟温度升高，就会使得锅炉效率下降。电站锅炉一般是排烟温度提高10～15℃，锅炉效率就会降低1%，对比省煤器烟气旁路方案，在50%THA下排烟温度提高了12.5℃（60%THA时为12.5℃，70%THA时为14.6℃），明显影响了锅炉运行的经济性，需耦合使用低温省煤器改造等手段以避免排烟损失的增加。对于省煤器分级改造方案，其总的受热面积不变，由热平衡可知其省煤器烟气侧和水侧的换热量不变，故SCR省煤器出口烟气温度不变，即排烟温度不会发生变化，对锅炉运行经济性不会产生影响。

第四节 中低温催化剂的研发

一、中低温催化剂研发概述

（一）中低温催化剂的种类

拓宽脱硝系统投运负荷的另一技术路线是研发中低温的催化剂，使得催化剂能够在280℃以下甚至更低的温度投运。目前，对于中低温SCR催化剂，国内外的研究主要集中在Mn基、V基，以及其他金属氧化物基等催化剂的方向上。

1. Mn基催化剂

Mn基催化剂的研究是目前国内外低温SCR催化剂研究的着重点。锰氧化物（MnO_x）的种类较多，Mn的价态变化较广，包括+2、+3、+4等价位以及一些非整数等价位，不同价态的Mn之间能相互转化而产生氧化还原性，能促进NH_3选择性还原NO从而促进SCR反应的进行。

Mn基催化剂主要分为3类：

（1）单组分Mn基催化剂。指某种Mn前驱体经过多次反应直接得到的高活性Mn基氧化物催化剂。

（2）复合Mn基催化剂。指在Mn基氧化物中掺杂其他金属元素形成的复合金属氧化物催化剂，通常是掺杂稀土元素和过渡族金属元素。

（3）负载型Mn基催化剂。指单组分Mn基氧化物或复合Mn基氧化物负载在载体上，形成活性高、反应速率快的Mn基催化剂，其载体包括金属氧化物（如TiO_2、Al_2O_3、ZrO_2）、非金属氧化物（SiO_2）、碳基类物质（如活性炭等）和分子筛（如ZSM-5、NY、USY）4大类。

2. V基催化剂

V基催化剂V_2O_5/TiO_2作为现在主流的工业用SCR催化剂只能应用在高温段（300～450℃）。为了适应低温SCR脱硝环境，研究人员使用掺杂其他元素改性、更换载体和提高V_2O_5在载体的负载量等方法来制备低温钒基SCR脱硝催化剂。例如研究表明，在低温条件下，分别用F、Ce、Sb、Cu等元素对V_2O_5/TiO_2进行掺杂改性，都能够改善V_2O_5/TiO_2的低温催化活性。

3. 金属氧化物基催化剂

除了目前大量研究的Mn基和V基低温脱硝催化剂外，过渡族金属里也有许多金属元素如Cu、Fe、Cr、Ce等，它们的氧化物也常被用作低温SCR催化剂的活性组分，负载在特定的载体后低温范围内能取得一定的脱硝效率。

（二）低温SCR脱硝催化剂抗S、抗水性的研究

在低温SCR脱硝过程中，由于烟气中含有水蒸气，会干扰脱硝反应的进行，影响催化剂的脱硝效率。研究表明水蒸气对催化剂的影响表现为物理竞争吸附和化学吸附两个方面。水蒸气的物理竞争吸附导致催化剂表面NO的吸附量减少，水蒸气的物理竞争吸附导致催化剂的活性降低的部分可以在水蒸气去除后逐渐恢复，属于物理失活，此阶段水蒸气产生中毒效应属于可逆型的催化剂中毒。而水蒸气破坏了催化剂表面上的羟基而导致的催化剂失活属于化学失活，为不可逆型失活，羟基破坏的那部分催化剂活性不能够还原，但当温度增加到

一定程度时，水蒸气对催化剂的失活效应由化学失活转化为物理失活，此时的失活部分表现为可逆性。

此外，低温 SCR 催化剂的抗 S 性是考察其性能的一项重要指标。研究表明，当烟气中没有 SO_2 时，催化剂的低温催化活性很高，但是在烟气中加入 SO_2 后，催化剂催化活性下降明显。原因是催化剂活性中心的部分硫化生成硫酸盐，随着硫酸盐逐渐在催化剂表面的累积，堵塞了催化剂表面的孔隙，使得催化活性逐渐降低。烟气中存在的 SO_2 和水蒸气在通常情况下具有协同作用，能够加速催化剂的失活。当烟气中存在 SO_2 时 O_2 能将其氧化为 SO_3，SO_3 与金属氧化物反应会生成硫酸盐以及硫酸铵附着在催化剂表面，在低温条件下很难脱附，占据了催化剂表面的活性点从而降低了催化剂的活性。水的存在能加速催化剂的中毒效应，一方面是由于在催化剂表面水蒸气与 NH_3 和 NO 之间产生的竞争吸附，另一方面是由于水蒸气的存在加速了硫酸铵盐在催化剂表面的沉积，加速了催化剂孔径的堵塞，从而更加降低了催化剂的活性。

二、中低温催化剂研发示例

以下就某中温催化剂的研发做一介绍。催化剂以锐钛型 TiO_2、偏钒酸铵、钨酸铵、钼酸铵为主要原料，制备过程中首先按照不同配比，如表 6-3 所示将偏钒酸铵、钨酸铵、钼酸铵常温溶解于草酸溶液中搅拌 2h，直至全部溶解且无絮状物产生。加热至 85℃持续搅拌 4h，直至混合液蒸干。铵盐与草酸反应放出氨气并产生催化剂主要活性物质 V_2O_5 及活性助剂 WO_3 和 MoO_3。然后，将混合物在恒温箱中 110℃烘干 12h，马弗炉 450℃煅烧 4.5h，最后将催化剂研磨筛分为 40～60 目的颗粒。

表 6-3　VWMo/TiO_2 系列催化剂配方

催化剂编号	元素含量（质量分数，%）		
	V	W	Mo
S1	1	3.0	6.0
S2	1	3.5	5.5
S3	1	4.0	5.0
S4	1	4.5	4.5
S5	1	5.0	4.0
S6	1	5.5	3.5

（一）催化剂的理化分析

1. BET 分析结果

当 W 负载量为 4.0%～5.0%（质量分数）之间时，随着负载量的增加，BET 比表面积减小；但是 W 的负载量为 5.5%时，比表面积最大，这有可能是因为 WO_3 负载量的增加使 V_2O_5 有更好的分散度。随着 W 负载量的增加，除了 W 负载量为 5.0%（质量分数）略增外，平均孔径大致呈现递减趋势，这可能是因为负载的活性组分掺杂到载体的孔里从而堵塞了部分微孔，活性组分与载体氧化物之间发生了固体间的反应。不同钨钼负载量的钒钨钼钛催化剂 BET 结果见表 6-4。

表 6-4　　不同钨钼负载量的钒钨钼钛催化剂 BET 结果

样品	BET 比表面积 (m^2/g)	最高单点吸附总孔体积 (cm^3/g)	单点总孔吸附平均孔直径 (nm)
V-3.0W-6.0Mo/TiO_2	70.20	0.83	27.18
V-3.5W-5.5Mo/TiO_2	91.27	0.46	20.26
V-4.0W-5.0Mo/TiO_2	113.90	0.47	16.38
V-4.5W-4.5Mo/TiO_2	109.75	0.47	17.03
V-5.0W-4.0Mo/TiO_2	103.10	0.49	19.17
V-5.5W-3.5Mo/TiO_2	160.23	0.49	12.21

2. XRD 分析结果

各组分催化剂 XRD 分析结果如图 6-27 所示。V-W-Mo/TiO_2 系列催化剂的 XRD 分析结果均未检测到 V_2O_5、WO_3、MoO_3 的衍射峰，仅存在典型的锐钛型 TiO_2 衍射峰，是因为催化剂表面结晶度较低，活性组分 V_2O_5 和活性助剂 WO_3、MoO_3 在催化剂表面的分散性较高，有利于 SCR 反应的进行。

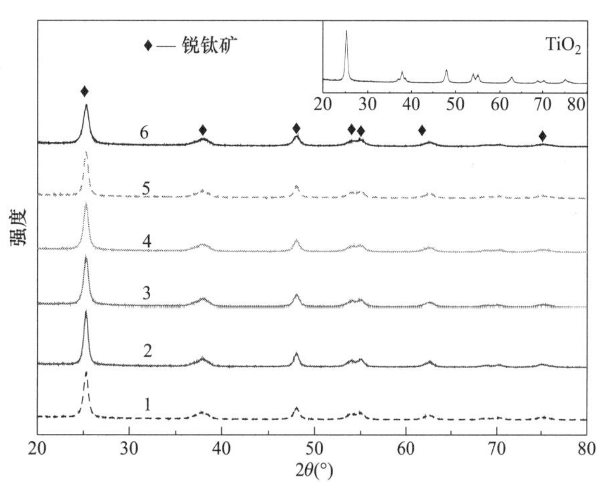

图 6-27　V-W-Mo/TiO_2 系列催化剂的 XRD 图谱

1—V-3.0%W-6.0%Mo/TiO_2；2—V-3.5%W-5.5%Mo/TiO_2；3—V-4.0%W-5.0%Mo/TiO_2；4—V-4.5%W-4.5%Mo/TiO_2；5—V-5.0%W-4.0%Mo/TiO_2；6—V-5.5%W-3.5%Mo/TiO_2

3. SEM 分析结果

利用 SEM 电镜扫描对所制备的 V-5.0W-4.0Mo/TiO_2 催化剂的微观结构进行了观察，随机抽取催化剂颗粒 a 和 b，其微观镜像如图 6-28 所示。由图 6-28 可知，随机选取的催化剂成薄片状堆积在一起，排列紧致，粒径大致相同，有轻微的团聚现象，与 V-5.0W-4.0Mo/TiO_2 催化剂 BET 比表面积相对较低（103.10m^2/g）相呼应。

图 6-28　V-5.0W-4.0Mo/TiO_2 催化剂 SEM 图

4. EDX 分析结果

EDX 分析结果见图 6-29 可以看出，V、W 和 Mo 的元素含量比较接近预期的负载量，从侧面反映出在 XRD 上未探测到 V_2O_5、WO_3、MoO_3 的衍射峰是因为活性组分 V_2O_5 和活性助剂 WO_3、MoO_3 在催化剂表面的分散性较高，形成少量或者未形成晶体，这对于 SCR 脱硝过程具有促进作用。

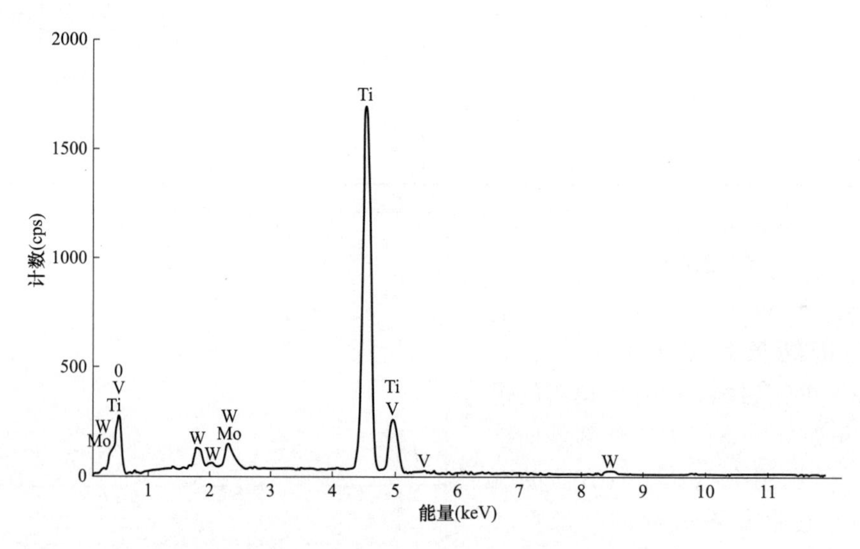

图 6-29 V-5W-4Mo/TiO_2 催化剂 EDX 分析图

5. 红外光谱分析结果

图 6-30 所示为不同催化剂在 50℃条件下的 NH_3 红外吸收图谱，氨气流量为 10mL/min。催化剂在 1677、1440cm^{-1}和 1460cm^{-1}处的吸收峰为 Brønsted 酸位吸附，1600cm^{-1}处为 Lewis 酸位的 NH_3 的非对称伸缩振动。其中，1677cm^{-1}处为 NH_4^+的对称变形振动引起的，1440cm^{-1}和 1460cm^{-1}处的吸收峰则为 NH_4^+ 的不对称变形振动。由图 6-30 可知，当 NH_3 持续不断地通向催化剂表面时 Brønsted 酸位处峰位明显多于 Lewis 酸位处峰位，催化剂表面 Brønsted 酸中心可以吸附更多的 NH_3，即在真实地反映温度条件下，脱硝过程中的活性中心 Brønsted 酸中心更为活跃，Lewis 酸中心的 NH_4^+易从催化剂表面脱附。

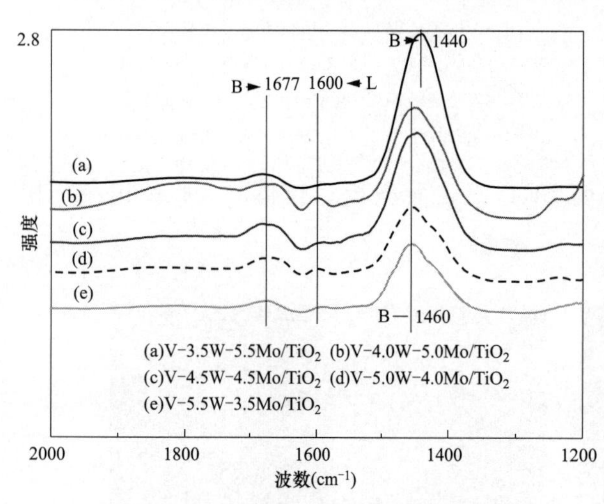

图 6-30 不同催化剂的 NH_3 吸附红外图谱（50℃）

图 6-31 所示为催化剂在不同温度下的 NH_3 红外吸收峰图谱，由图 6-31 可知，1450cm^{-1}附近的 Brønsted 酸吸收峰在 350℃时完全消失，1680cm^{-1}附近的 Brønsted 酸吸收峰在 250℃时完全消失，1600cm^{-1}附近的 Lewis 酸在 400℃时完全消失。说明 Brønsted 酸不稳定，Lewis 酸上的吸附略强于 Brønsted 酸上的吸附。另外，随着温度的不断升高，并没有出现新的酸中心和

NH_3 吸附形式。此系列催化剂 Lewis 酸和 Brønsted 酸的酸量和强度大致相同，仅有细微差别，相比较而言，V-5.0W-4.0Mo/TiO_2 催化剂在酸位数量和强度上略胜一筹。

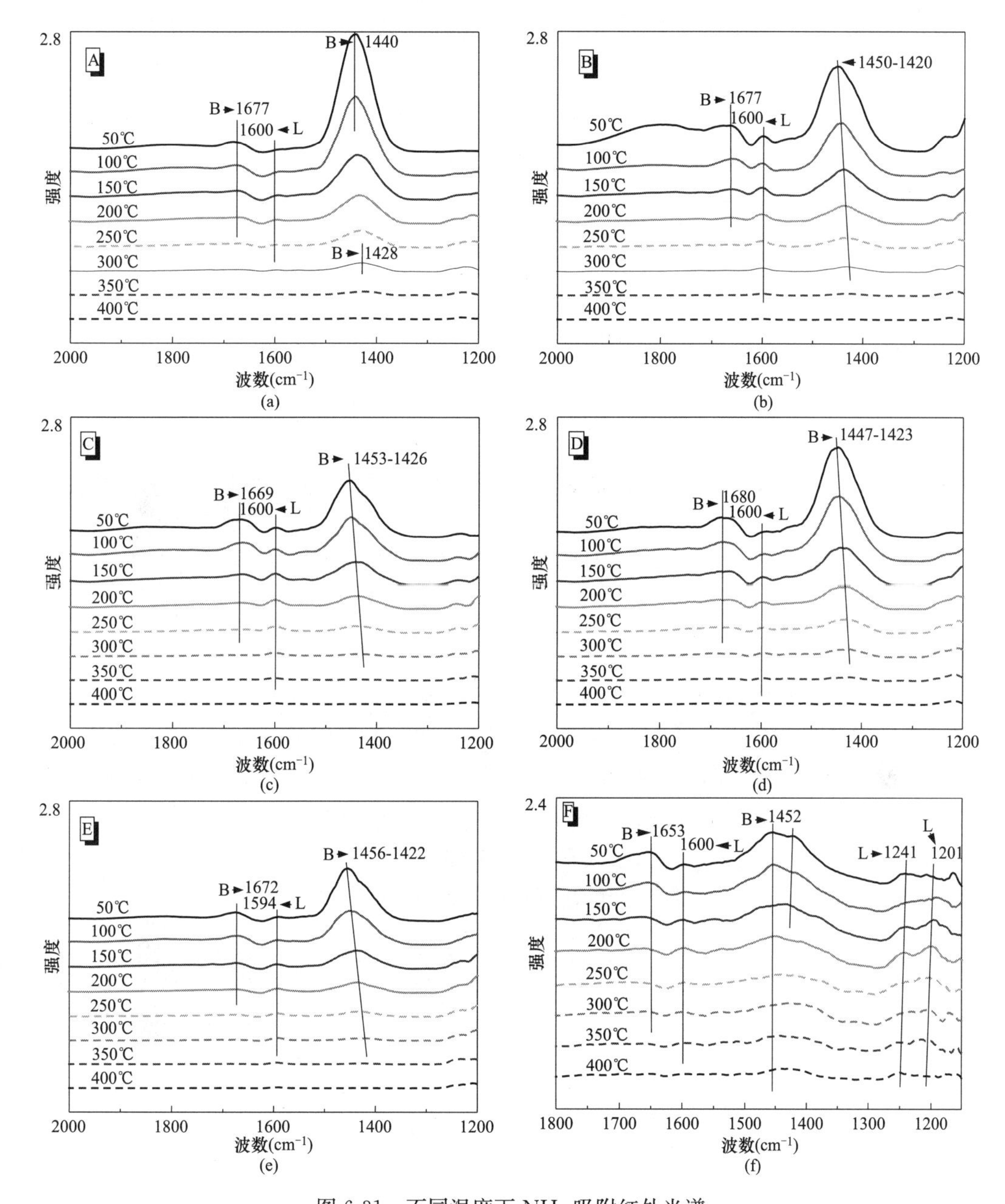

图 6-31 不同温度下 NH_3 吸附红外光谱

(a) V-3.0W-5.5Mo/TiO_2；(b) V-4.0W-5.0Mo/TiO_2；(c) V-4.5W-4.5Mo/TiO_2；(d) V-5.0W-4.0Mo/TiO_2；(e) V-5.5W-3.5Mo/TiO_2；(f) V-3.0W-6.0Mo/TiO_2

（二）催化剂的抗硫抗水中毒实验

如图 6-32 所示，V-5.0W-4.0Mo/TiO_2 催化剂在 240～340℃内脱硝效率达 90%以上，脱硝性能优于其他钨钼配比的催化剂，而在 200～240℃温度区间其脱硝效率低于其他配比的催化剂。V-3.0W-6.0Mo/TiO_2 催化剂在 200～240℃区间内脱硝性能优于其他催化剂，在

240～340℃的温度区间内脱硝效率也相对较高。因此，优选出 V-5.0W-4.0Mo/TiO_2 催化剂和 V-3.0W-6.0Mo/TiO_2 催化剂，在 GHSV＝4000h^{-1}的工况下测试其脱硝性能。

如图 6-33 所示，在空速为 4.0×10^3h^{-1} 的工况下，V-5.0W-4.0Mo/TiO_2 催化剂和 V-3.0W-6.0Mo/TiO_2 催化剂的脱硝性能在 240～340℃的温度区间内均可达到 90％以上，相比较而言，V-5.0W-4.0Mo/TiO_2 催化剂脱硝性能略胜一筹。

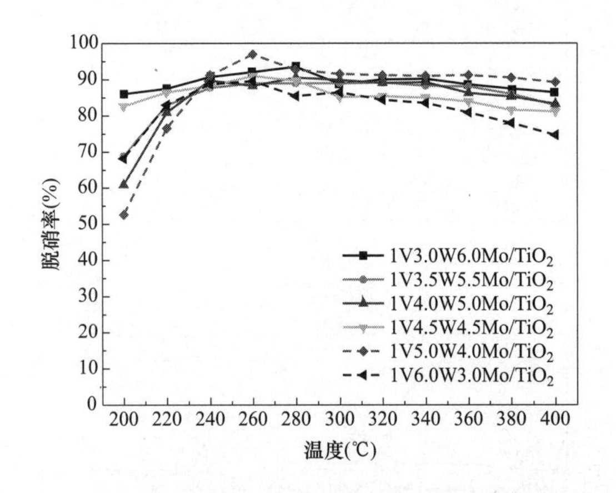

图 6-32 V-W-Mo/TiO_2 系列催化剂 NO_x 转化率

工况：NO＝NH_3＝0.08，O_2＝5％，N_2 为平衡气，空速 2.0×10^4h^{-1}

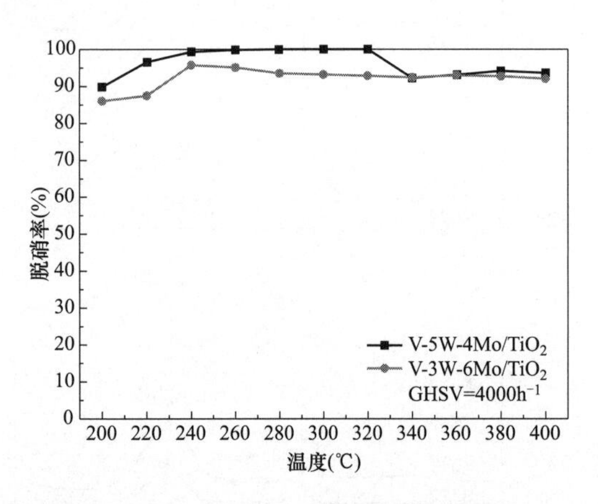

图 6-33 部分 V-W-Mo/TiO_2 催化剂 NO_x 转化率

工况：NO＝NH_3＝0.08，O_2＝5％，N_2 为平衡气，空速为 4.0×10^3h^{-1}

SO_2 和 H_2O 中毒 48h 恶化实验结果如图 6-34 所示。比较图 6-34（a）和图 6-34（b）可知，在 400μL/L SO_2 和 15％ H_2O 的工况下，V-5.0W-4.0Mo/TiO_2 催化剂脱硝性能优于 V-3.0W-6.0Mo/TiO_2 催化剂，且两者在切断 SO_2 和 H_2O 之后均可恢复原有的脱硝性能，故短期的 SO_2 和 H_2O 中毒是可逆的，并未造成永久性的催化剂失活。再次优选出 V-5.0W-4.0Mo/TiO_2 催化剂进一步进行恶化实验。结果如图 6-35 所示，在 200μL/LSO_2 和 15％ H_2O 的工况下中毒 50h 之后，催化剂的脱硝效率稳定在 65％左右。

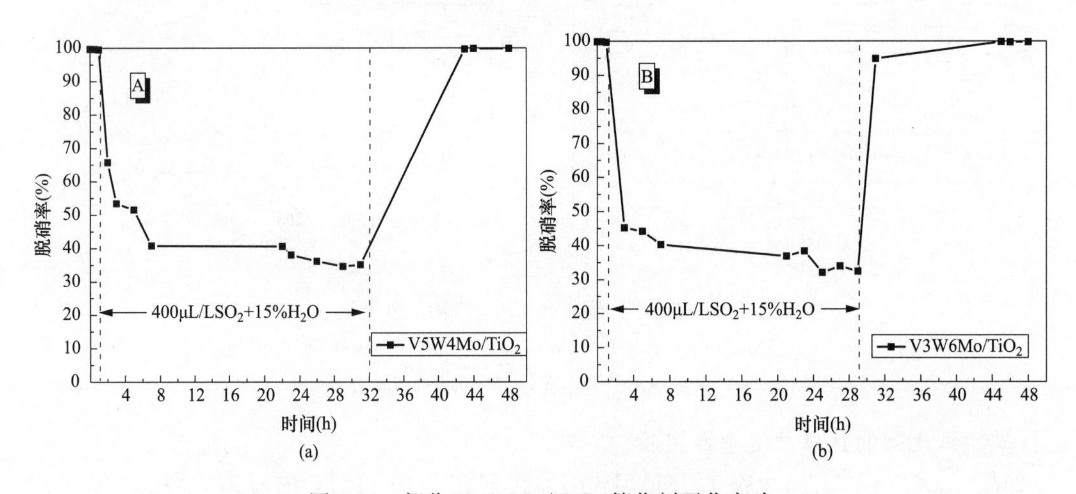

图 6-34 部分 V-W-Mo/TiO_2 催化剂恶化实验

（a）V-5.0W-4.0Mo/TiO_2 催化剂 （b）V-3.0W-6.0Mo/T_iO_2 催化剂

工况：NO＝NH_3＝0.08，O_2＝5％，H_2O＝15％，SO_2＝400μL/L，N_2 为平衡气，空速 4.0×10^3h^{-1}

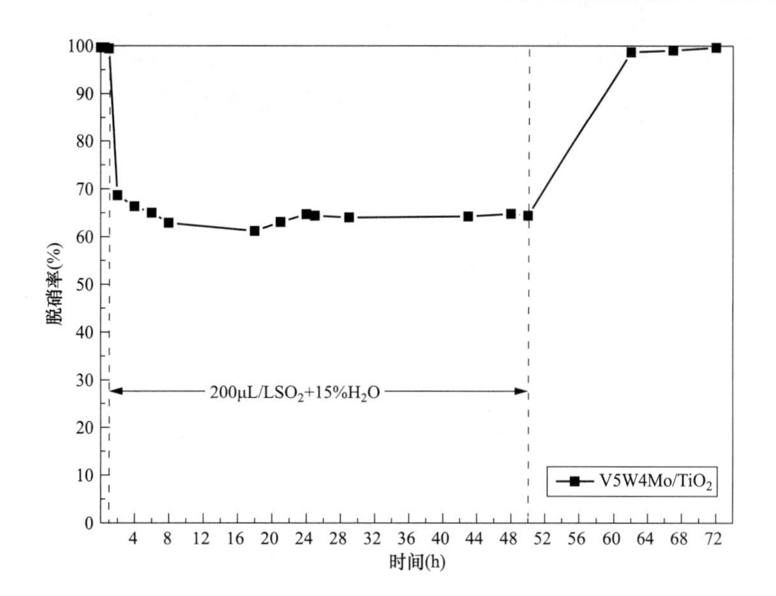

图 6-35 V-5W-4Mo/TiO_2 催化剂恶化实验

工况：NO=$\phi(NH_3)$=0.08，O_2=5%，H_2O=15%，SO_2=200μL/L，N_2 为平衡气，空速 $4.0\times10^3h^{-1}$

在烟气脱硝过程中，要求 SCR 催化剂具有良好的选择性、催化活性和稳定性。目前，开发的中低温 SCR 催化剂在无 SO_2 和无水蒸气条件下的催化活性比较理想，但长时间在含 SO_2 和水蒸气的烟气条件下，催化剂的脱硝性能一般，且对 SO_2 含量的适应性很差。

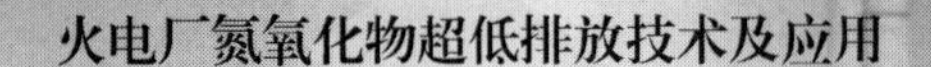

第七章

NO_x超低排放的实践

第一节　某600MW超临界机组超低排放实例

一、设备概况

某600MW超临界机组配套锅炉为上海锅炉厂有限公司设计制造的超临界直流炉，型号为SG-1913/25.4。锅炉采用单炉膛、一次中间再热、四角切圆燃烧、平衡通风、固态排渣。锅炉主要技术参数见表7-1。

表7-1　锅炉主要技术参数表

项目		单位	100%BMCR	BRL
主气参数	主气压力	MPa	25.4	25.2
	主气温度	℃	571	571
	主气流量	t/h	1913	1785
	再热器进/出口压力	MPa	4.39/4.20	4.11/3.93
	再热器进/出口温度	℃	312/569	306/569
	再热器流量	t/h	1583.9	1484.0
	给水温度	℃	282	278
	一级过热器减温水量	t/h	49.0	45.2
	二级过热器减温水量	t/h	27.7	25.9
风烟参数	空气预热器入口烟气量	kg/h	2467562	2328361
	空气预热器出口烟气量	kg/h	2583684	2446297
	空气预热器出口一次风量	kg/h	333022	321084
	空气预热器出口二次风量	kg/h	1659640	1542244
	空气预热器入口一次风温	℃	29	29
	空气预热器入口二次风温	℃	25	25
	空气预热器出口一次风温	℃	326	322
	空气预热器出口二次风温	℃	339	334
	排烟温度（修正前）	℃	135	134
	排烟温度（修正后）	℃	131	129
	干烟气损失	%	4.71	4.64
	空气中的水分损失	%	0.12	0.12

续表

项目		单位	100%BMCR	BRL
风烟参数	未燃烧损失	%	0.63	0.63
	辐射热损失	%	0.17	0.20
	其他热损失	%	0.30	0.30
	制造厂裕度	%	0.35	0.35
	燃料量	t/h	240.0	226.4
	锅炉热效率	%	—	93.55

锅炉设计煤种为神府东胜烟煤，校核煤种为晋北烟煤。煤质资料见表 7-2。锅炉配置 6 台 HP1003 型中速磨煤机，5 用 1 备，每台磨的出口有 4 根煤粉管接至炉膛四角的同一层煤粉喷嘴，设计煤粉细度 $R_{90}=23\%$。燃烧器采用低 NO_x 同轴燃烧系统（LNCFS）。

表 7-2　　锅炉设计煤种参数

项目	符号	单位	锅炉设计煤种（神府东胜煤）	锅炉校核煤种（晋北烟煤）	设计考核煤种
全水分	M_t	%	14.50	9.61	8.60
空气干燥基水分	M_{ad}	%	8.00	1.76	1.14
收到基灰分	A_{ar}	%	8.00	19.77	24.87
干燥无灰基挥发分	V_{daf}	%	37.89	38.00	37.75
收到基碳	C_{ar}	%	62.83	58.56	54.97
收到基氢	H_{ar}	%	3.62	3.36	3.60
收到基氧	O_{ar}	%	9.94	7.28	6.64
收到基氮	N_{ar}	%	0.70	0.79	0.85
收到基硫	S_{ar}	%	0.41	0.63	0.48
收到基低位发热量	$Q_{net,ar}$	MJ/kg	22.76	22.41	20.65
变形温度	DT	℃	1100	1110	—
软化温度	ST	℃	1150	1190	—
半球温度	HT	℃	—	—	—
流动温度	FT	℃	1190	1270	—
哈氏可磨指数	HGI	—	56	58.0	—
二氧化硅	SiO_2	%	36.71	50.41	—
三氧化二铝	Al_2O_3	%	13.50	15.73	—
二氧化钛	TiO_2	%	0.5	0.00	—
三氧化二铁	Fe_2O_3	%	11.36	23.46	—
氧化钙	CaO	%	22.92	3.93	—
氧化镁	MgO	%	1.28	1.27	—
氧化钾	K_2O	%	0.73	1.33	—
氧化钠	Na_2O	%	1.23	1.0	—
三氧化硫	SO_3	%	9.30	0.0	—

图 7-1　脱硝反应器外貌

该机组的 SCR 烟气脱硝装置采用高尘型工艺，设两台 SCR 反应器，布置在锅炉省煤器与空气预热器之间。在每台反应器每层催化剂上方设置 4 台蒸汽吹灰器及 5 台声波吹灰器。脱硝反应器外貌如图 7-1 所示。

脱硝还原剂采用液氨。氨气与稀释风混合后，通过布置在 SCR 入口烟道截面上的格栅式喷氨装置喷入烟道内。喷氨格栅具备横向和纵向的分区调节功能，每个喷氨支管配有手动调节阀，可根据烟道中 NH_3 和 NO_x 的分布情况，手动调节各支管喷氨流量。

脱硝催化剂选用日立（中国）有限公司生产的平板式催化剂。每台反应器内催化剂按“2＋1”模式布置（第一层为 B 型：模块尺寸为 1881mm×948mm×917mm，第二层为 A 型：模块尺寸为 1881mm×948mm×1655mm，最下层为备用层），催化剂模块按 10×8 行列布置。加装模块尺寸为 1881mm×948mm×867mm。备用层催化剂体积量为 179.4m^3，加装后催化剂总体积量为 757.5m^3，催化剂具体参数见表 7-3。SCR 脱硝装置入口设计烟气参数见表 7-4。设计 SCR 入口烟气量为 1868985m^3/h，入口 NO_x 浓度为 350mg/m^3，烟气温度为 405℃。加装备用层催化剂后，SCR 装置设计脱硝效率不小于 87%，具体性能保证值见表 7-5。

表 7-3　　SCR 催化剂与反应器相关参数

项目	单位	初装层数值	加装层数值	备注
制造商	—	日立（中国）有限公司		
类型	—	平板式		
型号	—	EL-Q14-N-H016		
1. 催化剂单体说明				
元件尺寸	mm	464×464×688		
催化剂节距	mm	7	7	
催化剂元件高度	mm	—	688	
催化剂比表面积	m^2/m^3	—	300	
催化剂化学寿命	hr	24000	26160	
催化剂机械寿命	年	≥10	≥10	
2. 催化剂模块描述				
模块类型		A 型/B 型	—	
模块尺寸（长×宽×高）	mm×mm×mm	A 型：1881×948×1655 B 型：1881×948×917	1881×948×867	
模块内催化剂单元件数量	个	16	16	
模块内催化剂体积	m^3	2.58	2.37	
每个模块的总重量	kg	A 型：1230 B 型：680	650	

续表

项目	单位	初装层数值	加装层数值	备注
每层模块数	个	10×8=80	80	
模块数量/反应器		80×2=160	80	
3. 反应器参数				
催化剂层数	层	2	2	
催化剂体积（单个反应器）	m^3	289	89.7	
催化剂总体积	m^3	578.1	179.4	
单台SCR反应器烟气量（标准状态、湿基、实际氧）	m^3/h	934492	934492	
线速度	m/s	—	5.5	初装+加装
空速	1/h	—	2467	初装+加装
面速度	m/h	—	8.2	初装+加装
设计温度	℃	—	405	
最低允许温度	℃	—	314	
最高允许温度	℃	—	420	
允许最大温升速率	℃/min	—	60	
允许最大温降速率	℃/min	—	60	
初始压降（两层）	Pa	—	290	初装+加装

表7-4　　SCR烟气脱硝装置入口设计烟气参数

省煤器出口烟气成分			
项目	单位	数据（BMCR）	
		BMCR（设计煤种、湿基）	BRL（校核煤种、湿基）
CO_2	Vol%	14.52	—
O_2	Vol%	3.23	—
N_2	Vol%	73.01	—
H_2O	Vol%	9.23	—
锅炉省煤器出口烟气量和温度			
项目	单位	BMCR	
湿烟气量（设计煤种）	m^3/h	1868985	
干烟气量（6%氧量）	m^3/h	1972286	
烟气温度	℃	405	
锅炉BMCR工况脱硝系统入口烟气中污染物成分（标准状态、湿基、实际氧量）			
项目	单位	设计煤种	备注
NO_x（以 NO_2 计）	mg/m^3	350	干基、6%氧量
入口烟气含尘量	g/m^3	31	干基、6%氧量
氟（F）	μg/g	—	—

续表

项目	单位	设计煤种	备注
氯（Cl）	%	—	—
SO_2	mg/m^3	2921	—
SO_3	mg/m^3	28.8	—

表 7-5　　SCR 装置的性能保证值

序号	项目	单位	性能保证值	备注
1	脱硝效率	%	≥87	40%～100%BMCR 负荷
2	出口 NO_x 浓度	mg/m^3	≤50	入口 NO_x 浓度≤350mg/m^3
3	氨逃逸浓度	μL/L	＜2.75	入口烟气含尘量≤31g/m^3
4	SO_2/SO_3 转化率	%	＜1.9	入口烟气温度 314～420℃
5	催化剂阻力	Pa	≤300	加装＋初装
	SCR 系统阻力	Pa	≤750	含加装＋初装
6	氨耗量	kg/h	≤227	入口 NO_x 浓度 350mg/m^3

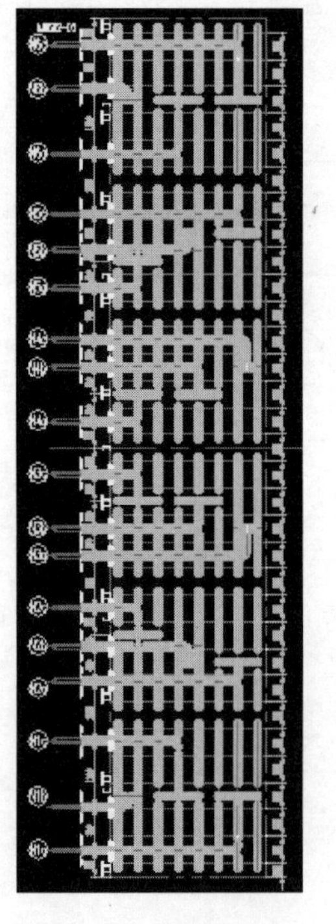
图 7-2　喷氨格栅布置图

SCR 脱硝装置氨喷射采用 AIG 型喷氨格栅，具有沿反应器宽度及深度方向调节喷氨量功能。每台 SCR 反应器在入口烟道前墙沿宽度方向布置 6 组喷氨管，每组喷氨管分 3 根支管，深入烟道内不同深度。每根喷氨支管上均安装了手动调节门，用来调节各支管喷氨流量。喷氨格栅布置如图 7-2 所示。

二、系统的运行优化

（一）锅炉及控制参数的优化

锅炉优化前 NO_x 的排放水平见表 7-6。针对锅炉 NO_x 排放水平较高的情况，在兼顾锅炉效率、受热面安全及蒸汽温度的前提下，通过氧量、风门开度及制粉系统的优化，降低 SCR 入口的 NO_x 浓度。

首先，调整省煤器出口氧量，以省煤器出口氧量为控制参数，通过改变送风机入口动叶开度实现总风量变化，以确定锅炉的最佳过剩空气系数。氧量变化范围见表 7-7。同负荷试验时保持炉膛风箱压差、磨煤机运行方式、一次风速等参数投自动运行，根据试验确定锅炉的最佳运行氧量。氧量的优化结果见表 7-8，可以看出，在机组负荷较低时，氧量有较大的降低空间，可明显降低 NO_x 的生成。

表 7-6　　燃烧调整前锅炉 NO_x 排放现状

负荷	SCR 入口烟气温度	NO_x
MW	℃	mg/m^3（标准状态）
600	327	250

续表

负荷	SCR 入口烟气温度	NO_x
450	314	315
300	278	410

表 7-7　各主要负荷段试验计划选用氧量

负荷（MW）	600	500	400	300	250
氧量（%）	2.5	2.8	3.8	4.5	5.5
	2.8	3.5	4.5	4.8	6.5
	3.0	4.0	5.0	5.6	7.0
	3.5	4.5	5.5	6.4	8.0

表 7-8　各主要负荷段氧量

负荷（MW）	原氧量（%）	原 NO_x 值（mg/m^3）	新氧量（%）	新 NO_x 值（mg/m^3）	降低量（mg/m^3）
600	2.8	205	2.8	205	0
500	3.6	216	2.8	190	26
400	5.0	340	3.8	260	80
300	5.3	340	4.6	230	110
250	8.0	550	5.6	318	232

其次，在氧量一定的情况下，进行改变 SOFA 风风门开度试验。

试验期间主要对锅炉 SOFA 风风门开度进行调节以改变主燃烧器区域和 SOFA 风区域风量分配比例。通过对不同 SOFA 风风门开度进行试验，分析锅炉受热面偏差、再热蒸汽温度、NO_x 排放指标等关键参数，给出锅炉在该负荷段下，最佳的氧量和 SOFA 风风门开度组合。

确定机组运行氧量和 SOFA 风风门开度后，进行相关的飞灰灰渣含量测定，并对燃烧煤样进行工业分析、元素分析。锅炉排烟温度采用 DCS 显示值，对锅炉效率进行计算，以确定机组进行低 NO_x 燃烧优化后锅炉效率不会降低。并维持该工况连续运行 8h 以上以分析受热面结渣情况。

维持磨煤机运行工况稳定，ABCDE 磨煤机组合作为上述试验的基础工况，同时对 BCDEF 磨煤机组合、ACDEF 磨煤机组合、ABCEF 磨煤机组合进行相关的试验，分析不同的磨煤机组合对 NO_x 排放的影响。

锅炉低负荷运行的习惯氧量偏大，导致低负荷下 NO_x 排放量较高，经过本次燃烧调整，结合煤质分析，进一步修订了氧量设定值；同时，在兼顾锅炉效率的情况下适当开大了 SOFA 风，使得 NO_x 进一步降低。SOFA 风作为分离燃尽风，除了与 CCOFA 一起起到分级燃烧的作用外，还有消弱乃至消除炉膛出口残余气流旋转的作用，其风门开度的大小影响着主燃烧区域的氧量大小，对于两侧受热面壁温偏差、再热蒸汽温度与 NO_x 的调整有着较大的关系。通过进一步开大 SOFA 的开度，不但提高了再热蒸汽温度，消除两侧受热面壁温偏差，还降低了 SCR 入口 NO_x 的浓度 20～30mg/m³（标准状态）。表 7-9 为相应控制值优化的汇总。

表 7-9　　锅炉控制函数修改

锅炉 O_2

序号	1	2	3	4	5	6	7	8	9	10	11
负荷——X	0	240	270	300	352	400	453	500	543	600	650
原值——Y	10	8	7.7	5.3	5.14	5	4.26	3.6	3.26	2.8	2.5
负荷——X	0	250	300	350	400	450	500	550	600		
调试后值——Y	8	5.6	5	4.6	4.3	3.8	3.3	2.8	2.8		

锅炉风箱压差

序号	1	2	3	4	5	6	7	8	9	10	11
送风机控制器 M——X	0	30	56	75	85	105					
原值——Y	380	380	635	820	910	920					
送风机控制器 M——X	0	48	50.8	56.64	63.7	68.8	74.06	78.1	82.2	105	
调试后值——Y	380	420	500	560	610	670	740	780	820	850	

锅炉 SOFA1

序号	1	2	3	4	5	6	7	8	9	10	11
送风机控制器 M——X	0	54.86	70.5	78.2	86.45	100					
原值——Y	0	43	55	61	70	70					
送风机控制器 M——X	0	48	50.8	56.64	63.7	68.8	74.06	78.1	82.2	100	
调试后值——Y	0	31	33	38	45	53	57	57	60	60	

锅炉 SOFA2

序号	1	2	3	4	5	6	7	8	9	10	11
送风机控制器 M——X	0	56.86	70.5	78.2	86.45	100					
原值——Y	0	52	65	72	76	76					
送风机控制器 M——X	0	48	50.8	56.64	63.7	68.8	74.06	78.1	82.2	100	
调试后值——Y	0	28	40	47	55	57	63	65	70	70	

锅炉 SOFA3

序号	1	2	3	4	5	6	7	8	9	10	11
送风机控制器 M——X	0	54.86	70.5	78.2	86.45	100					
原值——Y	0	59	68	80	80	80					
送风机控制器 M——X	0	48	50.8	56.64	63.7	68.8	74.06	78.1	82.2	100	
调试后值——Y	0	28	47	56	60	67	67	69	75	75	

锅炉 SOFA4

序号	1	2	3	4	5	6	7	8	9	10	11
送风机控制器 M——X	0	54.86	70.5	78.2	86.45	100					
原值——Y	0	0	0	6	9	9					
送风机控制器 M——X	0	48	50.8	56.64	63.7	68.8	74.06	78.1	82.2	100	
调试后值——Y	0	9	10	20	20	30	35	40	50	50	

续表

锅炉 SOFA5											
序号	1	2	3	4	5	6	7	8	9	10	11
送风机控制器 M——X	0	54.86	70.5	78.2	86.45	100					
原值——Y	0	0	0	0	5	5					
送风机控制器 M——X	0	48	50.8	56.64	63.7	68.8	74.06	78.1	82.2	100	
调试后值——Y	0	9	10	20	20	20	30	35	40	40	
锅炉 CCOFA1											
序号	1	2	3	4	5	6	7	8	9	10	11
送风机控制器 M——X	0	54.9	70.5	78.2	86.5	100					
原值——Y	0	10	36	46	49	49					
送风机控制器 M——X	0	48	50.8	56.6	63.7	68.8	74.06	78.1	82.2	100	
调试后值——Y	0	8	8	13	23	32	38	42	46	46	
锅炉 CCOFA2											
序号	1	2	3	4	5	6	7	8	9	10	11
送风机控制器 M——X	0	54.86	70.5	78.2	86.45	100					
原值——Y	0	0	30	41	50	50					
送风机控制器 M——X	0	48	50.8	56.6	63.7	68.8	74.06	78.1	82.2	100	
调试后值——Y	0	0	0	4	14	24	33	35	45	45	
锅炉 AA 风											
序号	1	2	3	4	5	6	7	8	9	10	11
送风机控制器 M——X	0	48	50.8	56.64	63.7	68.8	74.06	78.1	82.2	100	
调试后值——Y	0	50	50	50	50	55	60	70	70	70	

锅炉燃烧调整前、后 NO_x 排放对比见表 7-10。可以看出，通过燃烧调整，600MW 时锅炉 NO_x 排放浓度降低 40mg/m^3（标准状态），降低了 16%；300MW 时锅炉 NO_x 排放浓度降低 140mg/m^3（标准状态），降低了 34%，取得了明显的效果，对机组减少 NO_x 的排放起到了至关重要的作用。

表 7-10　　燃烧调整前、后锅炉 NO_x 排放对比

负荷	调整前	调整后
MW	mg/m^3（标准状态）	mg/m^3（标准状态）
600	250	210
500	295	170
450	315	220
400	330	235
300	410	270

（二）脱硝系统的优化

在锅炉运行优化降低脱硝进口 NO_x 的基础上，进一步开展了 SCR 系统喷氨格栅的优化。

1. 摸底测试

在机组 600MW 负荷下进行摸底测试工况 T-01，作为喷氨优化调整前基准工况，初步评估脱硝装置的效率和氨喷射流量分配状况。试验过程中，控制脱硝效率在设计值 87%左右，同步在每台反应器进、出口测量 NO_x 浓度，并在反应器出口采集氨逃逸样品，用于计算脱硝效率与氨逃逸浓度。测试结果见表 7-11。

表 7-11　喷氨优化调整前的脱硝效率及氨逃逸分析

项目	单位	T-01	
机组负荷	MW	600	
SCR 反应器	—	A	B
实测入口 NO_x 浓度	mg/m^3	253	245
入口 NO_x 平均浓度	mg/m^3	249	
实测出口 NO_x 浓度	mg/m^3	30	33
出口 NO_x 平均浓度	mg/m^3	31	
实测脱硝效率	%	88.02	86.73
平均脱硝效率	%	87.37	
氨逃逸浓度	μL/L	2.10	2.05
平均氨逃逸浓度	μL/L	2.08	

喷氨优化调整前，SCR 入口 NO_x 浓度平均为 249mg/m^3，脱硝效率控制在 87.37%时出口氨逃逸浓度平均为 2.08μL/L。喷氨格栅各支管手动阀开度为 80%～100%，SCR 反应器出口 NO_x 分布情况如图 7-3 所示。

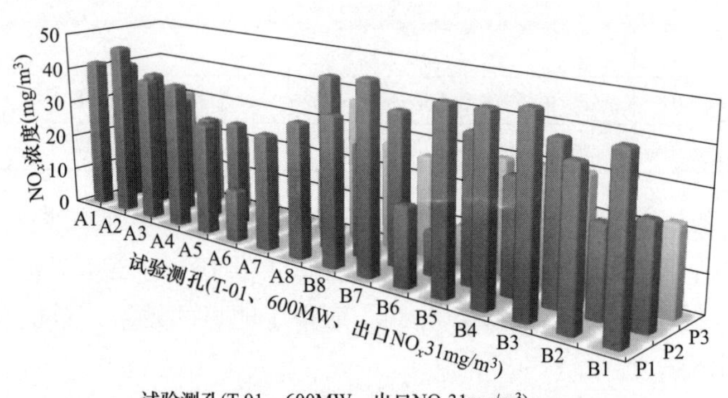

试验测孔(T-01、600MW、出口NO_x31mg/m^3)

图 7-3　喷氨优化调整前反应器出口 NO_x 浓度分布

两台反应器出口截面 NO_x 浓度沿宽度和深度方向均呈现不均匀分布：

(1) A 反应器出口截面：宽度方向上测孔 A6 区域 NO_x 浓度明显偏低，反应器两外侧墙区域 NO_x 浓度相对偏高；深度方向上靠后墙区域 NO_x 浓度偏高。截面 NO_x 浓度最高为 47mg/m^3、最低仅 7mg/m^3，NO_x 分布 CV 值为 34.47%。

(2) B 反应器出口截面：宽度方向上测孔 B6 区域 NO_x 浓度明显偏低；深度方向上靠后墙区域 NO_x 浓度偏高。截面 NO_x 浓度最高为 51mg/m^3、最低仅 10mg/m^3，NO_x 分布 CV 值为 35.12%。

反应器出口 NO_x 浓度分布不均，主要是经过喷氨格栅支管喷入反应器内的氨与烟气中的 NO_x 混合后，在顶层催化剂入口处的氨氮摩尔比分布不均引起，由此也导致反应器出口截面上局部区域氨逃逸浓度过大（如图 7-4 所示），如 A 反应器出口靠锅炉中心线区域氨逃逸浓度为 3.58μL/L。氨逃逸浓度过大，将对下游空气预热器等设备形成 ABS 堵塞风险，因此，有必要对 SCR 装置的 AIG 喷氨格栅进行喷氨优化调整。通过喷氨优化调整，使喷氨格栅各支管喷氨量趋于合理，提高 SCR 出口 NO_x 浓度分布均匀性，降低局部较高的氨逃逸浓度，从而提高系统运行的安全性和经济性。

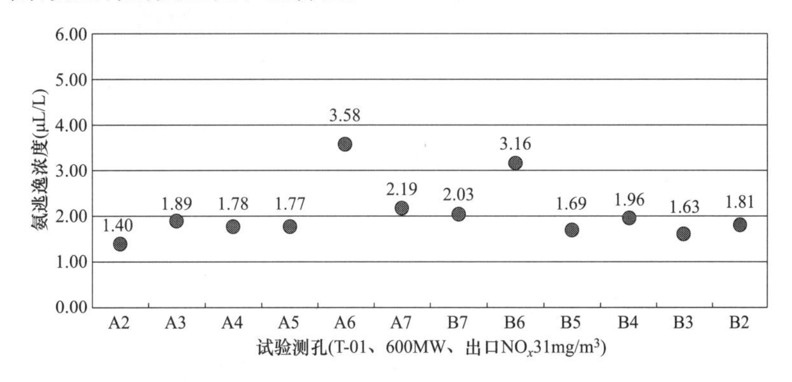

图 7-4 喷氨优化调整前反应器出口氨逃逸浓度分布

2. 喷氨优化调整

脱硝喷氨优化调整试验主要在机组 100% 负荷下进行，控制 SCR 出口 NO_x 浓度在 50mg/m^3 以内，根据实测反应器出口截面的 NO_x 浓度分布情况，对 AIG 喷氨格栅各支管的手动阀开度进行多次调节，直至出口 NO_x 浓度分布均匀性达到理想状况。优化调整过程反应器出口 NO_x 浓度分布情况如图 7-5 所示。

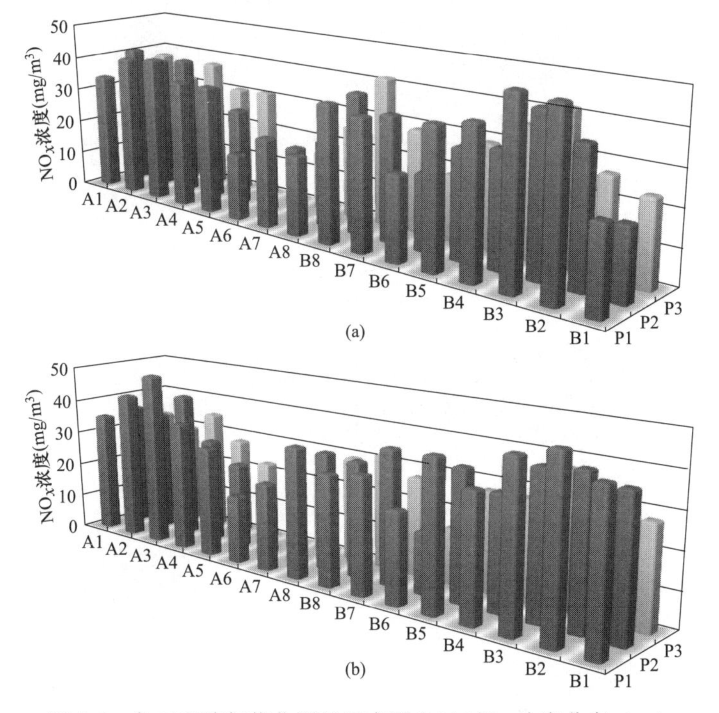

图 7-5 各工况喷氨优化调整反应器出口 NO_x 浓度分布（一）

（a）试验测孔：T-02、600MW、出口 NO_x32mg/m^3；（b）试验测孔：T-03、600MW、出口 NO_x32mg/m^3

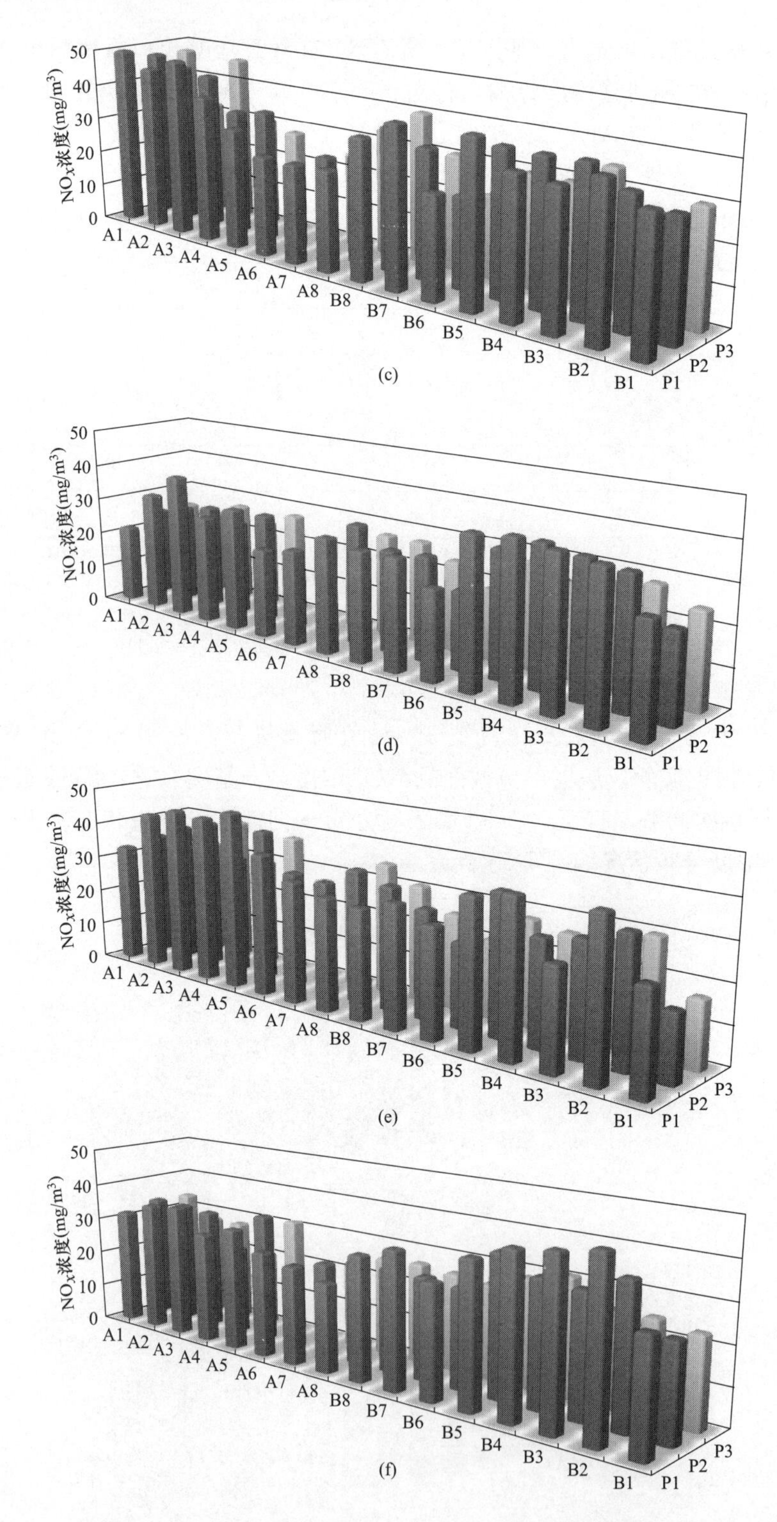

图 7-5 各工况喷氨优化调整反应器出口 NO_x 浓度分布（二）

（c）试验测孔：T-04、600MW、出口 NO_x35mg/m^3；（d）试验测孔：T-05、600MW、出口 NO_x28mg/m^3；（e）试验测孔：T-06、600MW、出口 NO_x33mg/m^3；（f）试验测孔：T-07、600MW、出口 NO_x30mg/m^3

图 7-5 直观反映了喷氨优化调整过程反应器出口 NO_x 浓度分布情况，经过 6 轮次的优化调整，SCR 出口截面 NO_x 浓度分布情况得到明显改善，局部较高或较低的 NO_x 浓度峰、谷值基本消除。

优化调整过程中 SCR 反应器出口 NO_x 浓度平均值及其分布相对标准偏差如图 7-6 所示。

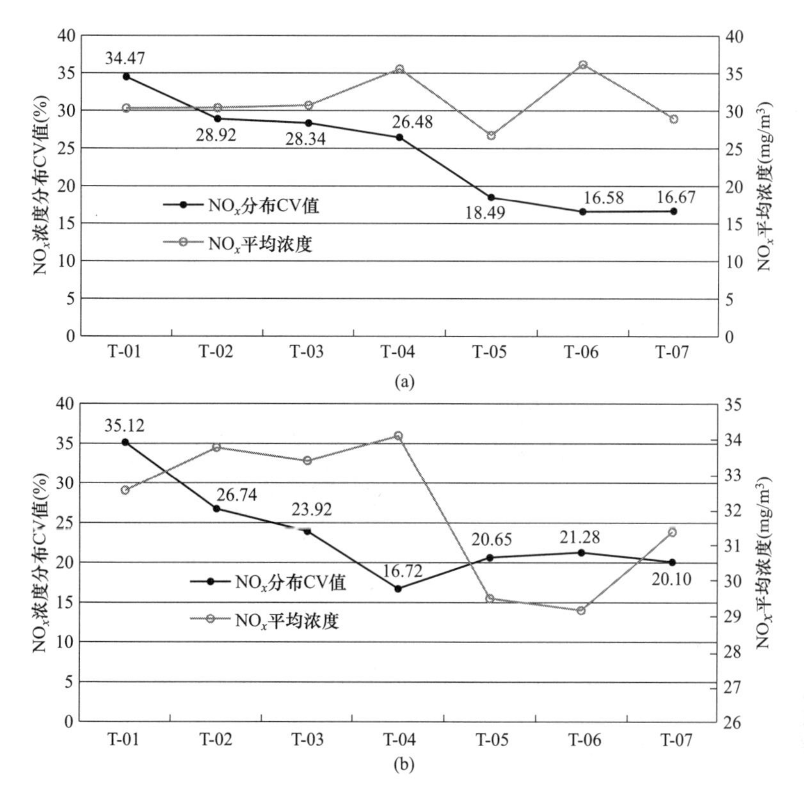

图 7-6 喷氨优化调整过程反应器出口 NO_x 浓度及其分布 CV 值

(a) 试验工况（A 反应器）；(b) 试验工况（B 反应器）

从图 7-6 也可以看出，随优化调整过程的深入，反应器出口截面 NO_x 浓度分布 CV 值呈减小趋势，NO_x 浓度分布逐渐趋于均匀。喷氨优化调整后，机组在 600MW 负荷工况下，SCR 出口 NO_x 控制在 30mg/m^3 左右时，A、B 反应器出口 NO_x 浓度分布 CV 值分别从调整前的 34.47%、35.12%降低至 16.67%、20.10%，NO_x 浓度分布均匀性得到了明显改善。

图 7-7 所示为喷氨优化调整后，机组 600MW 负荷工况下反应器出口氨逃逸浓度分布情况。经过喷氨优化调整，脱硝效率控制在 88.90%时，反应器出口各测点处氨逃逸浓度基本在 1.8μL/L 以下，与优化前相比，局部过高的氨逃逸得到有效控制，总体上氨逃逸浓度降低了约 0.3μL/L。

为确保不同负荷下反应器出口 NO_x 浓度分布均能保持较好的适应性，在机组 450MW 及 300MW 负荷下进行了喷氨校核调整试验。校核调整后机组 450MW 及 300MW 负荷下反应器出口 NO_x 浓度分布如图 7-8、图 7-9 所示。

优化调整后，机组 450MW 及 300MW 负荷下，SCR 出口 NO_x 浓度控制在 30mg/m^3 左右时，NO_x 浓度分布 CV 值分别为 20.38%、17.96%，机组不同负荷工况下 SCR 出口 NO_x 浓度分布均保持良好的均匀性。

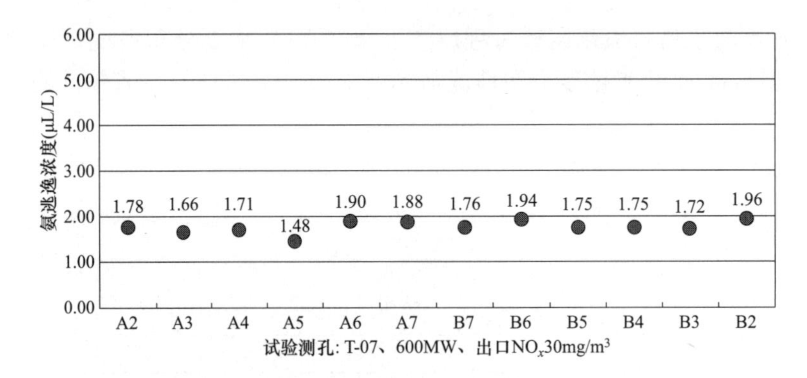

图 7-7　喷氨优化调整后反应器出口氨逃逸分布

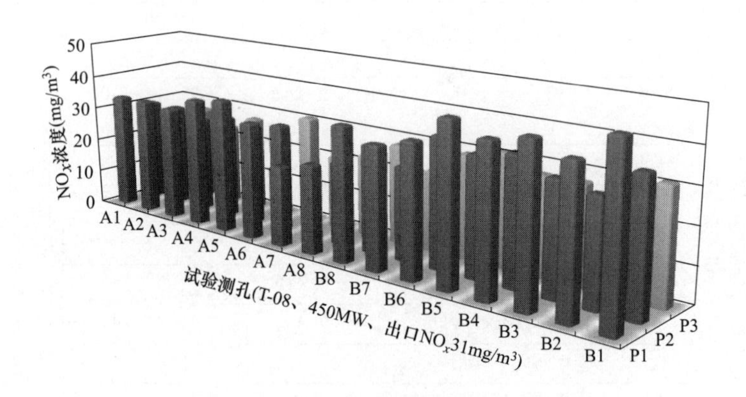

图 7-8　450MW 负荷反应器出口 NO_x 浓度分布

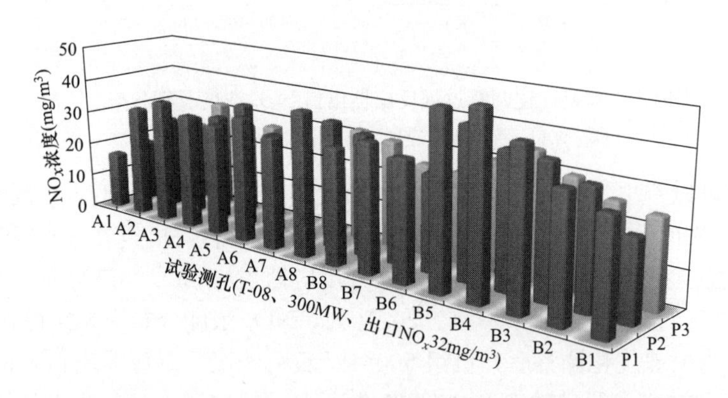

图 7-9　300MW 负荷反应器出口 NO_x 浓度分布

优化调整后，在机组 450MW 及 300MW 负荷下，控制 SCR 出口 NO_x 浓度在 30mg/m^3 左右，对出口氨逃逸浓度分布进行了测试，如图 7-10、图 7-11 所示。反应器出口氨逃逸浓度均在 1.5μL/L 以下，未出现局部氨逃逸浓度过高现象。

从以上的测试结果可以看出，喷氨优化调整后，SCR 反应器出口 NO_x 浓度分布均匀性得到明显改善，局部较高的氨逃逸浓度峰值明显降低，在不同负荷工况下也具有较好的适应性。通过喷氨优化调整，有效地提高了系统运行的安全性和经济性。

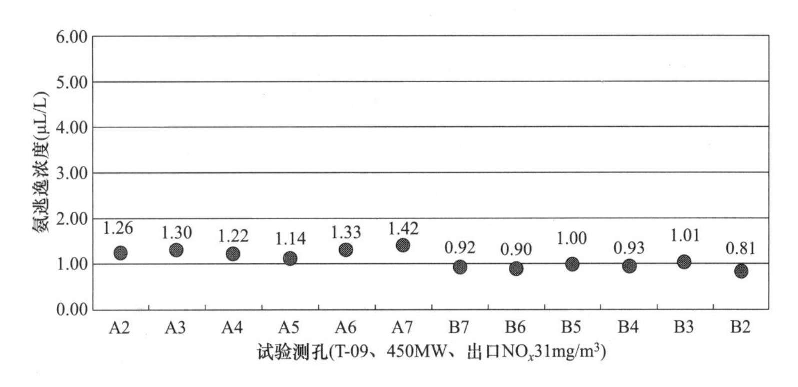

图 7-10 450MW 负荷反应器出口氨逃逸浓度分布

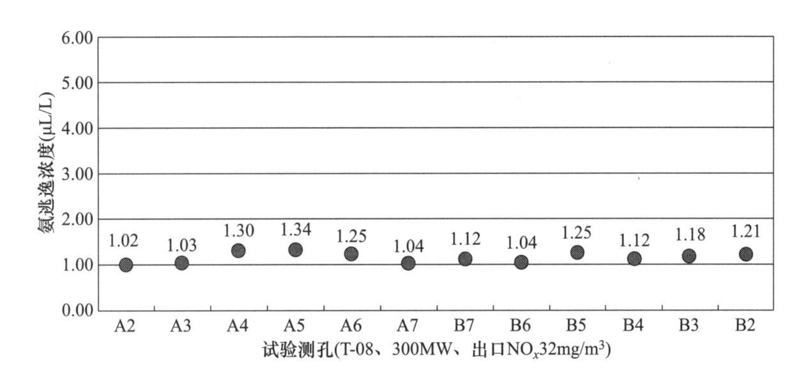

图 7-11 300MW 负荷反应器出口氨逃逸浓度分布

调取了喷氨优化调整前后 SCR 出口及 FGD 出口 NO_x 浓度曲线，如图 7-12 所示。喷氨优化调整前，CEMS 测量 FGD 出口 NO_x 浓度高于 SCR 出口 15～20mg/m^3，工况变动时 FGD 出口 NO_x 浓度频繁超过 50mg/m^3，瞬时峰值接近 90mg/m^3；优化调整后，CEMS 测量 FGD 出口 NO_x 浓度与 SCR 出口偏差基本在 10mg/m^3 左右，FGD 出口 NO_x 浓度超限频率明显降低，且瞬时峰值基本不超过 60mg/m^3。

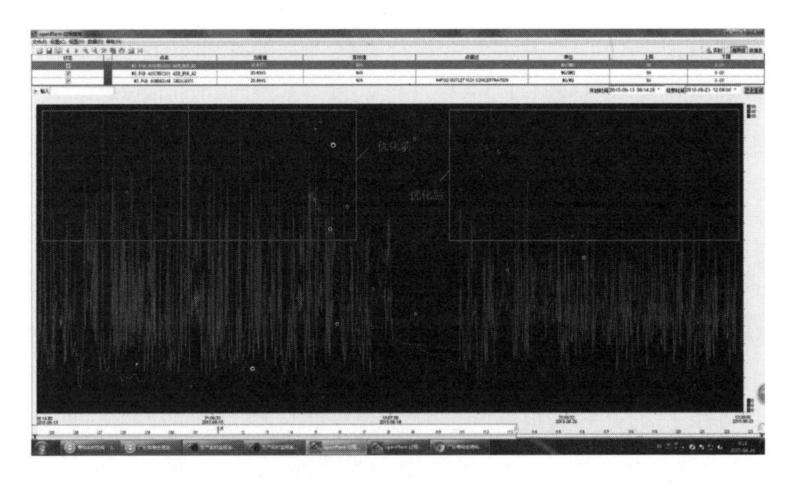

图 7-12 喷氨优化调整前后 SCR 及 FGD 出口 NO_x 浓度曲线

喷氨优化调整前后，喷氨格栅各支管手动阀开度见表 7-12。

表 7-12　优化调整后的喷氨格栅各支管手动蝶阀开度

A 反应器			B 反应器		
阀门编号	调前开度	调后开度	阀门编号	调前开度	调后开度
1 号 A	100	100	1 号 A	80	85
1 号 B	100	100	1 号 B	70	90
1 号 C	80	80	1 号 C	90	80
2 号 A	80	80	2 号 A	80	65
2 号 B	80	95	2 号 B	80	75
2 号 C	80	80	2 号 C	70	30
3 号 A	80	80	3 号 A	80	80
3 号 B	80	95	3 号 B	80	100
3 号 C	80	75	3 号 C	70	50
4 号 A	80	80	4 号 A	80	80
4 号 B	80	95	4 号 B	80	100
4 号 C	80	75	4 号 C	80	60
5 号 A	80	55	5 号 A	80	70
5 号 B	80	55	5 号 B	80	100
5 号 C	80	55	5 号 C	100	70
6 号 A	80	80	6 号 A	100	80
6 号 B	80	85	6 号 B	100	100
6 号 C	80	80	6 号 C	100	70

三、系统的设备改造

（一）催化剂的增加

该机组 SCR 脱硝系统已投运 3 年，为满足超低排放要求，在原有催化剂的基础上增加了 1 层催化剂，加装模块尺寸为 1881mm × 948mm × 867mm，加装催化剂体积量为 179.4m^3，加装后催化剂总体积量为 757.5m^3，催化剂具体参数见表 7-3。

（二）全负荷脱硝投运的改造

1. 改造前的情况

该机组由于烟气温度较低，存在着严重的脱硝系统无法投运的问题。图 7-13 所示为改造前锅炉省煤器出口烟气温度的情况。可以看出，该机组在 400MW 运行时省煤器出口烟气温度为 298℃，已经低于 SCR 装置的最佳反应温度范围。随着负荷的降低，省煤器出口的烟气温度进一步降低，将不得不退出脱硝装置运行。

结合设计数据和运行数据，并考虑实际运行工况可能存在的偏差，在 450MW 负荷以下，SCR 入口处的烟气温度已达不到脱硝装置允许运行最低温度（314℃）的要求。在 250MW 以及 210MW 下，SCR 入口处的烟气温度甚至只有 260～270℃，脱硝系统根本不可能投运。此原因直接导致改造前该机组 SCR 投运率只有 45%。对此，必须对锅炉进行相应改造，以解决这一问题。

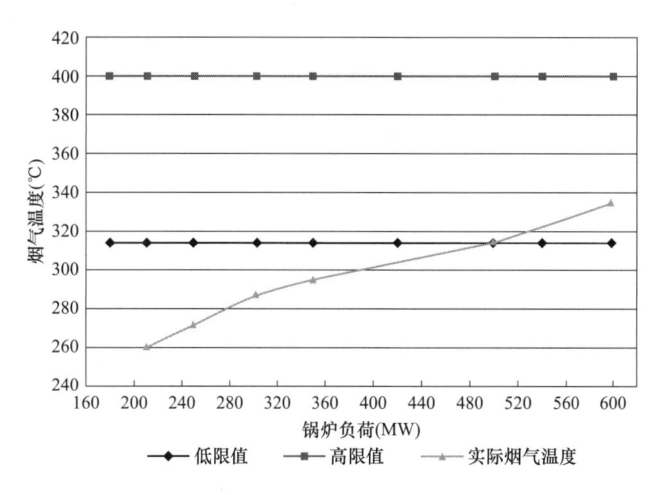

图 7-13　机组各负荷段下省煤器出口烟气温度

2. 改造方案的确定

针对该机组的实际情况，对省煤器分级布置、省煤器给水旁路、省煤器再循环3种方案进行了对比。

(1) 方案 1：省煤器给水旁路。

图 7-14 所示为省煤器给水旁路方案示意图。该方案是通过在省煤器进口集箱之前设置调节阀和连接管道，将部分给水短路，直接引至下降管中，减少流经省煤器的给水量，从而减少省煤器从烟气中的吸热量，以达到提高省煤器出口烟气温度的目的。方案 1 需要设置的管道旁路包括冷热水混合器、调节阀、截止阀、止回阀，新增原给水管道至下降管之间的给水管道、管道支吊架、其他疏水设置等。

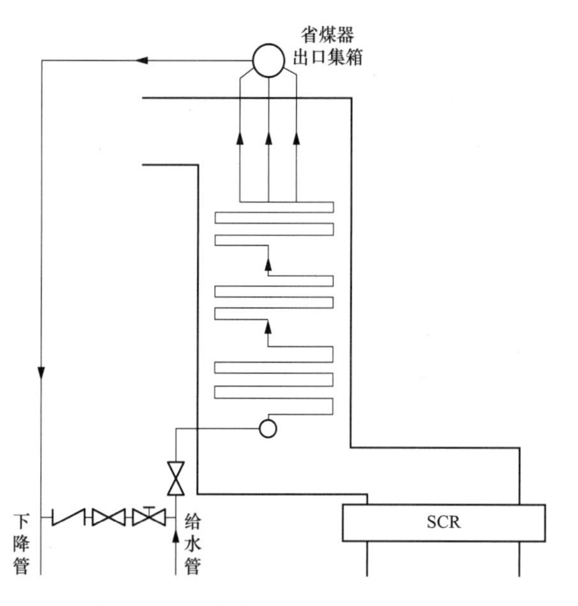

图 7-14　省煤器给水旁路方案示意图

针对本项目锅炉受热面的布置情况，通过热力计算得到如下方案 1 的改造效果，见表 7-13。可以看出，该方案尽管较为简单，但对烟气温度的提升效果有限，仍然无法实现脱硝系统在低负荷投运。

表 7-13　　**省煤器给水旁路方案计算汇总表**

项目	400MW		300MW		250MW		220MW	
	改造前	改造后	改造前	改造后	改造前	改造后	改造前	改造后
给水流量 (t/h)	1087	1087	824	824	718	718	670	670
旁路流量 (t/h)	0	652.2	0	494.5	0	373.36	0	254.6
旁路比例 (%)	0	60	0	60	0	52	0	38

续表

项目	400MW		300MW		250MW		220MW	
	改造前	改造后	改造前	改造后	改造前	改造后	改造前	改造后
省煤器出口烟气温度（℃）	298.57	315	282.59	290	272.5	280	263	272
省煤器悬吊管温度（℃）	315	370	302	346	295	338	294	328
省煤器悬吊管汽化温度（℃）	400	400	356	356	347	347	340	340
排烟温度（℃）	105.38	110.17	105.87	108.25	103.23	105.23	100.17	102.20

（2）方案 2：省煤器再循环。

图 7-15 所示为省煤器再循环的改造原理图。该方案是在方案 1 省煤器简单水旁路的基础之上进一步发展的方案。第一部分也是通过在省煤器进口集箱之前设置调节阀和连接管道，将部分给水短路，直接引至省煤器出口集箱，减少流经省煤器的给水量，从而减小省煤器从烟气中吸热量。第二部分再通过热水再循环系统将省煤器出口的热水再循环引至省煤器进口，提高省煤器进口的水温，降低省煤器的吸热量，提高省煤器出口的烟气温度。方案 2 在方案 1 的基础之上，增加了 1 套省煤器再循环系统，包括再循环泵、压力容器罐、冷热水混合器、调节阀、截止阀、止回阀，以及相应的疏水系统。该方案在低负荷下，水冷壁存在的问题为下炉膛螺旋管圈易超温，主要原因为低负荷下水量少、螺旋管圈流量分配特性问题，水冷壁入口温度的降低不会影响整体流量分配特性，但下炉膛入口温度降低及下炉膛出口温度总体较改造前低，水冷壁也较安全，从水冷壁的安全性考虑初步分析水冷壁受热面整体较改造前安全。

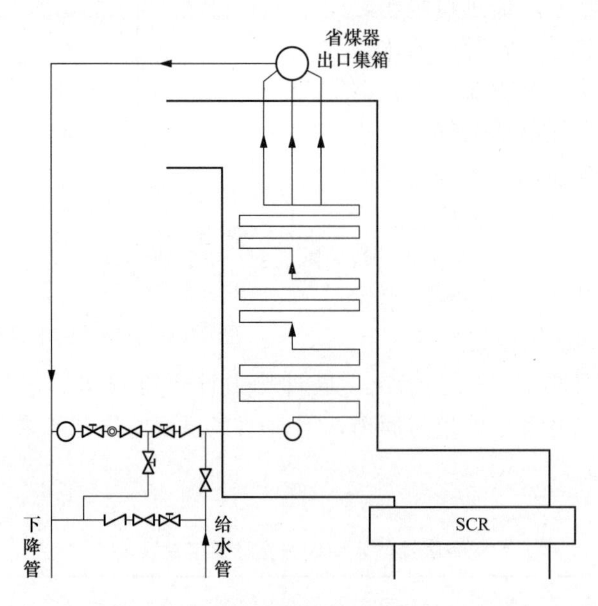

图 7-15 省煤器再循环原理图

采用热水再循环方案，稳定运行状态下，安全性提高。需要关注的问题为变负荷动态运行下，考虑到直流炉的特性，热水循环泵流量和给水到下降管旁路流量的控制匹配问题。该问题需要水循环系统设计及从逻辑控制来解决，结合锅炉本身特性进行有针对性的控制函数修改，可以保证机组安全及稳定运行。该方案的计算结果见表 7-14。可以看出，该方案可以满足机组脱硝系统的低负荷停运，但相应的锅炉排烟温度明显提高，影响机组的经济性。

表 7-14　　省煤器再循环方案计算汇总表

项目	400MW		300MW		250MW		220MW	
	改造前	改造后	改造前	改造后	改造前	改造后	改造前	改造后
给水流量（t/h）	1087	1087	824	824	718	718	670	670
旁路流量（t/h）	0	300	0	350	0	380	0	340
循环泵流量（t/h）	0	300	0	400	0	400	0	445
省煤器出口烟气温度（℃）	298.57	316	282.59	315	272.5	315	263	315
省煤器悬吊管温度（℃）	315	331	302	328	295	328	294	330
省煤器悬吊管汽化温度（℃）	400	400	356	356	347	347	340	340
排烟温度（℃）	105.38	110.48	105.87	116.5	103.23	113.8	100.17	116.25

（3）方案 3：省煤器分级设置。

省煤器分级设置原理如图 7-16 所示。方案 3 是将原有的省煤器靠近烟气下游的部分拆除，在 SCR 反应器后增设一定的省煤器受热面。给水直接引至位于 SCR 反应器后的省煤器，然后通过连接管道再引至位于 SCR 反应器前的省煤器。减少 SCR 反应器前省煤器的吸热量，达到提高 SCR 入口烟气温度的目的。方案 3 的改造范围包括锅炉后烟井的拆装，原省煤器的部分面积的拆除，剩余省煤器与集箱的重新连接、恢复，SCR 反应器下方的烟道打开与恢复，新增部分省煤器的安装与支吊，SCR 基础钢架的校核与加固，给水管道的安装与支吊，SCR 反应器的仪控和测点的移位，增加吹灰器、平台扶梯等。表 7-15 为分割 7400m² 省煤器面积后的计算汇总。可以看出，该方案不仅可以满足机组脱硝系统的低负荷停运，对锅炉的经济性也不会产生不利影响。最终该机组采用省煤器分级的改造方案。

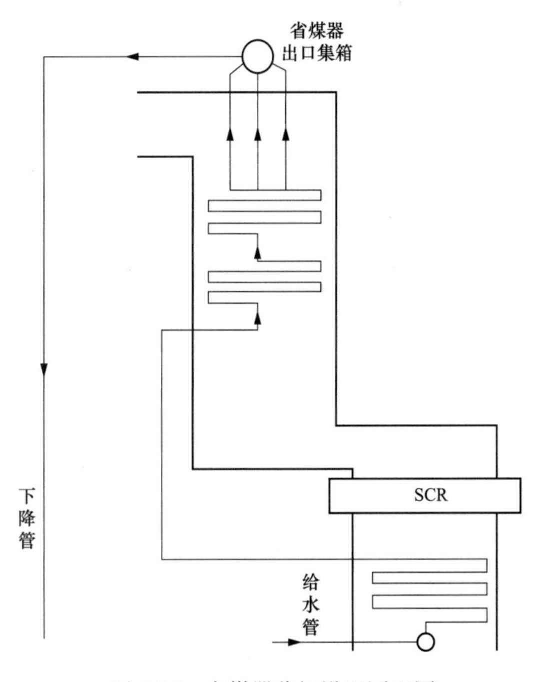

图 7-16　省煤器分级设置原理图

表 7-15　　省煤器分级设置热力计算表

项目	600MW		400MW		300MW		250MW		220MW	
	改造前	改造后	改造前	改造后	改造前	改造后	改造前	改造后	改造前	改造后
给水流量（t/h）	1735	1735	1087	1087	824	824	718	718	670	670
SCR 前省煤器减少面积（m²）	0	7433	0	7433	0	7433	0	7433	0	7433

续表

项目	600MW		400MW		300MW		250MW		220MW	
	改造前	改造后	改造前	改造后	改造前	改造后	改造前	改造后	改造前	改造后
SCR后省煤器增加面积（m^2）	0	7433	0	7433	0	7433	0	7433	0	7433
SCR入口烟气温度（℃）	335	388.42	298.57	347.2	282.59	328.14	272.5	315.3	263	311.12
排烟温度（℃）	120.7	120.7	105.38	105.38	105.87	105.87	103.23	103.23	100.17	100.17

3. 改造效果

表7-16为改造前后SCR脱硝系统入口温度变化。可以得出，在进行省煤器分级改造后，在机组600MW负荷下，脱硝入口A侧和B侧烟气温度分别为378℃和380℃，满足“脱硝入口烟气温度不高于400℃”的性能保证要求。在机组250MW负荷下，脱硝入口A侧和B侧烟气温度分别为311℃和313℃，满足“脱硝入口烟气温度不低于309℃”的性能保证要求。通过省煤器分级改造后，脱硝系统达到了全负荷投运的要求。

表7-16　　改造前后锅炉烟气温度对比

项目	单位	保证值	600MW		450MW		300MW		250MW	
			A	B	A	B	A	B	A	B
SCR入口烟气温度	（℃）	$310<T\leqslant400$	378	380	358	356	322	323	311	313
空气预热器入口烟气温度	（℃）	≤改造前试验值	343	347	321	323	292	294	284	284

第二节　某660MW亚临界机组超低排放实例

一、设备概况

该机组锅炉为亚临界压力、一次中间再热、四角喷燃双切圆燃烧方式、控制循环、单炉膛平衡通风、燃煤汽包、固态排渣、露天布置、全钢构架的π型汽包炉。锅炉炉膛宽为19558mm，深为16432.5mm，宽深比为1∶1.19，长方形炉膛截面。炉膛总容积为15485m^3，炉膛容积热负荷为$1.12\times10^2kW/m^3$，断面热负荷为$5.6\times10^3kW/m^2$，燃烧器区域热负荷为$1.33\times10^3kW/m^2$。具体设计参数见表7-17。

表7-17　　锅炉设计参数

名称	单位	BMCR		ECR		50%ECR	
		进口煤	国产煤	进口煤	国产煤	进口煤	国产煤
省煤器进口压力	MPa	19.1	19.1	19.65	19.65	10.84	10.84
省煤器进口温度	℃	275	275	271.1	271	229.6	229.7
省煤器出口温度	℃	325	325	323	323	287.2	290
省煤器压降	MPa	0.4	0.4	0.38	0.38	0.26	0.26
汽包压力	MPa	19.5	19.5	19.27	19.27	10.65	10.65

续表

名称	单位	BMCR		ECR		50%ECR	
		进口煤	国产煤	进口煤	国产煤	进口煤	国产煤
水冷壁压降	MPa	0.15	0.15	0.15	0.15	0.202	0.203
过热器出口压力	MPa	18.2	18.2	18.1	18.1	10.28	10.28
过热器出口流量	t/h	2100.1	2100.1	1969.7	1969.7	1050.0	1050.0
过热器出口温度	℃	540	540	540	540	540	540
过热器总压降	MPa	1.31	1.31	1.17	1.17	0.94	0.94
再热器进口压力	MPa	4.36	4.36	4.12	4.12	2.2	2.2
再热器出口压力	MPa	4.16	4.16	3.93	3.93	2.09	2.09
再热器进口温度	℃	332.6	332.6	328.2	328.5	334	334
再热器出口温度	℃	542.7	542.7	542.7	542.7	530.5	530.5
再热器出口流量	t/h	1836.7	1836.7	1733.4	1733.4	955.1	955.1
一次风量	t/h	368	426	358	418	251	290
二次风量	t/h	1890	1890	1780	1785	820	804
空气预热器入口烟气流量	t/h	2638	2654	2502	2530	1290	1277
空气预热器出口烟气流量	t/h	2794	2815	2657	2680	1400	1388
炉膛出口烟气温度	℃	1040	1040	1033	1037	—	—
空气预热器出口烟气温度（未修正）	℃	133	132	131	127	113	112
空气预热器出口烟气温度（已修正）	℃	127	126	125	122	107	106
锅炉热效率（高位热值）	%	87.98	87.78	87.88	87.97	88.95	88.85

设计煤种为神府东胜烟煤，校核煤种为澳大利亚煤。煤质特性资料见表7-18。

表7-18　煤质特性分析

项目	符号	单位	进口煤	国产煤
收到基水分	Mar	%	9.23	12.00
收到基灰分	Aar	%	12.46	13.00
收到基碳分	Car	%	64.36	60.51
收到基氢分	Har	%	4.15	3.62
收到基氧分	Oar	%	8.28	9.94
收到基氮分	Nar	%	0.89	0.70
收到基硫分	Sar	%	0.63	0.43
干燥无灰基挥发分	Vdaf	%	25.06	27.33
收到基低位发热量	$Q_{ar,net}$	kJ/kg	25037	22797
收到基高位发热量	$Q_{ar,net}$	kJ/kg	26213	23927
灰的变形温度	DT	℃	1200	1130
灰的软化温度	ST	℃	1290	1160
灰的熔化温度	FT	℃	1310	1210
哈氏可磨性指数	HGI		49	54

2012年该机组加装了SCR脱硝系统，脱硝装置的投运要求其最低喷氨温度为290℃，最高喷氨温度为420℃。实际运行过程中，由于燃烧状态不同，机组负荷在低于450MW时，经常发生由于烟气温度达不到要求而导致的SCR脱硝装置退出事件，SCR脱硝系统不能投运的时间占机组运行时间的12.6%。导致低负荷工况下NO_x排放不达标，综合脱硝效率难以达到85%以上。

此外，由于燃烧器并非低氮燃烧器，NO_x的生成也明显偏高，可达700mg/m^{3}左右，不利于超低排放的实现。

二、低氮燃烧器的改造

对原有系统进行了全面的改造，内容包括：

(1) 采用低NO_x耐高温煤粉燃烧器以更换现有燃烧器（如图7-17所示），共24只，喷嘴材料采用ZG40Cr30Ni16Si2NRe。

(2) 优化二次风喷嘴（如图7-18所示），以获得理想的二次风流速，喷嘴材料采用ZG40Cr30Ni16Si2NRe。

图7-17 燃烧器照片

图7-18 二次风喷嘴照片

(3) 增加分离燃尽风系统（SOFA）。在主燃区的上方（36.5～38m）布置8个SOFA风箱和SOFA喷口。这8个SOFA喷口采用对冲墙式布置，4个SOFA风箱在左侧，另外4个在右侧。这些风箱会提供适当的燃尽风，以便达到减低NO_x排放的目的。风箱布置在最优标高，不仅可以大大降低NO_x生成，而且不会影响燃烧效率。

改造后的技术参数见表7-19。

表7-19　改造后的技术参数

项目	投标方承诺保证参数和技术特征（改造后）
NO_x排放浓度	300mg/m^3（标准状态、干基、6%氧量）
机组出力	660MW
锅炉效率	93.60%
飞灰含碳量	1.5%
燃烧器材质（摆动部分）	ZG40Cr30Ni16Si2NRe
改造后对过热器、再热器减温水量的影响	改造后过热器减温水流量不超过改造前测试试验值的130%，再热器减温水流量不超过改造前测试值

表 7-20 为燃烧器改造后锅炉的主要运行数据。可以看出，改造效果是明显的，各负荷下 NO_x 均可控制在 300mg/m^3 以内。

表 7-20 改造后锅炉主要运行数据

项目	单位	660MW、ABCDE磨煤机投入运行	660MW、ABCDF磨煤机投入运行	500MW、ABCDE磨煤机运行	330MW、ABCD磨煤机运行
分离式燃尽风（SOFA）挡板开度	%	A侧SOFA挡板开度为100%，B侧SOFA挡板开度为35%	A侧SOFA挡板开度为100%，B侧SOFA挡板开度为35%	A侧SOFA挡板开度为0%，B侧SOFA挡板开度为40%	A侧SOFA挡板开度为0%，B侧SOFA挡板开度为40%
风量炉膛差压	kPa	10.0	10.0	8.0	5.5
过热蒸汽温度	℃	538/539	540/540	539/538	541/541
过热器减温水流量	t/h	63/—	66.0/—	51.4/—	45.3/—
再热蒸汽温度	℃	536/542	538/540	542/541	540/541
再热器减温水流量	t/h	5.0/8.0	0.0/10.0	24.0/10.0	8.9/8.0
氧量设定值	%	2.8	2.8	3.0	4.0
现场实际测量氧量	%	3.91	3.51	2.69	4.21
A侧排烟温度	℃	123.7	124.7	114.7	110.0
B侧排烟温度	℃	128.7	125.0	119.0	118.0
飞灰可燃物	%	1.89/2.10	1.97	—/1.44	—/0.54
CO排放浓度（6% O_2、干基、标准状态）	μL/L	20.2	41.3	0/15.6	0.0/0.0
NO_x 排放浓度（6% O_2、干基、标准状态）	mg/m^3	288	282.8	241/258	229/240

三、全负荷脱硝投运的改造

（一）改造方案的确定

对于亚临界锅炉，提高烟气温度的措施主要有烟气旁路、省煤器给水旁路、热水再循环、省煤器分级等方案。

1. 方案1：烟气旁路

对机组各工况省煤器烟气旁路方案进行了测算，按SCR最低连续运行温度为290℃的要求，省煤器烟气旁路时各工况相关数据见表 7-21。

表 7-21 省煤器烟气旁路方案计算结果

工况	省煤器入口烟气温度（℃）	省煤器入口烟气流量（t/h）	省煤器出口烟气温度（℃）	引出的烟气量 m^3/h（标准状态，每个反应器）	省煤器进出口压差（Pa）	旁路烟气截面积（每个反应器，m^2）	旁路烟气尺寸（长×高，m）	烟气流速（m/s）
45%BMCR（297MW）	423.75	1196.5	252.75	98800	17.2	7.2	9×0.8	7.6
40%BMCR（265MW）	414.5	1103	242.5	115310	13.1	9	9×1	7

续表

工况	省煤器入口烟气温度（℃）	省煤器入口烟气流量（t/h）	省煤器出口烟气温度（℃）	引出的烟气量 m^3/h（标准状态，每个反应器）	省煤器进出口压差（Pa）	旁路烟气截面积（每个反应器，m^2）	旁路烟气尺寸（长×高，m）	烟气流速（m/s）
35%BMCR（230MW）	405.25	1009.5	232.25	127720	8.6	14.4	9×1.6	4.6
30%BMCR（198MW）	396	916	221	136710	5.7	18	9×2	4

根据计算，在35%BMCR工况下省煤器出口烟气温度要达到290℃的要求，每个反应器旁路烟道需要至少9m×1.6m的截面，原锅炉省煤器入口包墙为受热面管，在其上按此面积和大小开孔难以实现。为满足SCR的需要，旁路烟道也需接入脱硝喷氨设备以前的烟道，锅炉本体与脱硝入口烟道构架间的距离不到1.5m，也满足不了旁路烟道布置空间，因此该方案难以实施。

2. 方案2：省煤器给水旁路

自给水管路上接出旁路管道，再将此旁路管道接入省煤器出口连接管，同时配有控制阀、截止阀等管路系统，控制省煤器旁路水量以调节省煤器吸热量，从而控制省煤器出口烟气温度。此系统仅改变流经省煤器的流量，锅炉给水及进入水冷壁的流量都不会发生变化。改造效果计算见表7-22。

表7-22　省煤器给水旁路方案计算结果

参数	单位	230MW	
		目前运行情况	省煤器给水旁路方案
锅炉燃料消耗量	t/h	92.18	92.51
烟气量	t/h	1104.19	1108.17
空气量	t/h	1023.52	1027.22
省煤器出口烟气温度	℃	276.0	287.8
省煤器进口水温	℃	214.0	214
省煤器出口水温（旁路混合前）	℃	271.8	308.7
省煤器出口水温（旁路混合后）	℃	271.8	267.9
旁路水量	t/h	0	302.5
锅炉效率（低位）	%	95.10	94.88

省煤器给水旁路系统运行调节简单、精确、快速、运行维护量小，并且现场施工量小、工期较短、改造费用低。但采用此方案在230MW负荷或更低负荷无法满足省煤器出口烟气温度高于300℃的要求。从计算数据分析，采用省煤器给水旁路改造在400MW或更高负荷下才可以满足省煤器出口烟气温度高于300℃的要求。

3. 方案3：热水再循环

热水再循环系统是在锅筒下降管合适的高度位置引出再循环管路，混合后经过新增加的再循环泵加压，引入至给水管路，以提高省煤器进口水温，减小省煤器水侧与烟气侧的传热温差，从而达到减少省煤器吸热量、提高省煤器出口烟气温度的目的。热水再循环流量根据省煤器出口烟气温度进行控制。该方案示意图如图 7-19 所示。

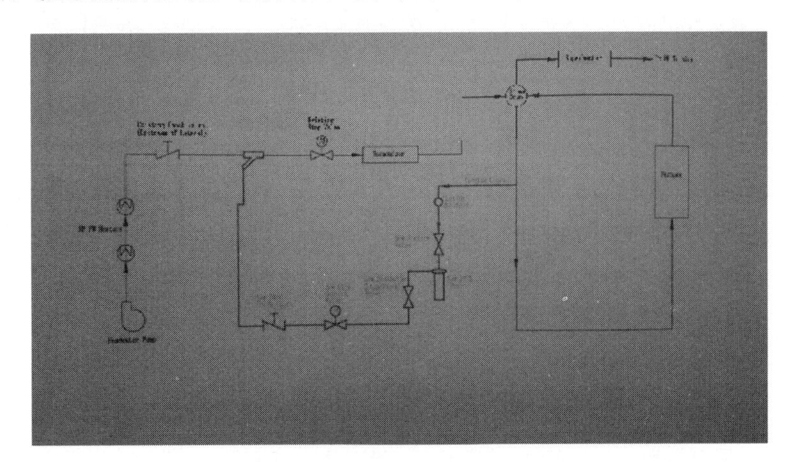

图 7-19 热水再循环系统示意图

根据运算结果，在 230MW 工况下采用热水再循环方案可使省煤器排烟温度升高 24℃，达到 300℃以上，并且有较大裕度，详见表 7-23。

表 7-23 热水再循环方案计算结果

参数	单位	230MW	
		目前运行情况	热水再循环方案
锅炉燃料消耗量	t/h	92.18	92.88
烟气量	t/h	1104.19	1112.62
空气量	t/h	1023.52	1031.34
省煤器出口烟气温度	℃	276.0	300.0
省煤器出口水温	℃	271.8	283.4
省煤器进口水温（接入点前）	℃	214	214
省煤器进口水温（接入点后）	℃	214	254.3
再循环水量	t/h	0	290.4
再循环水率	%	0	56.3
锅炉效率	%	95.10	94.61

4. 方案 4：省煤器分级

减少原省煤器的部分受热面积（占原有省煤器面积的 20%～30%）；拆除 SCR 至空气预热器的烟道，在新制烟道中增加分级省煤器，改造时需保证原空气预热器、磨煤机出力不变。改造后省煤器整体换热面积基本不变，以使空气预热器后排烟温度基本保持原有设计，保证锅炉效率不变。

由于 SCR 至空气预热器的烟道很短，没有布置新增分级省煤器的空间，所以需要重新设计 SCR 出口烟道，需将烟道从倾斜 11°角改造到水平位置，该烟道可能出现积灰；新增加的省煤器受热面需加装吹灰器，新增加的进、出口集箱都需安装在烟道外侧。因新增加了低温省煤器，需对原钢结构重新进行校核，对强度不足的梁进行补强；同时，为方便新增加低温省煤器的检修和吹灰而需要额外增加部分平台和扶梯。原给水在高温省煤器入口，改造后需调整到脱硝装置后的分级省煤器入口。省煤器再循环管、疏水管路需进行相应调整，一、二级省煤器之间采用大口径散管进行连接。

分级省煤器方案计算结果详见表7-24。

表7-24　分级省煤器方案计算结果

参数	单位	230MW	
		目前运行情况	分级省煤器方案
锅炉燃料消耗量	t/h	92.18	92.18
烟气量	t/h	1104.19	1104.19
空气量	t/h	1023.52	1023.52
省煤器出口（SCR进口）烟气温度	℃	276.0	300.0
省煤器进口水温	℃	214.0	214
省煤器出口水温	℃	271.8	271.8
锅炉效率（低位）	%	95.10	95.10

上述方案的主要技术经济指标对比见表7-25。

表7-25　各方案技术经济比较

比对参数	单位	烟气旁路	省煤器给水旁路	热水再循环	省煤器分级
效果	—	若提高24℃，现场无法开孔、布置	烟气温度提高幅度有限，400MW或更高负荷下才可达到300℃以上	可使省煤器排烟温度升高24℃，达到300℃以上，并且有较大裕度	可使省煤器排烟温度升高24℃，达到300℃以上
安全性	—	挡板高温时烟气流速、差压低，高温下的可靠性、密封性差	安全，水冷壁及省煤器管不会存在膜态沸腾的风险	安全，水冷壁及省煤器管不会存在膜态沸腾的风险	安全，但潜在改造前计算不准确、煤质变化或锅炉扩容等造成的运行安全风险
烟气温度提高幅度	℃	24	11.8	24	24
烟气温度调节范围	—	挡板容易卡涩，难控制	调节范围小	调节范围大	不可调节
230MW负荷对效率影响	%	0.0	−0.22	−0.49	0.0
工作总工期	天	85	25	30	90
需停机改造时间	天	65	10	10	70
投资成本	万元	3000（设备2500＋施工500）	1100（设备850＋施工250）	1800（设备1500＋施工300）	3600（设备2800＋施工800）

在温度调节效果方面，给水旁路改造方案对低负荷下烟气温度提高的效果有限，其他方案均具有更宽的烟气温度控制范围，均能达到在230MW至满负荷范围内，脱硝装置投运的目标。

在施工可行性方面，除烟气旁路外，其他方案均具备施工可行性。其中热水再循环方案施工相对简单，而且主要工作在炉外进行，改造停机工期短。

在效率与运行经济性方面，热水再循环方案在低负荷下对锅炉效率有一定负面影响，230MW负荷时，锅炉效率降低0.49%。按照2013年机组因低负荷停止喷氨时间922h初步核算，采用热水再循环方案将增加锅炉运行成本约22万元/年。

综合各方案技术、安全、经济、施工等各方面的特点，结合机组的实际情况，最终选取热水再循环改造方案。

（二）改造效果

图7-20所示为改造后烟气温度与热水再循环流量的关系，可以看出，随着热水再循环流量的增加，脱硝进口的烟气温度明显增加。图7-21所示为热水再循环系统运行画面，可以看出，机组负荷为250MW时，脱硝进口的平均烟气温度可达300℃的水平，脱硝系统完全可以投运。

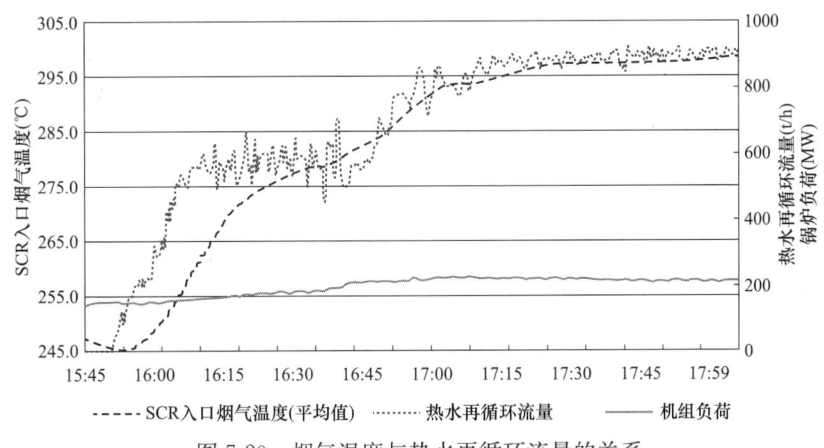

图7-20　烟气温度与热水再循环流量的关系

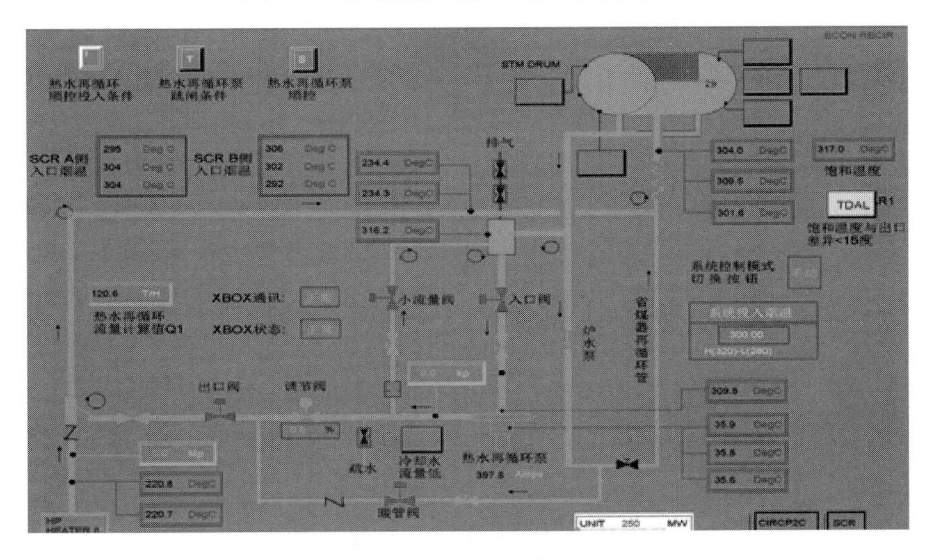

图7-21　热水再循环系统运行画面

要长期稳定的实现 NO_x 的超低排放，需要在机组设备及运行方面开展系统性的优化工作，以实现如图 7-22 所示的各项条件，具体的工作需结合机组的具体情况而开展。一般较优的技术路线是首先通过锅炉燃烧系统的改造及运行优化，尽量降低进入脱硝系统的 NO_x 含量及其波动幅度，然后再通过脱硝系统的设备及运行优化，最终实现机制全负荷范围的 NO_x 超低排放。

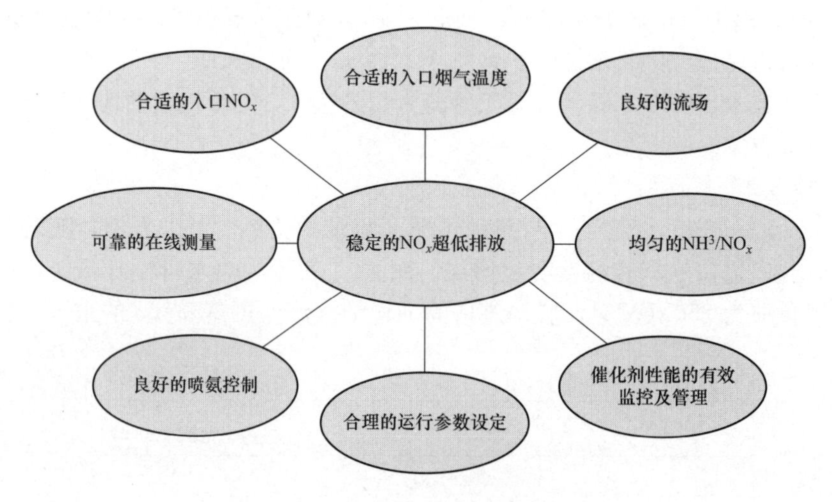

图 7-22　NO_x 超低排放需具备的条件

参 考 文 献

[1] 赵惠富. 污染气体 NO_x 形成和控制 [M]. 北京：科学出版社，1993.

[2] 张晓辉，孙锐，孙绍增，等. 200MW 空气分级低 NO_x 燃烧改造实验研究. 热能与动力工程，2008，23（6）：677-681.

[3] 张惠娟，宋洪鹏，惠世恩. 四角切圆空气分级燃烧技术及应用. 热能与动力工程，2003，18（3）：224-228.

[4] 肖琨，高明，等. 空气分级低氮燃烧改造技术对锅炉汽温特性影响研究. 锅炉技术，2012，43（5）：62-65.

[5] 李仁刚，雷达. 选择性非催化还原烟气脱硝技术在流化床锅炉上应用的探讨 [J]. 电力科技与环保，2012，28（2）：40-41.

[6] 韩应，高洪培，王海涛，等. SNCR 烟气脱硝技术在 330MW 级 CFB 锅炉的应用 [J]. 洁净煤技术，2013，19（6）：85-88.

[7] 孙献斌，时正海，金森旺. 循环流化床锅炉超低排放技术研究 [J]. 中国电力，2014，47（1）：142-145.

[8] 卢伟辉，和识之，廖永进，等. 广东省燃煤机组环保设备故障分析及优化措施 [J]. 广东电力，2016，29（11）：42-46.

[9] 廖永进，徐程宏，等. 火电厂 SCR 烟气脱硝装置的运行优化研究 [J]. 锅炉技术，2008，39（5）：60-63.

[10] 陈进生. 火电厂烟气脱硝技术—选择性催化还原法 [M]. 中国电力出版社，2008.

[11] 姜烨，高翔，等. 选择性催化还原脱硝催化剂失活研究综述 [J]. 中国电机工程学报，2013，33（14）：18-31.

[12] 张强. 燃煤电站 SCR 烟气脱硝技术及工程应用 [M]. 化学工业出版社，2007.

[13] 西安热工研究院. 火电厂 SCR 烟气脱硝技术 [M]. 中国电力出版社，2013.

[14] 廖永进，徐程宏，等. 火电厂 SCR 脱硝装置性能试验有关问题的探讨 [J]. 华北电力技术，2007（9）：23-25.

[15] 李晗天，宋蔷，等. SCR 反应器入口速度与氨分布不均匀性对脱硝性能的影响 [J]. 中国电机工程学报，2017，37（9）：2599-2606.

[16] 吴智鹏，毛奕升. 火电厂超低排放脱硝控制策略优化研究与实践 [J]. 锅炉制造，2016（3）：1-4.

[17] 高翔，卢徐节，胡明华. 低温 SCR 脱硝催化剂综述 [J]. 江汉大学学报（自然科学版），2014，42（2）：12-18.

[18] 陈志秋，罗国坚，等. 全负荷脱硝技术在超临界燃煤机组的应用 [J]. 广东电力，2016，29（5）：26-31.

[19] 侯剑雄，刘洋. 电厂燃煤锅炉降低 NO_x 排放运行调整 [J]. 东北电力技术，2015（1）：25-29.